光伏电站与环境

高　永　蒙仲举　党晓宏　韩彦隆　等　著

科学出版社

北京

内 容 简 介

本书以光伏电站与环境之间的关系为主线,介绍了我国荒漠区光伏电站对当地天然资源植物生长发育、土壤结构、风沙过程及气候环境的影响机理,同时揭示外部环境改变对光伏电站自身发电效率的影响。通过课题组多年研究,本书明确了光伏电板的遮阴效果对板下天然植被群落特征的影响,归纳并总结出电板遮阴对资源植物生理特征和品质的影响;分析并得出了光伏电站的长期布设对站内土壤质地和水肥特征的影响机理;通过大量野外试验厘清单个光伏电板和光伏阵列对过境风沙流和地表蚀积过程的扰动特征;利用自制光伏发电装置,通过模拟试验得出风沙打磨和积尘对光伏电板发电效率的影响,并揭示高茎植物遮挡电板对光伏发电效率的干扰程度。本书书作者多年来取得的相关研究结果的系统总结,为荒漠区光伏电站的生态恢复提供了理论依据,同时对未来荒漠区光伏电站的选址和建设提供了环境保护方面的参考意见。

本书可供从事荒漠化防治、水土保持、林业、生物多样性保护等方面研究的科技工作者,以及从事相关领域工作的人员参考,也可供高等院校相关专业的师生参考。

图书在版编目 (CIP) 数据

光伏电站与环境/高永等著. —北京:科学出版社,2023.5
ISBN 978-7-03-073982-7

Ⅰ. ①光… Ⅱ.①高… Ⅲ. ①光伏电站–关系–环境–研究 Ⅳ.①TM615

中国版本图书馆 CIP 数据核字(2022)第 222782 号

责任编辑:张会格 刘 晶 / 责任校对:郑金红
责任印制:吴兆东 / 封面设计:刘新新

科 学 出 版 社 出版
北京东黄城根北街 16 号
邮政编码:100717
http://www.sciencep.com

北京建宏印刷有限公司 印刷
科学出版社发行 各地新华书店经销

*

2023 年 5 月第 一 版 开本:B5 (720×1000)
2023 年 5 月第一次印刷 印张:19 1/2
字数:393 000

定价:280.00 元
(如有印装质量问题,我社负责调换)

前　　言

　　光伏发电作为一种环境友好并能有效提高生活标准的新型发电方式，正在全球范围内逐步推广应用。光伏发电产业在改善国家能源结构、治理生态与环境污染、扶贫开发等方面均起到了重要作用。我国西北地区拥有大面积的草原化荒漠和荒漠土地，该区域较好的光照和土地资源使其成为地面式光伏电站的主要集中区域。虽然在荒漠区建设太阳能光伏电站有诸多好处，但同时也存在一些挑战，特别是对环境的挑战。从光伏发电站对环境影响的角度出发，荒漠地区气候干旱、降水稀少、风大沙多、水资源短缺、植被稀少，是生态环境最为严酷和脆弱的区域，大规模光伏电站的兴建过程对地表造成的扰动会影响荒漠区的土壤环境，地表风沙运动过程也随之改变。而光伏电板的长期布设对局地气候条件的改变会进一步影响当地原生植物的存活和生长。荒漠地区频繁的风沙活动在电板前沿的加速会进一步对光伏组件的基座产生掏蚀，严重的风打沙割会对光伏电板的表面产生磨损，降尘过程则会使电板透光率发生改变进而影响发电效率。基于这些现实因素，本课题组分别以库布齐沙漠、乌兰布和沙漠和土默特平原上的典型分布式光伏电站为研究对象，开展了关于光伏阵列和单个电板对气候及下垫面环境影响的一系列研究；同时，通过野外观测和室内模拟进行了风沙环境对光伏发电影响的有关研究。该课题的开展可为荒漠区光伏电站防沙治沙和生态修复提供理论依据，对推动我国西部沙区经济发展和能源结构调整，以及实现对全球气候变化的节能减排目标有积极作用，具有很强的现实意义。

　　本书以荒漠区光伏电站与环境之间的关系为主线，共分为7章。第1章主要对北方荒漠区建设光伏电站前景进行了介绍，归纳并总结了光伏电站对自然环境影响的研究进展。第2章对所研究的区域进行了划分，并对各研究区的自然概况进行了介绍。第3章研究了荒漠草原区和荒漠区光伏电站对天然植被群落特征的影响，重点介绍了光伏电板对当地建群种植物生长和乡土资源植物品质的影响机理。第4章从土壤的机械组成和水分运移过程两个方面明确了光伏电站对土壤物理性质的影响。通过对光伏电板下不同位置和电站内不同治理措施下土壤养分含量的变化规律进行量化分析，最终厘清了光伏电站对土壤性质的影响。第5章介绍了单个光伏组件及阵列对气流场的影响，同时明确了单个光伏组件和整个阵列对输沙特性的影响。通过研究光伏阵列内不同位置的蚀积状态变化，揭示了光伏阵列对地表蚀积的扰动规律。第6章重点介绍了光伏电站对局地气候环境的影响，包括对地表和一定高度的大气温湿度变化的影响方式，同时阐明了光伏电站影响下的辐射量变化规律。第 7 章介绍了特殊环境条件对光伏电板发电的影响，重点介绍了风沙打磨电板和电板积尘对光伏发电效率的影响，最后通过野外测定得出高茎植物遮挡电板对光伏发电效率的影响。

在本书写作过程中，编写人员进行了大量的资料整理和分析工作，对于本书的顺利完成至关重要。参加本书撰写的有内蒙古农业大学、水利部牧区水利科学研究所、北京大学、内蒙古自治区林业科学研究院、内蒙古自治区水利科学研究院、内蒙古自治区水利事业发展中心、中国林业科学研究院沙漠林业实验中心、河北省水利技术试验推广中心、内蒙古职业技术学院、乌审旗林业和草原局等单位的 26 人。各章节分工如下：前言由高永、党晓宏、翟波完成；第 1 章由党晓宏、蒙仲举完成；第 2 章由高永、王淮亮、任晓萌、迟旭、孙艳丽完成；第 3 章由蒙仲举、党晓宏、翟波、党梦娇、通旭芳完成；第 4 章由高永、蒙仲举、云景铎、贾瑞庭、刘阳完成；第 5 章由蒙仲举、党晓宏、陈曦、唐国栋、杨世荣、王俊、任昱完成；第 6 章由高永、党晓宏、袁立敏、韩彦隆、赵鹏宇、高琴、王誓强完成；第 7 章由党晓宏、宋文娟、高君亮、石涛、孙艳丽完成。本书由党晓宏、翟波统稿，由汪季教授担任主审。

本书由下列课题共同资助：国家自然科学基金项目"沙区光伏发电厂与其环境的互馈机制（41461001）"、国家重点研发计划项目"沙区生态光伏电场沙害综合防治技术与示范（2016YFC0500906-3）"、内蒙古自治区科技重大专项课题"沙区生态光伏电场防沙治沙关键技术（zdzx2018058-3）"、内蒙古自治区财政厅科技创新引导基金项目"沙区光伏电场生态沙产业技术研发与示范"、内蒙古自治区高等学校科研项目"光伏电板阵列对荒漠草原风水复合侵蚀的影响机制（NJZY19052）"。

光伏电站与环境之间的互馈作用是荒漠地区光伏产业发展和清洁能源利用的一项重要参考依据，该理论体系的提出将弥补光伏发电与环境之间潜在关系研究的不足，为我国大面积荒漠地区未来的光伏电站建设和清洁能源产业长足发展提供了有力的支持，同时为推动以光伏治沙为主的特色沙产业提供了初步的理论依据。著者殷切希望本书的出版能够引起相关人士对该领域研究的更多关注和支持，并对从事荒漠化防治乃至环境保护方面的学者及工作人员有所裨益。

本书在撰写过程中参考和引用了国内外有关文献，特此感谢。本书的出版承蒙科学出版社的大力支持，编辑人员为此付出了辛勤的劳动，在此表示诚挚的感谢。

由于著者水平有限，书中难免存在不足之处，敬请读者批评指正。

著　者

2022 年 6 月 2 日

目　录

1 绪 论

1.1 北方荒漠区建设光伏电站前景

目前我国的光伏电站主要以地面电站为主，占到总装机量的 70%。地面式光伏电站的建设需要丰富的太阳能资源和广阔的土地资源。我国太阳年辐射总量大致可以从内蒙古自治区锡林浩特和云南腾冲连线分为东、西两部分。东部地区太阳年总辐射量在 5500MJ·m^{-2} 以下，整体较弱。西部地区太阳年总辐射整体强于东部，高值中心在地势高、云量少的青藏高原地区，太阳年辐射量基本在 6500 MJ·m^{-2} 以上，最大值在噶尔（可达 8570MJ·m^{-2}），为全国之冠；青海、内蒙古西部和北部、甘肃中北部、四川西部的太阳年总辐射量也很丰富。国家气象科学研究院王炳忠（2014）对总辐射的分级标准：一类地区，包括宁夏北部、甘肃北部、新疆东部、青海西部和西藏西部等地，太阳年总辐射量 6680～8400MJ·m^{-2}，相当于日辐射量 5.1～6.4kW·h·m^{-2}；二类地区，包括河北西北部、山西北部、内蒙古南部、宁夏南部、甘肃中部、青海东部、西藏东南部和新疆南部等地，太阳年总辐射量为 5850～6680 MJ·m^{-2}，相当于日辐射量 4.5～5.1kW·h·m^{-2}。我国西北干旱半干旱荒漠、沙漠地区恰好是太阳能资源丰富区。该区域是中国沙漠最为集中的地区，约占全国沙漠总面积的 80%，主要分布有塔克拉玛干沙漠、古尔班通古特沙漠、巴丹吉林沙漠、腾格里沙漠、库姆塔格沙漠及库布齐沙漠等。这些地区不仅具备较好的太阳能光照资源，而且不占用宝贵的耕地资源，土地占用成本低廉，是地面式光伏电站规模化建设的理想场所。

内蒙古自治区日照充足，光能资源非常丰富，大部分地区年日照时数达 3000～3200h，太阳能年总辐射量 1630～1860kW·h·m^{-2}，相当于燃烧标准煤 200～230kg，阿拉善高原的西部地区达 3400h 以上。以库布齐沙漠为例，一年日照天数占全年 70% 以上，多数地方全年日照时数都长达 3000h 以上，每天平均都超过 8h，全年平均每平方米的太阳能达 10.62 万 kW，如利用 1m^2 的太阳能，全年所获得的热能就相当于烧掉 38.232t 标准煤，如累计开发 1km^2 面积，则将获得相当于 3823.2 万 t 标准煤燃烧发出的热量。截至 2009 年年底，全国荒漠化土地总面积 262.37 万 km^2，占国土总面积的 27.33%，全国沙化土地面积为 173.11 万 km^2，占国土总面积的 18.03%。根据我国 2020 年为 900GW（9 亿 kW）的电力装机容量估计，年发电量可达到 4500TW·h，如果利用沙漠资源建设大型太阳能沙漠电站，以太阳能光伏电站为例，则需 9000km^2（每平方米按 100W 装机）。按照光伏发电全年平均 1500h 计算，达到 2020 年预测的 4500TW·h 发电量所需的占地面积为 27 000km^2，仅为中国荒漠面积的 1.03%，所以在我国建设太阳能沙漠电站具备良好的资源优势。

1.2　光伏电站与环境的研究进展

1.2.1　光伏电站对植物的影响

王涛等（2016）研究发现，光伏电板的遮阴作用使得物种丰富度、均匀度和优势度均显著降低。殷代英等（2017）通过对共和盆地荒漠区光伏电站的小气候进行测定得出，大型光伏电站的布设对共和盆地荒漠区气温和太阳辐射的影响较小，对高辐射量时段的太阳辐射具有一定的影响，对土壤湿度的影响较其他要素更显著，大型光伏电站使得共和盆地荒漠区平均土壤湿度增加了 71.61%。太阳能电池板大面积覆盖在地表的上方，阻碍了水分的蒸发，从而减缓了地表水分的蒸发，使得局部的大气湿度有了微弱的增加。而增加的大气湿度也有利于植被的恢复和生长，减少了裸露的土地面积，进而抑制了沙尘暴的产生，起到了防治荒漠化的作用。大型光伏电站太阳能电池组件可通过遮阴作用减少地表水分蒸发，有利于干旱地区植物的生长，对生态脆弱区绿化起到改善作用。沈飞（2014）指出，光伏电板有遮阴的作用，可以改善植被的生长环境，还可以改善土地的平整度。刘世增等（2016）认为太阳能光伏电板可以产生小面积的径流，将干旱区稀少的降水集中起来，增加其降水的入渗深度，根据调查，光伏电站的植物多样性也随之增加。王长庭等（2010）认为土壤水分含量的改变能引起植被组成及物种的多样性发生变化。光伏电板还可以通过降低风速影响植物的生长。对草本植物来说，风会使叶的倾角改变，导致成熟期叶面积指数降低。在风的长期作用下，某些植物的叶表皮薄层会被剥蚀，羧化酶的含量受到影响，进而影响光合作用。强风也会影响植物周围的相对温度和相对湿度，并且通过叶片遮挡影响了太阳辐射。卢霞（2013）通过对东洞滩百万千瓦光伏电站建设前后的地表粗糙度进行对比，发现布设太阳能电池板后地表粗糙度明显提高，并且认为基地的建成可以降低风速、减少植被的蒸发，从而使地上植物更好地生长，起到植被恢复和绿化的作用。大面积的太阳能电池板布设在荒漠化地区的地表，增加了地表的粗糙度，降低了近地表风速，输沙率也随之降低，从而达到阻风、固沙的效果。赵名彦等（2015）指出，电站建成之前荒漠戈壁的地表粗糙度等级为 1 级、粗糙度长度为 0.03，电站建成后地表粗糙度等级达到并超过 2 级。植被的增加也增加了地表粗糙度，降低了风速，在植被的后期恢复过程中起到很重要的作用。降低风速使植物可以获得更加湿润的空气，形成了生长时兼顾保持水土的良性循环。苑森鹏等（2018）

在光伏电板下进行了景天三七和狼尾草的种植，并对两种植物的物候期和生长特性进行了研究，结果表明，光伏电站外围植物的返青时间早于光伏电板下，景天三七更适宜在未架设电板的区域生长，而狼尾草在光伏电板下生长情况优于未架设电板的区域。李少华等（2016）分别对围封区、围封区+光伏区和自然生长区内的植物群落结构进行了调查，结果表明，光伏电板推动了高寒草原的正向演替过程。光伏电板因其特殊结构所形成的遮阴环境对植物生长具有重要影响，王梅等（2017）对不同遮阴条件下10种野生观赏植物的生长和生理生化差异性进行研究，结果表明，遮阴作用对驴蹄草的生长起到促进作用，鹅绒委陵菜、小花草玉梅、东方草莓、角茴香和水杨梅可以忍耐适当的遮阴环境，其余植物均不能适应遮阴环境。何维明和董鸣（2003）研究发现，遮阴作用对毛乌素沙地旱柳的阳生枝和阴生枝影响不同，阳生枝长度和生物量在遮阴作用下明显减小，阴生枝则表现出相反的变化规律。光不仅对植物外观有一定影响，而且与花芽的形成、叶片的发育也都密切相关。王亚军（2004）研究发现，强烈的光照提高了周围环境的温度，对草坪和植被的生长较为不利；且紧靠强光灯的树木存活时间短，产生的氧气也少。光照强度超过植物所能适应的光环境时会引起光氧化，最终产生活性氧。此外，过度的照明还会导致农作物抽穗延迟、减收。

1.2.2　光伏阵列地表风速流场分布

光伏阵列的存在使其周围的流场分布产生明显改变。其影响因素包括安装光伏电板本身（尺寸大小、安装角度、距离地面高度及其组合排列方式）和环境因素（风速、风向、地形地貌及下垫面植被状况）。殷代英等（2017）在共和盆地中西部大型光伏电站的观测结果显示，光伏电站内 2m 高度处风速相比野外降低了53.92%；袁方等（2016）在毛乌素沙地东南缘光伏电站观测显示，光伏电站内 20cm和 200cm 高度处风速分别降低了 44.06%和 63.68%；Etyemezian 等（2017）研究了美国内华达州拉斯维加斯附近光伏电站对近地层风况的影响，长期的观测数据显示光伏阵列对 30°～90°和 90°～150°范围内环境风向存在"整流作用"，即迫使气流向平行于光伏阵列排布方向运动。当风向在 150°～180°范围内，也就是风向接近于垂直光伏阵列时，风的衰减最大，多数情况下衰减幅度高于 55%；当风向在 0°～30°范围内，多数情况下衰减幅度高于 50%。可以看出，光伏阵列整体的存在对近地层过境气流主要表现为遮蔽效应，使得阵列内近地表风速降低。

研究显示，光伏阵列不同部位局部光伏电板周围风速流场也存在差异。对于边缘区域，郭彩赟等（2017）在库布齐沙漠 110MWp 光伏电站观测显示，光伏电板作用下产生了流场分异区，分别为板下集流加速区、板前板后遇阻减速区、板面抬升区和板间恢复区。袁方（2016）对毛乌素沙地的光伏电站边缘区风速、风速廓线及风速流场特征进行了野外观测，结果发现光伏电板的存在增加了近地面出风口处风速，降低了远地面进风口处风速。光伏电板在边缘区对接近垂直电板方向气流的作用机理相对较好理解，与交通路线防沙治沙、雪害的导风板作用类似，通过"汇流加速"作用来增加近地面出风口处风速，以达到清除积沙和积雪的目的。在光伏阵列腹地区域，郭彩赟等（2018）的研究显示，光伏电板强烈影响地表 20cm 高度处风速，且主要降低了光伏设施附近的风速，向两侧板间区域过渡时风速逐渐恢复。

1.2.3　光伏阵列地表风沙输移规律

风沙流是指含有沙粒的运动气流，挟沙气流中所搬运的沙子在搬运层内随高度的分布特征称为风沙流结构。风沙流通量表征空气中沙粒随高度的变化特征，是风沙理论和防沙工程实践的重要内容，它能直接表征沙粒的运动形式，判断地表的侵蚀状况，掌握风成地貌的形态发育及演变规律，在沙漠治理的理论与实践中具有重要作用。对风沙流结构的研究始于 20 世纪 30 年代，英国工程师拜格诺（R. A. Bagnold）经过数十年对利比里亚荒漠的考察和一系列风洞实验，撰写了风沙运动研究领域的重要著作《风沙物理及荒漠沙丘物理学》。近年来国内外学者通过风洞实验、数值模拟及野外观测等方法，着重研究了风沙流结构特征、气流与输沙率的关系、风蚀输沙量，以及不同输沙模型的拟合矫正、最佳风沙流通量模型构建等内容。

董玉祥等（2008）对横向沙脊顶部的风沙流研究表明，风沙流结构随高度的变化需要用分段函数表示，下层为指数函数，中层为幂函数，上层为多项式。近年来，不同学者通过不同数学模型进行了最佳风沙流通量模型拟合研究。吴晓旭等（2011）研究表明，在相近风速下，植被盖度的不同对沙丘丘顶的风沙流结构有显著影响，流动沙丘与半固定沙丘丘顶上输沙率都随高度呈幂函数分布，半流动沙丘丘顶的输沙率随高度呈指数分布，且与风速有关。王翠等（2014）对塔克拉玛干沙漠流动沙地、半固定沙地和固定沙地 3 个典型下垫面进行风沙流观测，发现流动沙地幂函数、指数函数和对数函数均能较好地反映风沙流通量垂直分布特征，半固定和固定沙地地表的风沙流结构则以对数函数表达更好。刘芳等（2014）对乌兰布和沙漠东北缘 5 种典型下垫面 0～100cm 内输沙量随高度的变化进行函数拟合，发现幂函数的相关性最好。张正偲和董治宝（2013）根据中国科学院风沙科学观测场测定的野外实测数据，采用赤池信息量准则进行研究，对风沙流通量研究常用的 5 种拟合模型进行对比后发现，指数函数模型是平坦沙地上风沙流的最佳表示方式。Dong 等（2002）对近地层风沙流通量模型做了大量研究，在宁夏沙坡头的风洞试验与腾格里沙漠东南缘中国科学院风沙科学观测场野外试验结果均表明双参数指数函数可以很好地模拟近地层风沙流通量；对民勤不同下垫面（流动沙丘、半固定沙丘、固定沙丘和活化沙丘）风沙流通量模型的研究结果显示，3 参数指数模型、4 参数指数函数和幂函数模型、5 参数指数函数和幂函数模型均可以得到较好的模拟效果，然而在模拟等效性的前提下，模型纳入的参数越少越好，因此建议使用 3 参数指数模型。国外学者 Namikas（2003）、Ellis 等（2009）和 Panebianco 等（2010）对比分析了多种函数模型的拟合结果，发现指数函数能够较好地模拟风沙流通量。Mertia 等（2010）采用指数函数、幂函数、改进的幂函数、5 参数指数函数和幂函数模型对近地层 3m 内的风沙流通量研究发现，幂函数能够很好地描述近地层的沙尘通量。Mendez 等（2011）采用 4 种数学模型对阿根廷半干旱区近地层 1.5m 范围沙尘通量分析发现，指数函数模型能够较好地模拟风沙流。

尽管前人对风沙流通量进行了大量研究，然而影响风沙输移的因素较多，如风速、输沙量、下垫面性质等，它们不仅本身在发生变化，而且相互间也具有促进和制约的关系。此外，不同学者对观测仪器的运用也是不同的，这对于研究结果也有一定的影响。因此，目前对于风沙流通量模型的研究结果仍然没有统一的定论，总体上可以认为指数函数、幂函数及其修正函数能够较好地模拟近地层沙尘通量。然而，沙漠地区建设光伏阵列后输沙量可能会改变。现阶段关于沙区光伏阵列扰动下近地层输沙量的研究较少，陈曦等（2019）对乌兰布和沙漠东南缘光伏电场电板的下沿、上沿及光伏阵列行道处风沙流结构研究表明，电板不同部位输沙量随高度增加符合多项式函数形式。杨世荣（2019）对库布齐沙漠中部光伏电站不同部位的板下、板前和板间位置输沙量研究发现，不同风速条件下最佳模型存在差异，$6.5m \cdot s^{-1}$ 风速条件电板下和电板前输沙量指数函数模型表现最佳，而板间的输沙量表现为幂函数模型最佳；$8.4m \cdot s^{-1}$ 时电板下和电板前的输沙量表现为幂函数模型最佳，而板间则为多项式函数模型最佳。不同观测者观测时，环境地形地貌和风况不同，观测对象光伏电板的规格、安装角度、高度、间距等条件均存在差异，这将导致得出不同的甚至是截然相反的结论。风沙流结构及通量模型的研究是科学规划沙区光伏电站次生沙害防治技术方案的重要依据，因此，有必要对该领域开展更加深入、细致、深层次的研究。

此外，袁方（2016）、杨延哲（2016）和苑森朋（2016）对水分条件相对较好的毛乌素沙地南缘光伏电站采用工程措施、植物措施和生物措施的防治效果进行了研究，结果表明：工程措施方面，光伏场区外围以砾石压盖和红泥覆盖、板间区域同样以砾石压盖和红泥覆盖、板前掏蚀区域以砾石压盖、板后堆积区以红泥措施防治效果较好；植物措施方面，项目区外围景天风蚀防治效果最好，板下区域景天、狼尾草和自然恢复植被措施的防治效果差异不显著，板间区域景天和狼尾草的风蚀防治效果更佳，值得说明的是，即使在植物休眠期，景天也能发挥一定的防护作用；生物措施方面，通过人工撒播培育生物结皮的风蚀防治效果较好，裸沙表面喷播藻结皮、撒播藻结皮和撒播苔藓结皮后年均风蚀量可分别降低27.88%、108.65%、114.42%。其中，光伏电板下和板间区域撒播苔藓结皮效果较好；板前掏蚀区域生物结皮防治效果不理想，仍然需要工程措施进行防护。

1.2.4 光伏电站对区域土壤的影响

建设时期，机械整平工作对原有土层造成破坏，开挖和填埋的过程对土壤垂直结构也势必会造成一定的影响。随着对土壤的扰动，沙丘活化，导致该时期土壤风蚀严重。在稳定运营期，光伏阵列则可以起到一定的防风固沙作用。然而经过长期的吹蚀和堆积过程，光伏电站不同部位地表沙物质粒度参数发生变化。赵鹏宇等（2016）对乌兰布和沙漠东北缘光伏电站不同部位土壤颗粒机械组成进行测定，结果显示表层土壤粒径由电站中心向南北边缘呈现出先增粗后变细的趋势。党梦娇等（2019）在库布齐沙漠中部光伏电站进行类似研究发现，电站整体表层土壤粒径由中心向边缘表现出极细砂、细砂颗粒组分逐渐减少的趋势，局部表现出板下区域极细砂、细砂含量升高而中砂含量降低。

王涛等（2016）研究发现，光伏电站内的土壤含水量、有机质、速效磷和速效钾均呈增加的趋势，在半干旱地区，光伏电站的建设对土壤生态系统的促进作用要优于所产生的负面影响。罗进选和柴媛媛（2018）研究了河西走廊风电场施工扰动对土壤养分的影响，结果表明，风电场的建设使土壤pH显著增加，有机质和全钾的含量显著减少，全氮、全磷含量与对照相比呈下降趋势。袁文龙（2017）研究发现，光伏电站建设过程中的施工活动会破坏土壤的原有结构，从而加速水土流失。闫玉春等（2009）研究发现，除羊草样地不同围封年限的表层土壤容重会发生改变外，围封和放牧干扰对于草原土壤及植物群落生产力的影响相对较低。放牧引起的草地土壤退化一直被草地生态学家所关注，草地-土壤作为一个有机整体，二者之间存在相互影响和制约。方军武（2017）研究发现，放牧通过影响草地群落特征和土壤养分进而使植物养分利用策略发生变化。放牧作为一种扰动方式，对土壤养分的影响过程比较复杂，其作用特点与放牧强度、频度、放牧时间、放牧方式及草地土壤自身特性有关。研究发现，重度放牧干扰活动已经超出了荒漠草原承载能力和承受干扰能力的阈值，致使土壤理化性质及养分发生了严重的退化现象，从而导致草地植物多样性降低。胡艳宇等（2018）研究发现，不同放牧强度干扰会对羊草草原斑块群落内土壤碳、氮、磷含量产生影响，轻度放牧强度与中度放牧强度氮含量具有显著性差异，重度放牧强度与轻度放牧强度磷含量呈现出显著性差异。

1.2.5 光伏电站对局地小气候的影响

光伏电板对太阳辐射的吸收和释放过程改变了地表对辐射接收的时空异质

性。Araki 等（2010）研究显示追踪式光伏和固定式光伏使得局地辐射分别下降约 38%和 70%，地表辐射总量分别减少了 50%和 80%。辐射量的降低导致地表能量平衡关系改变，影响了局地环境温度的变化。赵鹏宇等（2016）对乌兰布和沙漠东北缘光伏电站研究发现，夏季电站内相较于外围对照具有增温、降低空气湿度的效应，且一天中的 15：00 效应最为显著。观测数据显示电站内 1.0m 和 2.5m 高度处温度分别升高 $0.3\sim1.53℃$ 和 $0.44\sim1.34℃$，而大气湿度则分别降低 $1.05\%\sim$ 3.67%、$1.15\%\sim2.54\%$。高晓清等（2016）在格尔木大型光伏电站的研究发现：白天 2m 高度处的温度在春、夏、秋季电站内高于外围，冬季则电站内外差异不显著；夜晚由于光伏电板的作用，四季均表现为站内高于外围对照。Fthenakis 和 Yu（2013）从环境热能流动的角度出发，利用计算流体动力学（CFD）对北美光伏电站 1MWp 区域进行了模拟研究，并且用试验数据进行了验证，结果显示电站中心温度比外围平均高出 1.9℃，随高度和到电站的距离增加，热能逐步消散到环境中。Taha 模拟研究了大规模太阳能光伏布设对洛杉矶地区气温的影响，结果显示该布设可以为城市环境降温，降温幅度为 0.2℃。Barron-Gafford 等（2016）模拟研究了规模化太阳能光伏电站是否会引发"热岛"效应，从而潜在地影响野生动物栖息地、荒漠生态系统功能、人类健康等，通过同时监测自然沙漠生态系统和光伏电站区域温度发现，"热岛"效应存在，建设光伏电站使得区域年平均气温升高 2.4℃，其中夜间和暖季（春季和夏季）的增温效应更为显著，为 3.5℃，在暖季的夜间则将超过 4℃。关于"热岛"效应对生态环境和人类健康产生怎样的影响，以及对温室效应、二氧化碳减排方面的作用仍需进一步研究和探讨。

1.2.6 光伏电板降尘对发电效率的影响

国内外学者关于积尘对光伏组件发电功率的影响进行了大量模拟和野外试验，主要通过观测太阳能辐射透过率和输出功率等指标来衡量光伏组件发电功率的下降幅度。Ibrahim（2011）在沙特阿拉伯北部城市的研究发现，降尘严重的季节，光伏组件每天的短路电流损失多达 2.78%。Sayigh（1978）在沙特阿拉伯首都利雅得的野外观测发现，3 天未清洁的电板发电功率就损耗了 11.5%。Adinoyi 和 Said（2013）在沙特阿拉伯东部地区的研究发现，在没有清洁的情况下，大约 6 个月的时间里，积尘使得光伏组件的输出功率减少 50%。Salim 等（1988）同样在沙特阿拉伯地区对安装倾角为 24.6°的光伏电板输出功率进行观测，发现 8 个月未清理的电板输出功率比每天清理的电板降低了 32%。Kalogirou 等（2013）在塞浦路斯地区的研究发现，经过春季、秋季和冬季三个季节未清洁的光伏电板，由于积尘使发电量减少了 61.3%。Zorrilla-Casanova 等（2013）在西班牙南部的研究结果显示，积尘造成的能量损失平均每年约为 4.4%，在天气干燥的情况下这一数值可能会增加到 20%以上。Hassan 等（2005）在埃及赫勒万的研究发现，多晶硅材料光伏电板在降尘较为严重的夏季，一天的发电功率损失就达到 9%，单晶硅材料光伏电板 6 个月未清洗导致发电功率下降 66%。Garg（1974）在印度 Roorkee 地区的研究结果显示，45°倾角安装的光伏电板 10 天后平均辐射透过率将会下降 8%。Nahar 和 Gupta（1990）在印度的焦特普尔同样对 45°倾角安装的光伏电板清洁后的辐射透过率进行了观测，结果发现每天清洁的年均辐射透过率下降 2.94%，每周清洁的下降约 9.88%。Ibrahim 等（2009）在年降水量不足 10mm 的埃及开罗的研究发现，一年未清洗的光伏组件发电量减少了 35%，其中干旱季节 2 个月未清洗的发电功率就减少 25%。Said（1990）在德黑兰的旱季研究结果显示，积尘使得光伏组件发电效率平均每月下降约 7%，而在沙尘暴频发或建筑活动频繁的年份可以达到 11%。Pavan 等（2011）在意大利普利亚地区沙地的研究结果显示，一年未清洁光伏电板发电功率损失为 6.9%。Kimber（2007）在美国洛杉矶的研究结果显示，光伏电站的年均发电效率损失约为 5%。Hottel 和 Woertz（1942）在美国波士顿地区的研究结果显示，由于多雨雪的原因，30°倾角安装的光伏电板 3 个月后光伏组件发电功率下降仅为 4.7%。陈东兵等（2011）对中国蚌埠 2MWp 光伏电站的研究显示，20 天未清洁电板表面后积尘使得发电功率减少 24%，平均每天降低 1.2%。

张风等（2012）进行的模拟试验结果显示，光伏组件表面增加 $5g \cdot m^{-2}$ 的降尘量，输出功率下降到了 23.3%。Jiang 等在一个试验中使用了三种不同材料（单晶硅、多晶硅和非晶硅）光伏组件进行测试发现，当积尘量为 $22g \cdot m^{-2}$ 时，发电效率下降了 26%。野外试验研究发现，单晶硅和多晶硅组件表面的降尘量为 $9.867g \cdot m^{-2}$ 时，功率分别下降了 20%和 16%。通过以上阐述可以发现，不同的观测者在不同区域进行试验，光伏电板材质、安装倾角、区域环境因素（降尘量、温湿度、降雨和风况等因素）均影响试验结果。然而可以肯定的是，电板表面积尘对光伏组件发电功率的影响很大，至今仍是严重阻碍太阳能光伏电站长期可持续发展的重要因素之一。

2 研究区自然环境特征

2.1 土默特平原

2.1.1 地理位置

研究区位于内蒙古呼和浩特市土默特左旗（简称土左旗）。土默特左旗地处内蒙古呼和浩特市以西，位于土默特平原、大黑河冲积平原的下游，地理位置为 $40^{\circ}26'\sim40^{\circ}54'N$、$110^{\circ}48'\sim111^{\circ}48'E$，东接呼和浩特市回民区和玉泉区，西邻包头市土默特右旗，南与和林格尔县、托克托县相连，北面与武川县相邻。土默特左旗所辖区域总面积为 $2779.83km^2$，地形和地貌主要是由南部的土默特平原和北部的大青山山地组成，总体呈现北高南低、东高西低的态势。

2.1.2 气候条件

土左旗气候为温带大陆性季风气候，昼夜温差较大，有利于作物生长。该地区光照充足，全年的日照时间长达 2782.8h；降水量较少，年均降水量为 282.4mm；蒸发比较剧烈，每年的旱涝灾不断；冬季寒冷而漫长，夏季炎热而短暂；年温差和日温差比较大，春秋季的气温变化比较剧烈，春季和冬季风力较大，容易遭遇寒潮侵袭。该地区雨热同季，积温的有效率较高；无霜期为 187 天；其灾害性天气经常发生于春旱和倒春寒期间。

2.1.3 水文条件

土左旗地处土默特平原，分布有黄河和大黑河两大水系，地表水主要供给黄河流域。该地区灌溉用水为地表水，包括黄河灌区、大黑河平原灌区及北部大青山灌区。土默特平原是断陷盆地，分布着山前冲洪积层承压水、潜水、冲击水、湖积层潜水，还分布着黄河和大黑河湖积水、冲积层潜水承压水，其中潜水含水层是由第四纪黄河和大黑河的冲击沙层、湖积沙层组成，其岩性为中细沙和粉细沙，并且厚度可达到 $20\sim40m$，该地区地下水量丰富且水质较好。

2.1.4 土壤特征

土左旗的土壤共分为 5 个土类和 10 个亚类，还包括 44 个土属和 152 个土种，主要分布着浅色草甸土和灰褐土，约占全旗土地的 50%，是土左旗主要的农耕土壤，上层土层厚度为 30～50cm，土壤有机质含量接近 1.0%，全氮含量较小，土壤的养分和肥力较差，生产力较低。

研究区还零星分布有沼泽土、栗钙土及盐土，栗钙土主要分布在沙尔沁镇的东部黄土丘陵地带，肥力较低，并且旱作农业区的风蚀情况比较突出，局部地区因为盐渍化入侵形成了盐化草甸土和草甸盐土。山区里还分布着部分粗骨土，其成土时间短，熟化程度较低，土层厚度小于 20cm，并且肥力较低，不利于作物的生长。

2.1.5　植被特征

土左旗所属的土默特平原地区植被多数为农作物和草甸草原植被，主要乔木有垂柳（*Salix babylonica*）和小叶杨（*Populus* sp.），还有枸杞（*Lycium chinense*）等灌木，主要天然草种有羊草（*Leymus chinensis*）、紫苜蓿（*Medicago sativa*）和苦荬菜（*Ixeris denticulata*）等。由于多种因素的综合作用，当前多数自然生长的植被正在消失，并且生草的能力也较弱，天然植被生长的环境条件较差。该地区适宜种植各种粮食和经济作物，如小麦、玉米、甜菜等。

2.2　库布齐沙漠

2.2.1　地理位置

库布齐沙漠位于内蒙古鄂尔多斯市的黄河南岸，西临乌兰布和沙漠、腾格里沙漠，南临毛乌素沙地和鄂尔多斯高原，北临阴山。库布齐沙漠整体是东西带状走向，整体地势从南到北呈现由高向低的缓慢倾斜。库布齐沙漠总面积 1.86 万 km^2，地理坐标为 39°22′22″～40°52′47″N、106°55′16″～109°16′08″E，东西长约 400km，东部区南北宽 15～20km，西部区宽约 50km。区域内横跨三个旗，包括内蒙古自治区鄂尔多斯市的杭锦旗、准格尔旗和达拉特旗。本研究的太阳能光伏电站位于库布齐沙漠中段区域，地理坐标为 37°20′～39°50′N、107°10′～111°45′E，属内蒙古自治区鄂尔多斯市杭锦旗，在独贵塔拉新镇东南方向约 6km 处。本研究在前后相继建设的两个光伏电站中开展试验，1#光伏电站于 2016 年底建成，占地面积约为 5.5km^2；2#光伏电站于 2018 年底建成，占地面积约为 5.2km^2。

2.2.2　气候条件

研究区域主要气象要素年平均值变化如图 2-1 所示。近 38 年气温整体呈现出

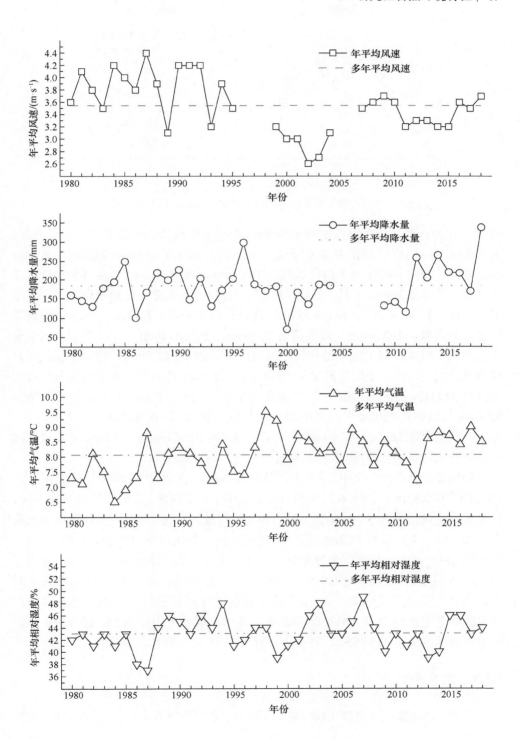

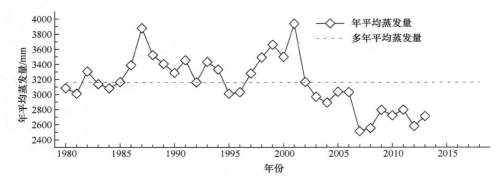

图 2-1　内蒙古鄂尔多斯杭锦旗伊克乌素气象站不同年份气象资料

缓慢上升的趋势。相对湿度的影响因素取决于地面性质、水陆分布、季节寒暑、天气阴晴等。研究区域相对湿度较低，年平均相对湿度 43.9%，而且近年来相对较为稳定；研究区域多年平均降水量为 188.4mm，1968 年 8 月出现月平均降水量最大值，为 145.3mm，1 月、2 月、11 月、12 月出现无降水的频率较高，在较干旱的年份，3 月、4 月、5 月、6 月、10 月也会出现无降水的情况。2018 年出现年降水量最大值，为 338mm；最小值为 70.5mm，出现在 2000 年，可见年降水量整体波动幅度较大，极大值年份和极小值年份之间相差 267.5mm。研究区域蒸发量较高且波动大，多年平均蒸发量 3155.95mm。自 2002 年开始，年平均蒸发量有明显降低的趋势，2002～2013 年平均蒸发量仅为 2812.71mm。多年平均风速为 3.55m·s⁻¹，1999～2004 年间年平均风速较低，2006 年平均风速仅为 2.6m·s⁻¹。近 10 年年平均风速波动较小，接近多年平均风速。1980～1995 年间年平均风速波动相对较大，1987 年出现年平均风速极大值，为 4.4m·s⁻¹。

　　如图 2-2 所示，一年中 3～6 月平均风速较高，分别为 3.79m·s⁻¹、4.37m·s⁻¹、4.36m·s⁻¹ 和 3.84m·s⁻¹，3～6 月平均风速为 4.09m·s⁻¹。同时，该时期气候干燥少雨，月平均降水量虽然在 3～6 月呈上升趋势，然而最大月份（6 月）多年平均降水量为 22.97mm，3 月仅为 3.29mm。3～6 月相对湿度变化与平均风速恰好相反，4～5 月平均风速最大，相对湿度则最低，3～6 月相对湿度均值仅为 32.43%。可以看出，3～6 月是研究区域风沙活动最为强烈的时期。另外，冬季 11～12 月风速相对比较高，且降水严重不足，同样是风沙活动比较活跃的时期。如图 2-3 所示，研究区春季主风向为 W、WNW 和 NW，冬季主风向为 W、WSW 和 WNW，夏秋季风向则主要为 S 和 SSE，到秋末（10 月）风向开始转为 WNW。

2.2.3　水文条件

　　库布齐沙漠地区水资源比较短缺，区域内水资源总量为 4.51 亿 m³，占鄂尔多斯

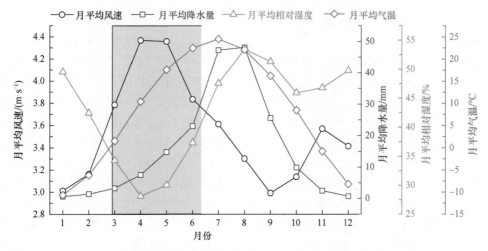

图 2-2 内蒙古鄂尔多斯杭锦旗伊克乌苏气象站不同月份气象资料

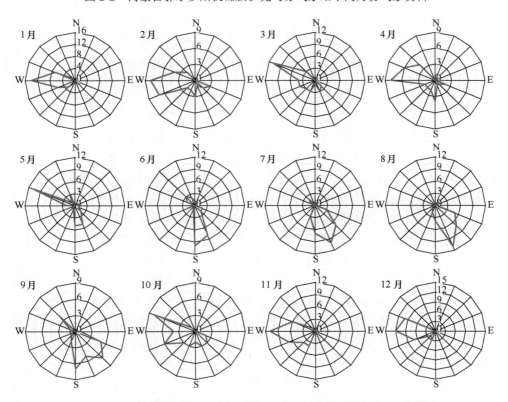

图 2-3 内蒙古鄂尔多斯杭锦旗伊克乌苏气象站不同月份风向情况

全市水资源总量的 19.1%。库布齐地区南部丘陵区域和中部区域地表水少,地下水位较深,而北部平原区地表水多,地下水埋深较浅。库布齐沙漠地区地表水主要表现为过境黄河水、河流汛期洪水、枯水期清水及长期有水的湖泊等。黄河是流经库布齐沙漠的一条过境河流,也是库布齐沙漠内唯一的外流河,全长564.6km。库布齐沙漠东部有发源于高原脊线北侧的季节性河流 10 条,均为黄河一级支流,即十大孔兑,包括毛不拉孔兑、卜尔嘎斯太沟、黑赖沟、西柳沟、罕台川、壕庆河、哈什拉川、母哈日沟、东柳沟、呼斯太河。其他黄河支流包括沙素沟、磨石沟和朝凯沟。此外,库布齐沙漠还存在内流水系,如摩林河、陶赖沟、叶力摆沟、扎克特河、汗哥代沟、乌鸡尔庙河、稽亥图沟、恩圪池沟、昌汗沟、喇嘛沟和束鸡沟等。这些发源于鄂尔多斯高原的间歇性内流河,一定程度上补充了地下水,形成多处湿地,调节了小气候,是该地区生产、生活和维持小流域生态系统平衡的珍贵水资源。地下水年开采储量为 3.15 亿 m^3。不同地区的储水量:北部平原区为 4.404 万 $m^3 \cdot km^{-2}$;中部库布齐沙漠区为 4.402 万 $m^3 \cdot km^{-2}$;南部丘陵区为 2.932 万 $m^3 \cdot km^{-2}$。根据杭锦旗地下水的储存条件、地理性质和水力特征,可将其分为三种类型,即松散岩类孔隙水、碎屑岩类震隙孔隙水和基岩裂隙水。土壤水是指储藏在土壤孔隙中间的水,其在荒漠化地区的植被恢复中具有重要的实践意义。采用烘干法进行土壤水分含量测定及土壤水分含量特征分析。

2.2.4 土壤特征

库布齐沙漠东、西部的土壤差别巨大,地带性土壤表现为东部地区以栗钙土为主,库布齐沙漠西北缘部分地区分布着灰漠土。流动、半流动沙丘在这个干旱缺水的地区占主要部分,沙丘的普遍存在严重阻碍土壤层的形成发育及植被的生长演替进展。受长期地形地貌、水文地质和生物气候条件的影响,该地区土壤形成了分布复杂、类型繁多的格局,主要土壤类型有风沙土、栗钙土、草甸土、盐土。由于干旱缺水,区内以流动、半流动沙丘为主。区内地带性植被分布明显。河漫滩上主要分布着不同程度的盐化浅色草甸土。由于干旱缺水,区内是以流动、半流动沙丘为主,使土壤的形成发育和植被的生长演替都受到限制。库布齐地区的土壤分布除受生物气候条件的制约外,还受地形、地貌及水文地质条件的影响,因此,既有土壤的地带性分布规律,也有土壤的地域分布规律,致使库布齐沙漠的土壤分布复杂、类型繁多。其中,地带性土壤主要有栗钙土、棕钙土、灰漠土,非地带性土壤主要有风沙土、盐碱土、沼泽土、潮土和粗骨土等。地带性土壤分布特征是,从东向西依次分布有栗钙土-棕钙土-灰漠土等 3 个地带,进一步划分为栗钙土-淡栗钙土-棕钙土-淡棕钙土-钙质灰漠土等 5 个亚地带。此外,该地区还分布有大面积的非地带性土壤,例如,库布齐沙漠核心区的风沙土、沙漠与黄河阶地间的盐碱土、沼泽土，以及沙漠南侧的粗骨土等。试验样地所处的库布齐沙漠中段，具体指杭锦旗毛不拉孔兑以东到达拉特旗的呼斯太河以西地区，地带性土壤则以栗钙土类中的淡栗钙土亚类为主，其间同时夹杂着非地带性的风沙土、草甸土、盐土等。

2.2.5 植被特征

库布齐沙漠内主要有荒漠植被、草原植被、低湿地植被、人工植被等。西北部干旱区为草原化荒漠植被类型，西部干旱区为荒漠草原植被类型，东部半干旱区为干草原类型。西部与西北部地区半灌木成分较多，建群种为狭叶锦鸡儿（*Caragana stenophylla*）、藏锦鸡儿（*Caragana tibetica*）、红砂（*Reaumuria songarica*）、沙生针茅（*Stipa glareosa*）、碱韭（*Allium polyrhizum*）等；干草原植被类型为多年生禾本科植物，伴生有小半灌木百里香（*Thymus mongolicus*）等，以及一定数量的达乌里胡枝子（*Lespedeza davurica*）、阿尔泰狗娃花（*Heteropappus altaicus*）等。流动沙丘上很少有植物生长，仅在沙丘下部和丘间地生长有大籽蒿（*Artemisia sieversiana*）、羊柴（塔落岩黄耆）（*Hedysarum laeve*）、木蓼（*Atraphaxis frutescens*）、沙蓬（*Agriophyllum squarrosum*）、沙鞭（*Psammochloa villosa*）等，流沙上有沙拐枣（*Calligonum mongolicum*）。南部丘陵草场植被比较低矮，平均高度10～20cm，牧草种类繁多，每平方米达7～15种。在库布齐沙漠腹地，沙丘逐渐被固定的地方，植被也逐渐向地带性方向演化。半固定沙丘表现为西部以油蒿（*Artemisia ordosica*）、柠条锦鸡儿（*Caragana korshinskii*）、霸王（*Zygophyllum xanthoxylon*）、沙冬青（*Ammopiptanthus mongolicus*）为主，伴生有蒙古虫实（*Corispermum mongolicum*）、沙米、沙鞭等；东部以油蒿、柠条、沙米、沙竹等为主。固定沙丘表现为东、西部都以油蒿为建群种；东部还有冷蒿、阿尔泰紫菀、甘草（*Glycyrrhiza uralensis*）等。

2.3 乌兰布和沙漠

2.3.1 地理位置

本研究的试验地点位于内蒙古自治区巴彦淖尔市磴口县，地处乌兰布和沙漠东北缘。乌兰布和沙漠是中国境内八大沙漠之一，地处华北与西北结合部，位于我国西北干旱荒漠区的东缘，属于草原化荒漠地带，同时也是我国西北地区荒漠与半荒漠的前沿地带，介于黄河、狼山、巴音乌拉山之间。沙漠区的北部与狼山山地的西端毗邻，东临黄河，沿河形成的河谷平原与河套平原区紧紧相连；西南为吉兰泰盐池，向西逐渐进入阿拉善典型荒漠区。行政区划包括阿拉善左旗、乌海市、磴口县、杭锦后旗、乌拉特后旗等旗（县）的部分地区。

研究区位于内蒙古乌海市东北部，东临桌子山，与鄂尔多斯市鄂托克旗相邻，南至四眼井，与海南区相接，西与乌达区隔黄河相望，北与鄂托克旗碱柜乡交界。地理位置在 39°31′～39°52′N、106°46′～107°05′E，总土地面积 486.34km²。

2.3.2　气候条件

研究区属典型大陆性气候，四季分明，气候干旱，冬季寒冷，夏季炎热；降水少、气温高、大风日多是该地区的显著特点；日照极为丰富，年平均日照时数为 3047.3h，日照百分率为 69%～73%。降水集中于夏季，年均降水量 154.8mm，但年际间降水变率较大，最高年份降水量可达 288.4mm，最少年份降水量仅为 59.4mm。一年中降水的季节分配也极不均匀，全年降水量的 78.8%集中在 6～9月，11 月至翌年 3 月的降水量只占全年降水量的 5.1%。研究区蒸发量是降水量的 15.3 倍，多年平均潜在蒸发量为 2380.6mm。其中 5、6 月蒸发量最大，月平均蒸发量达 374.6mm，约占全年总蒸发量的 15.7%；1 月蒸发量最少，约为 43.4mm。年平均大气相对湿度约为 47%，3～5 月大气相对湿度平均为 36%，7～10 月大气相对湿度平均为 54%。年均气温 10.3℃，是内蒙古自治区典型的降水少、气温高的地区之一。年均地温不足 20℃。最大冻土深度在 163～178cm。无霜期平均 164d，年均风速约 3.35m·s⁻¹，以西北风居多，全年沙尘暴日数 22～26d。多年平均大风日数为 12.5d，扬沙日数为 30.2d，每年的起沙次数为 200～250 次，多集中于春季，其次为冬季，故每年发生地表侵蚀最严重的季节为 3～5 月。

2.3.3　水文条件

研究区水资源主要由地下水和地表径流组成。降水入渗、凝结水回灌入渗及黄河侧向入渗形成该地区地下水的主要补给。黄河两岸地下水最为丰富，冲积洪积扇次之，山地丘陵区分布较少且极不均衡。该地区总体趋势由黄河两岸向东西部逐步递减。黄河是该区域内最大干流，多年平均流量为 1018m³·s⁻¹，最大洪峰流量 5820m³·s⁻¹，最小流量 60.8m³·s⁻¹，年平均水位变动幅度为 2～4m，是研究区工农牧业生产用水的主要水源。

2.3.4　土壤特征

乌兰布和沙漠东北部土壤类型较为丰富，主要为灰漠土、风沙土、龟裂土、灌淤土、淡棕钙土等。灰漠土、棕钙土为地带性土壤，灰漠土通常分布在较为宽阔的丘间洼地，地势较为平缓且主层深厚，植物分布稀少或者无植物生长。沙丘形态是风沙土的主要分布形态，表现为流动沙丘、固定或半固定沙丘，其高度多处于 1～3m，沙丘较为分散且与丘间地呈混合形态分布。丘间积水洼地的边缘则分布着草甸土，湖泊的边缘及丘间积水洼地分布着原始沼泽土。

研究区地处干旱荒漠地带，生态环境较为脆弱，森林资源匮乏。非地带性土壤以风沙土、草甸土为主，在黄河沿岸及低洼地段均有分布。从总体上看，该地区土壤肥力较差，有机质含量仅为 1.6%～2.72%，地表多沙质化、砾石化，有龟裂结皮，风蚀沙化严重；pH 9.0～10.0，呈强碱性。由于该地区地貌类型多样，所以其土壤类型也较为复杂多样，主要分为以下 5 个类型。

（1）灰漠土：作为该地区主要的地带性土壤之一，主要分布在山前冲积-洪积阶地上。由于长期遭受强烈的风蚀，使灰漠土表层特征不明显，腐殖质层几乎没有且地表土壤质地粗糙，伴有较多的粗细沙砾，个别地区表层被薄沙覆盖，土层较厚，平均 40～150cm。

（2）棕钙土：作为该地区的另一主要地带性土壤，分布于桌子山和甘德尔山间的洪积台地及残山丘陵上。土层较厚，平均 80～150cm。土质粗、肥力差，多为沙土和沙壤土，地表多沙砾化，部分地段表层被较薄的沙砾覆盖。

（3）栗钙土：栗钙土剖面由分化明显的母质层组成，表土层厚 20～40cm。主要分布于甘德尔山顶部。

（4）风沙土：主要分布于该区南部，形成许多固定、半固定沙丘及缓沙地。风沙土剖面分化不明显，腐殖质层不明显，养分积累甚微。

（5）草甸土：在该区分布面积较小，主要集中在黄河冲积阶地。

2.3.5 植被特征

乌兰布和沙漠的东北部沙地先锋植物群落主要以草本为主，其他群落的建群种和优势种主要以离位芽植物、地上芽植物和隐芽类植物为主，植物区系属于泛北极植物区域亚洲荒漠植物区，受温带荒漠大陆性气候的控制，自然植被种类中荒漠植被种类较多，植物群落中建群种植物均为旱生植物，对于优势种而言，则多半为强旱生植物。该地区植被有 53 科 176 属 342 种，主要科为藜科（Chenopodiaceae）、柽柳科（Tamaricaceae）、蒺藜科（Zygophyllaceae）、蓼科（Polygonaceae）、菊科（Compositae）、禾本科（Gramineae）、豆科（Leguminosae）。代表植物有梭梭（*Haloxylon ammodendron*）、碱蓬（*Suaeda glauca*）、盐爪爪（*Kalidium foliatum*）、红砂（*Reaumuria songarica*）、白刺（*Nitraria tangutorum*）、霸王（*Sarcozygium xanthoxylon*）、沙拐枣（*Calligonum mongolicum*）、油蒿（*Artemisia ordosica*）、沙冬青（*Ammopiptanthus mongolicus*）、甘草（*Glycyrrhiza uralensis*）、苦豆子（*Sophora alopecuroides*）、柠条锦鸡儿（*Caragana korshinskii*）等。

3　光伏电站对资源植物群落及品质的影响

3.1　光伏电站对羊草群落的影响

3.1.1　研究方法

3.1.1.1　测定时间的选取

分别在 6 月 17 日、7 月 2 日、8 月 18 日（根据植物抽穗期设定），对光伏电板下各样点及对照点的气象因子、土壤指标，以及植物的自然生长性状进行测定。

3.1.1.2　样地选择及样线布设

在内蒙古大有光能源有限公司 30MWp 光伏农林牧示范基地南区光伏阵列等间距平行选取 3 块电板作为重复，在每块电板下根据电板遮阴及其对降水再分配情况，从电板前沿到电板后沿将电板下由南向北分为 6 个区域，分别为距电板前沿正下方 50cm 处（A）、电板前沿正下方（B）、电板下方两个螺栓处（C、E）、正下方板间空隙处（D）和电板后沿处（F），平行布设 6 条样线。本研究前期利用雨量筒对降水量的测定结果见图 3-1，发现电板截流的降水会随着电板的倾斜方向顺势流下，在电板中间空隙处下方以及电板前沿正下方会形成降水的汇集，因此光伏电板前沿正下方的样线 B 和光伏电板正下方板间空隙处样线 D 的降水量明显大于未架设电板的区域及电板正下方长期遮阴区域的降水量。

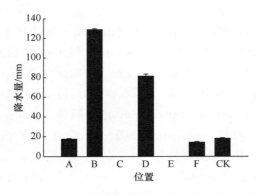

图 3-1　光伏电板下不同位置降水量

　　基于此，本研究将光伏电板下 6 个位置分别定义为全光无水、全光汇水、弱光无水、弱光汇水、弱光无水和弱光有水，将电站内同样进行耕翻处理但未架设电板的区域作为对照（CK），由南向北同样等间距布设 6 条样线，沿着每条样线等距离布设 3 个样点（图 3-2）。

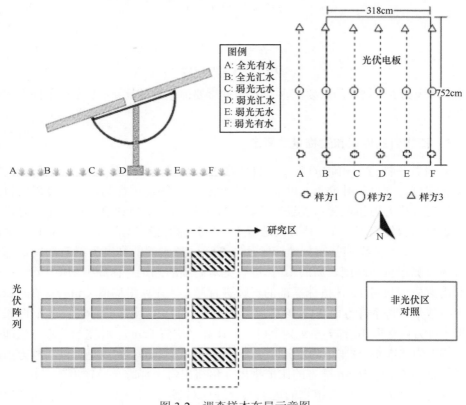

图 3-2　调查样本布局示意图

3.1.1.3　植物群落调查

1）样方布设

　　在光伏电板下的各样点布设 50cm×50cm 的草本样方，每次调查共计 72 个草本样方。

2）α 多样性测定

　　植物群落的 α 多样性可以反映出群落物种的丰富度，以及该物种在整个群落中分布的均匀程度。前期对样方内所有植物种类及株数进行记录。采用马克平（1994）提出的公式对物种 Shannon-Wiener 多样性指数（H，后面简称 Shannon-

Wiener 指数）、Patrick 丰富度指数（R）、Pielou 均匀度指数（E）以及 Simpson 优势度指数（D）分别进行计算与分析。

计算公式如下：

$$草本植物重要值=（相对密度+相对盖度+相对生物量）/3$$

$$H = -\sum (P_i \ln P_i)$$

$$R = S$$

$$E = H / \ln S$$

$$D = 1 - \sum (P_i \times P_i)$$

式中，P_i 为第 i 个物种的重要值占样方物种重要值之和的比率；S 为每个样方的物种总数。

3）植物自然性状和生物量的测定

分别对各样方内植物的盖度、自然高度、绝对高度、基径、节间长、叶长、叶宽、密度、茎重、叶鞘重、叶总重、茎叶比和生物量进行测定。盖度采用目测估算法对各样方内植被覆盖度进行估计（%）；植物茎基端到植物自然垂落时最高点的距离为自然高度，每个样方内选取 10 株进行自然高度的测定，计算自然高度平均值（cm）；植物茎基端到植株叶片竖直后叶片尖端的高度为绝对高度，每个样方选取测定自然高度之后的 10 株进行绝对高度的测定，计算平均值（cm）；基径利用游标卡尺对 10 株植株基部的直径进行测定，计算平均值（mm）；节间长的测定方法是在每个样方内选取 10 株羊草测定其节间长，计算平均值（cm）；叶长是在每个样方内选取 10 株羊草测定其叶长，计算平均值（cm）；叶宽的测定方法即在每个样方内选取 10 株羊草测定其叶宽，计算平均值（cm）；密度是通过对样方内的植株数目与 50cm×50cm 样方的比值乘以 4 倍得出每个样方羊草密度值（株·m^{-2}）；茎重是将各样方内的所有植物的地上部分进行刈割，烘干至恒重，选取 10 株植物测定茎干重；叶鞘重是将各样方内的所有植物的地上部分进行刈割，烘干至恒重，选取 10 株植物测定叶鞘干重；叶总重是将各样方内的所有植物的地上部分进行刈割，烘干至恒重，选取 10 株植物测定叶总干重；茎叶比是选取的 10 株植物干茎重（S_g）与干叶重（L_g）的比值；生物量的测定方法是将各样方内所有植物的地上部分进行刈割，75℃烘干至恒重，测定其生物量（g·m^{-2}）。

3.1.1.4 植物养分含量测定

1）养分含量测定方法

将野外样方内采集的样品带回实验室进行烘干处理，用球磨仪进行粉碎过筛后备用。粗灰分质量分数（Ash）采用马弗炉灼烧法进行测定；粗蛋白（CP）质量分数采用杜马斯燃烧法测定；粗脂肪（EE）采用热浸提-油重法进行测定；酸性洗涤纤维（ADF）和中性洗涤纤维（NDF）质量分数采用 Van Soest 方法测定；通过计算得出半纤维素（HCEL）含量。

相对饲用价值（relative feed value，RFV）采用美国牧草草地理事会饲草分析小组委员会提出的公式进行计算，比较饲草的饲用品质和预期采食量。

2）植物养分含量计算公式

$$\text{Ash}(\%) = \frac{m_2}{m_1} \times 100$$

式中，m_1 为试样质量，g；m_2 为粗灰分质量，g。

$$\text{CP}(\%)=\text{总氮百分含量}\times\text{蛋白质因子}$$

$$\text{EE}(\%)=(m_2-m_1)/m\times100$$

式中，m 为干样品质量，g；m_1 为淋洗抽提前干燥的脂肪瓶和沸石重，g；m_2 为淋洗抽提后干燥的脂肪瓶和沸石重，g。

$$\text{ADF}(\%)=(m_2-m_1)/m\times100$$

式中，m 为干样品质量，g；m_1 为袋和酸性洗涤纤维总重，g；m_2 为纤维袋重，g。

$$\text{NDF}(\%)=(m_2-m_1)/m\times100$$

式中，m 为干样品质量，g；m_1 为袋和中性洗涤纤维总重，g；m_2 为纤维袋重，g。

$$\text{HCEL}(\%)=\text{NDF}-\text{ADF}$$

$$\text{RFV}=\text{DMI}\times\text{DDM}/1.29(\text{以绵羊为动物基础})$$

$$\text{DMI}(\%)=120/\text{NDF}$$

$$\text{DDM}(\%)=88.9-0.779\times\text{ADF}$$

式中，DMI（dry matter intake）为粗饲料干物质采食量，%；DDM（digestible dry matter）为可消化干物质含量，%。

3.1.2　光伏电板对羊草群落结构特征及羊草养分含量的影响

3.1.2.1　光伏电板下不同位置植物种类分布及 α 多样性

在电板下布设的 6 条样线上共发现 7 科 13 属 14 种植物。如表 3-1 所示，根据对电板下各位置植物的重要值计算发现，光伏电板下优势种为羊草（*Leymus chinensis*），其广泛分布于光伏电板下方及周边的各个位置。冰草（*Agropyron cristatum*）集中分布于样线 B，少数分布于样线 C、D、E、F 及 CK 处；狗尾草（*Setaira viridis*）分布于样线 A、B 和 D；刺藜（*Chenopodium aristatum*）分布于样线 A 和 B；碱蒿（*Artemisia anethifolia*）分布于样线 A、B、C 及 CK 处；阿尔泰狗娃花（*Heteropappus altaicus*）零星分布于样线 A、E、F 及 CK 处；其余植物种分布于样线 A 及 CK 处。

表 3-1 光伏电板下不同位置主要植物种

植物名称	拉丁名	重要值						
		A	B	C	D	E	F	CK
羊草	*Leymus chinensis*	0.47	0.61	0.68	0.65	0.58	0.35	0.31
狗尾草	*Setaira viridis*	0.3	0.42	0	0.12	0	0	0
冰草	*Agropyron cristatum*	0	0.23	0.03	0.06	0.04	0.08	0.04
刺藜	*Chenopodium aristatum*	0.15	0.27	0	0	0	0	0
碱蒿	*Artemisia anethifolia*	0.03	0.34	0.05	0	0	0	0.02
小叶锦鸡儿	*Caragana microphylla*	0.02	0	0	0	0	0	0.06
阿尔泰狗娃花	*Heteropappus altaicus*	0.04	0	0	0	0	0.09	0.03
乳浆大戟	*Euphorbia esula*	0.05	0	0	0	0	0	0
砂珍棘豆	*Oxytropis racemosa*	0.05	0.09	0	0	0	0	0.04
二裂委陵菜	*Potentilla bifurca*	0	0	0	0	0	0	0.25
蒙古虫实	*Corispermum mongolicum*	0	0	0	0	0	0	0.26
灰菜	*Chenopodium album*	0	0	0	0	0	0	0.03
达乌里胡枝子	*Lespdeeza davurica*	0	0	0	0	0	0	0.05
碱地风毛菊	*Saussurea runcinata*	0.03	0.08	0	0	0	0	0.02

由表 3-2 可知，光伏电板下植物种类较少，物种多样性较低，除羊草外其他植物种分布较少。CK 组的 Patrick 丰富度指数最高，与电板下的 Patrick 丰富度指数有显著性差异（$P<0.05$）。电板下样线 A 和 B 的 Patrick 丰富度指数较高，其中位于电板前沿下方样线 A 的 Patrick 丰富度指数为 6，样线 B 的 Patrick 丰富度指数为 5，二者均显著高于其他位置（$P<0.05$）。样线 D 与电板后沿的样线 F 的 Patrick 丰富度指数较低。Shannon-Wiener 指数总体表现为 CK>B>A>F>D>E>C，CK 的 Shannon-Wiener 指数与电板下的 6 个位置有显著性差异（$P<0.05$），电板下的样线 C 到样线 F 的 Shannon-Wiener 指数仅分别为 CK 的 9%、15%、14%、27%。电板下的样线 A 和样线 B 的 Shannon-Wiener 指数无显著差异（$P>0.05$），但显著高于电板下其他位置（$P<0.05$）。处于电板正下方弱光无水的样线 C、D、E 的多样性指数整体偏低。Pielou 均匀度指数同样表现出电板正下方的数值低于电板前沿及后沿，其中样线 B 的 Pielou 均匀度指数最高，达到 0.86，与样线 A、F 及 CK 无显著差异（$P>0.05$），较样线 C 和 E 分别增加了 4.73 倍和 2.58 倍。

表 3-2 光伏电板下植物多样性

多样性指数	A	B	C	D	E	F	CK
Patrick 丰富度指数	6±2.64b	5±2bc	3±0.58cd	2±1d	3±1.26cd	2±1.4d	9±1.53a
Shannon-Wiener 指数	1.34±0.21b	1.38±0.1b	0.17±0.03d	0.28±0.04d	0.26±0.02d	0.5±0.1c	1.84±0.07a
Pielou 均匀度指数	0.75±0.06a	0.86±0.12a	0.15±0.03c	0.4±0.1b	0.24±0.05c	0.72±0.08a	0.84±0.04a
Simpson 优势度指数	0.68±0.08b	0.72±0.04ab	0.07±0.01d	0.14±0.01d	0.13±0.04d	0.44±0.13c	0.81±0.01a

注：表中数据为平均值±标准差。同行不同字母代表不同位置条件间差异显著（$P<0.05$），下同。

样线 C、D、E 的 Simpson 优势度指数较低，分别为 0.07、0.14 和 0.13，且无显著性差异（$P>0.05$），样线 B 的 Simpson 优势度指数为 0.72，显著大于除样线 A 以外电板下的各个位置（$P<0.05$），但小于 CK（$P>0.05$）。鉴于其他植物种所占比例较小，本文主要对羊草的生长状况进行研究。

3.1.2.2　光伏电板下不同位置羊草生长性状变化规律

1）光伏电板下不同位置羊草盖度变化规律

不同时期光伏电板下各位置羊草盖度变化如图 3-3 所示。6 月电板下羊草盖度整体表现为 D>F>B>C>E>CK>A，其中样线 D 盖度最高（为 70%），显著高于电板下及 CK 处的羊草盖度（$P<0.05$）。样线 F 与样线 B 的羊草盖度较样线 A、样线 E 和 CK 有显著性差异（$P<0.05$）。样线 A 与 CK 处羊草盖度较低，两位置无显著性差异（$P>0.05$），其中样线 A 羊草盖度仅有 32%，与样线 D 相差 38%。7 月电板下羊草盖度整体表现为 D>F>B>C>E>A>CK，其中样线 D 羊草盖度最高（74.44%），较电板下各样线及 CK 处均有显著性差异（$P<0.05$）。样线 F 与样线 B 的羊草盖度较样线 A、样线 C、样线 E 及 CK 处羊草盖度有显著提升（$P<0.05$）。样线 A、样线 C 和样线 E 的羊草盖度均无显著性差异（$P>0.05$），CK 处羊草盖度最低（仅 35.33%）。8 月电板下羊草盖度整体表现为 D>F>B>C>A>E>CK，其中样线 D 的羊草盖度最高（79.11%），较样线 A、样线 C、样线 E 及 CK 处的羊草盖度均存在显著性差异（$P<0.05$）。样线 F 的羊草盖度次之，与电板下的样线 A、样线 C、样线 E 及 CK 处的羊草盖度存在显著性差异（$P<0.05$）。CK 处的羊草盖度最低（仅 35.67%）。在羊草不同生长时期均表现出电板正下方样线 D 的羊草盖度最高，并且优势较为明显，板下其他位置的羊草盖度也均高于板外的样线 A 和 CK 处羊草盖度。

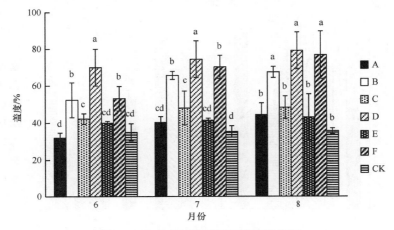

图 3-3　光伏电板下不同位置羊草盖度

图中数据为平均值±标准差。不同小写字母代表不同位置条件间差异显著（$P<0.05$），下同

2）光伏电板下不同位置羊草自然高度变化规律

不同时期光伏电板下各位置羊草自然高度变化如图 3-4 所示。6 月光伏电板下羊草的自然高度整体表现为 D>F>C>E>B>CK>A。光伏电板下方的样线 B、样线 C、样线 D、样线 E、样线 F 的羊草自然高度整体较高，其中样线 D 的羊草自然高度最高（44.05cm），较样线 A 与 CK 处的羊草自然高度有显著提升（$P<0.05$），与电板下其他位置无显著性差异（$P>0.05$），光伏电板外的样线 A 与 CK 的羊草自然高度较低，其中样线 A 的羊草自然高度最低(仅 29.7cm)，较样线 D 相差 14.35cm，与样线 D、样线 F、样线 C 存在显著性差异（$P<0.05$）。7 月光伏电板下羊草自然高度整体表现为 A>CK>E>C>B>F>D，光伏电板下方各样线的羊草自然高度整体较电板外呈现显著降低的趋势（$P<0.05$），其中样线 A 的羊草自然高度最高(51.78cm)，CK 处羊草自然高度为 50.22cm，两位置的羊草自然高度无显著性差异（$P>0.05$）。电板正下方样线 D 的羊草自然高度最低（仅 40.7cm），样线 F 次之，两位置的羊草自然高度无显著性差异（$P>0.05$），但均显著低于其他各位置的羊草自然高度（$P<0.05$）。8 月光伏电板下羊草的自然高度整体表现为 CK>A>E>C>B>F>D，电板下方各位置的羊草自然高度较电板外各位置的羊草自然高度呈现不同程度的降低。电板外 CK 处的羊草自然高度最高（34.57cm），显著高于样线 A 以外其他各位置的羊草自然高度，样线 A 的羊草自然高度为 32.25cm，显著高于电板下样线 B、样线 C、样线 D、样线 F 的羊草自然高度（$P<0.05$），电板正下方样线 D 的羊草自然高度最低(仅 14.51cm)，与样线 B、样线 C、样线 F 无显著性差异（$P>0.05$）。羊草的自然高度在羊草的不同生长时期表现出不同的变化规律，在生长后期随着植株的生长发生不同程度倒伏，导致自然高度呈现降低的趋势。

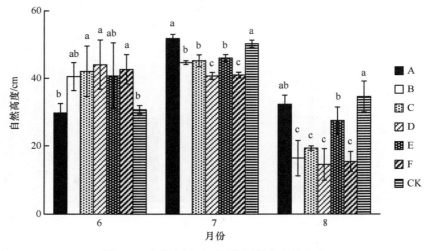

图 3-4　光伏电板下不同位置羊草自然高度

3) 光伏电板下不同位置羊草绝对高度变化规律

不同时期光伏电板下各位置羊草绝对高度变化如图 3-5 所示。6 月光伏电板下不同位置羊草绝对高度整体表现为 D>B>E>A>CK>F>C，其中电板正下方样线 D 的羊草绝对高度最高（55.8cm），较样线 C、样线 F 和 CK 处的羊草绝对高度存在显著性差异（P<0.05）；样线 B 的羊草绝对高度为 53.54cm，较样线 C 存在显著性差异（P<0.05），光伏电板下样线 C 的羊草绝对高度最低（仅 43.60cm），与样线 A、样线 E、样线 F 和 CK 处的羊草绝对高度无显著性差异（P>0.05）。7 月光伏电板下不同位置羊草绝对高度整体表现为 D>F>B>C>E>A>CK，光伏电板下方各条样线的羊草绝对高度整体高于电板外的羊草绝对高度。其中电板正下方样线 D 的羊草绝对高度最高（87.41cm），较电板下其他位置及 CK 处羊草绝对高度均呈现显著性差异（P<0.05）；电板外样线 A、样线 F 与 CK 处的羊草绝对高度无显著差异（P>0.05），其中 CK 处的羊草绝对高度最低（仅 55.57cm），与样线 D 的羊草绝对高度相差 31.84cm。8 月光伏电板下不同位置羊草的绝对高度整体表现为 D>F>B>C>E>CK>A。光伏电板下方羊草绝对高度显著高于电板外及 CK 处的羊草绝对高度（P<0.05），其中样线 D 的羊草绝对高度最高（96.35cm），与其他位置存在显著性差异（P<0.05）。样线 F 的羊草绝对高度与样线 B 和样线 C 无显著性差异（P>0.05）。样线 A 的羊草绝对高度最低（仅 57.21cm），显著低于其他各位置的羊草绝对高度（P<0.05）。光伏电板下羊草的绝对高度随着不同生长时期呈现不同的变化规律。随着时间不断推移，电板下方被遮挡部分的羊草较未被遮挡部分的羊草绝对高度分异性逐渐增强。

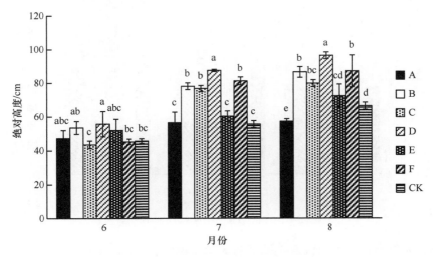

图 3-5　光伏电板下不同位置羊草绝对高度

4）光伏电板下不同位置羊草基径变化规律

不同时期光伏电板下各位置羊草基径变化如图 3-6 所示。6 月光伏电板下不同位置羊草基径整体表现为 D>B>CK>A>F>C>E。所有位置羊草基径均无显著性差异（$P>0.05$），其中电板正下方样线 D 的羊草基径最大（1.43mm），样线 E 的羊草基径最小（1.22mm），与样线 D 相差 0.21mm。7 月光伏电板下不同位置羊草基径整体表现为 D>B>C>E>F>A>CK。光伏电板下方各位置羊草基茎明显高于电板外及 CK 处的羊草基径，其中样线 D 的羊草基径最大（2.43mm），较其他位置均呈现显著性差异（$P<0.05$）。样线 B、样线 C 和样线 E 之间羊草基径无显著性差异（$P>0.05$）。样线 F 与样线 A 和 CK 处羊草基径无显著性差异（$P>0.05$），其中 CK 处的羊草基径最低（仅 1.59mm），与样线 D 的羊草基径相差 0.84mm。8 月光伏电板下不同位置羊草基径整体表现为 D>C>B>E>F>A>CK。光伏电板下各位置羊草基径整体大于光伏电板外及 CK 处的羊草基径，其中样线 D 的羊草基径最大（2.67mm），较电板下及 CK 处其他位置均呈现显著性差异（$P<0.05$）。电板下的样线 B、样线 C、样线 E 和样线 F 之间的羊草基径无显著性差异（$P>0.05$）。CK 处的羊草基径最小（1.62mm），与样线 A 无显著性差异（$P>0.05$），但与样线 B、样线 C、样线 D 的羊草基径存在显著性差异（$P<0.05$），与最大值的样线 D 相差 1.05mm。光伏电板下与电板外的羊草基径分异性随着生长季的推移逐渐趋于明显，在 7 月、8 月逐渐形成电板下方羊草基径大于电板外的羊草基径。

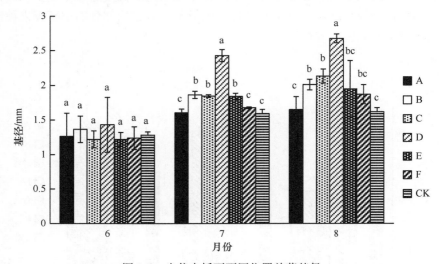

图 3-6　光伏电板下不同位置羊草基径

5）光伏电板下不同位置羊草节间长变化规律

不同时期光伏电板下各位置羊草节间长的变化如图 3-7 所示。6 月光伏电板下不同位置羊草节间长整体表现为 CK>C>A>F>E>D>B，其中 CK 处羊草节间长最大（5.64cm），较样线 A、样线 C、样线 E 和样线 F 无显著性差异（$P>0.05$），与样线 B 和样线 D 呈现显著性差异（$P<0.05$）。样线 B 的羊草节间长最小（仅 1.47cm），与 CK 的羊草节间长相差 4.17cm。7 月光伏电板下不同位置羊草节间长整体表现为 C>CK>A>E>F>B>D，其中样线 C 的羊草节间长最大（5.88cm），与样线 A、样线 E、样线 F 及 CK 处的羊草节间长无显著性差异（$P>0.05$），与样线 B 和样线 D 存在显著性差异（$P<0.05$）。样线 D 与样线 B 的羊草节间长无显著性差异（$P>0.05$），其中样线 D 的羊草节间长最小（4.13cm），与样线 C 羊草节间长相差 1.75cm。8 月光伏电板下不同位置羊草节间长整体表现为 A>CK>C>E>F>B>D。光伏电板下方各位置的羊草节间长整体低于光伏电板外及 CK 处的羊草节间长，其中样线 A 的羊草节间长最大（8.29cm），与 CK 处的羊草节间长无显著性差异（$P>0.05$），与光伏电板下其他各位置的羊草节间长均呈现显著性差异（$P<0.05$）。光伏电板下方的样线 B、样线 C、样线 D、样线 E 和样线 F 之间的羊草节间长无显著性差异（$P>0.05$），其中样线 D 的羊草节间长最小（仅 4.14cm），与样线 A 的羊草节间长相差 4.15cm。光伏电板下各位置的羊草节间长随着生长时期的推移逐渐形成电板遮挡区域的羊草节间长小于未遮挡区域羊草节间长的趋势。

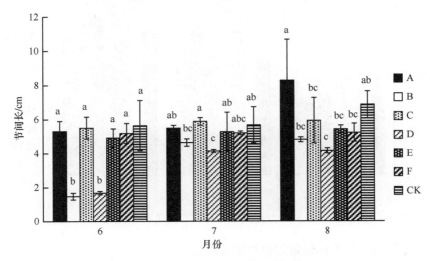

图 3-7　光伏电板下不同位置羊草节间长

6）光伏电板下不同位置羊草叶长变化规律

不同时期光伏电板下各位置羊草叶长的变化如图 3-8 所示。6 月光伏电板下不同位置的羊草叶长整体表现为 D>B>E>A>CK>C>F，电板下及电板外的各位置之间无显著性差异（$P>0.05$），其中电板正下方样线 D 的羊草叶长最大（26.2cm），样线 F 的羊草叶长最小（仅 21.34cm）。7 月光伏电板下不同位置羊草叶长整体表现为 D>F>B>C>E>A>CK。光伏电板内各位置的羊草叶长明显大于电板外及 CK 处的羊草叶长，其中电板正下方样线 D 的羊草叶长最大（52.09cm），与其他各位置均存在显著性差异（$P<0.05$）。样线 F 的羊草叶长与样线 B 的羊草叶长无显著性差异（$P>0.05$）。样线 A、样线 E 和 CK 之间无显著性差异（$P>0.05$），其中 CK 处的羊草叶长最小（仅 33.38cm），与样线 D 羊草叶长相差 18.71cm。8 月光伏电板下不同位置羊草叶长整体表现为 D>F>B>C>F>A>CK。光伏电板内各位置的羊草叶长整体显著大于电板外的羊草叶长（$P<0.05$），其中电板正下方样线 D 的羊草叶长最大（52.76cm），与样线 B、样线 C、样线 F 无显著性差异（$P>0.05$），与样线 A、样线 E 和 CK 处的羊草叶长存在显著性差异（$P<0.05$）。光伏电板外的样线 A 与 CK 处的羊草叶长无显著差异（$P>0.05$），其中 CK 处的羊草叶长最小（41.49cm），与样线 D 的羊草叶长相差 11.27cm。光伏电板下不同位置羊草叶长随着生长时间的推移，逐渐形成光伏电板内的羊草叶长大于光伏电板外的羊草叶长，并且变化趋势呈现显著性（$P<0.05$）。

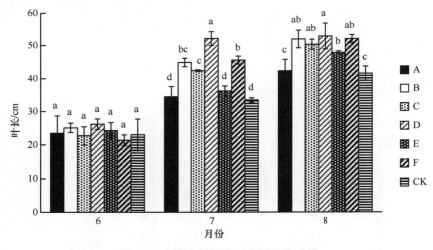

图 3-8　光伏电板下不同位置羊草叶长

7）光伏电板下不同位置羊草叶宽变化规律

不同时期光伏电板下各位置羊草叶宽的变化如图 3-9 所示。6 月光伏电板下不同位置羊草叶宽整体表现为 D>B>F>E>C>A>CK。光伏电板下各位置羊草的叶宽整体大于电板外的羊草叶宽，其中电板正下方样线 D 的羊草叶宽最大（2.74mm），与样线 A、样线 B、样线 C、样线 E、样线 F 无显著性差异（$P>0.05$）。CK 处的羊草叶宽最小（仅 1.28mm），与样线 D 的羊草叶宽相差 1.46mm。7 月光伏电板下不同位置羊草叶宽整体表现为 D>F>B>C>E>A>CK，光伏电板内各位置的羊草叶宽显著大于电板外的羊草叶宽（$P<0.05$），其中电板正下方样线 D 的羊草叶宽最大（5.40mm），与电板下其他各位置羊草叶宽存在显著性差异（$P<0.05$），样线 F 的羊草叶宽为 4.92mm，与样线 C 和样线 D 的羊草叶宽无显著性差异（$P>0.05$）。样线 A 与 CK 处的羊草叶宽无显著性差异（$P>0.05$），其中 CK 处的羊草叶宽最小（2.90mm），与最大值相差 2.50mm。8 月光伏电板下不同位置羊草叶宽整体表现为 D>F>B>C>CK>A>E，其中电板正下方样线 D 的羊草叶宽最大（5.67mm），与样线 A、样线 C、样线 E 及 CK 处的羊草叶宽存在显著性差异（$P<0.05$）。样线 E 的羊草叶宽最小（4.48mm），与最大值相差 1.19mm。光伏电板下不同位置的羊草叶宽随生长时间的推移均呈现增大的趋势，并且光伏电板内的羊草叶宽整体大于电板外及 CK 处的羊草叶宽（$P<0.05$）。

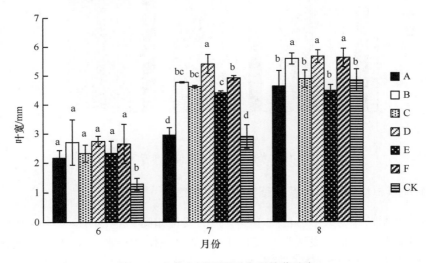

图 3-9　光伏电板下不同位置羊草叶宽

8）光伏电板下不同位置羊草密度变化规律

不同时期光伏电板下各位置羊草密度的变化如图 3-10 所示。6 月光伏电板下不同位置羊草密度整体表现为 D>B>F>C>E>A>CK。光伏电板内各位置的羊草密度均大于电板外的羊草密度，其中样线 D 的羊草密度最大（521.33 株·m^{-2}），与样线 A、样线 C、样线 E 和 CK 处的羊草密度存在显著性差异（$P<0.05$）。CK 处的羊草密度最小（仅 298.67 株·m^{-2}）。7 月光伏电板下不同位置羊草密度整体表现为 D>F>B>C>E>A>CK，光伏电板内各位置的羊草密度整体显著高于电板外及 CK 处的羊草密度（$P<0.05$），其中电板正下方样线 D 的羊草密度最大（539.11 株·m^{-2}），与除样线 F 外所有位置的羊草密度均呈现显著性差异（$P<0.05$）。样线 A 与 CK 处的羊草密度无显著性差异（$P>0.05$），其中 CK 处的羊草密度最小（仅 256 株·m^{-2}）。

8 月光伏电板下不同位置羊草密度整体表现为 D>F>B>C>E>CK>A，同样表现为电板内各位置羊草密度大于电板外羊草密度，其中样线 D 的羊草密度最大（554.22 株·m^{-2}），与其他各位置均呈现显著性差异（$P<0.05$）。样线 A 与 CK 处羊草密度无显著性差异（$P>0.05$），其中样线 A 的羊草密度最小（358.67 株·m^{-2}）。光伏电板遮挡位置的羊草密度较未遮挡的位置密度优势明显。

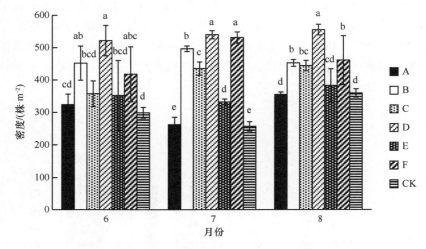

图 3-10　光伏电板下不同位置羊草密度

9）光伏电板下不同位置羊草茎重变化规律

不同时期光伏电板下各位置羊草茎重的变化如图 3-11 所示。6 月光伏电板下不同位置羊草茎重整体表现为 C>CK>E>D>A>F>B，其中样线 C 的羊草茎重最大（0.11g），与样线 B 的羊草茎重存在显著性差异（$P<0.05$）。光伏电板下其他位置之间的羊草茎重均无显著性差异（$P>0.05$）。样线 B 的羊草茎重最小（仅 0.07g），与最大值相差 0.04g。7 月光伏电板下不同位置羊草茎重整体表现为 CK>A>C>E>B>F>D，光伏电板外及 CK 处的羊草茎重整体大于光伏电板内的羊草茎重，其中 CK 处的羊草茎重最大（0.16g），与样线 D 和样线 F 的羊草茎重存在显著性差异（$P<0.05$）。光伏电板下其他位置之间的羊草茎重无显著性差异（$P>0.05$）。光伏电板正下方的样线 D 羊草茎重最小（仅 0.11g），与最大值相差 0.05g。8 月光伏电板下不同位置羊草茎重整体表现为 CK>B>D>E>F>C>A，其中 CK 处的羊草茎重最大（0.19g），样线 A 的羊草茎重最小，两位置羊草茎重相差 0.04g，呈显著性差异（$P<0.05$）。电板下其他位置间的羊草茎重无显著性差异（$P>0.05$）。光伏电板下不同位置的羊草茎重在各月份呈现出不同变化规律，CK 处的羊草茎重在 7 月和 8 月的增长量与板下其他位置相比较为明显。

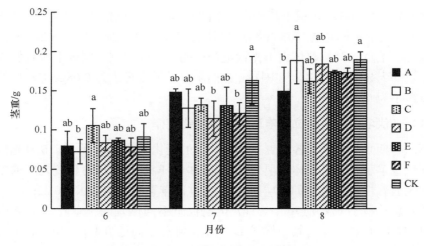

图 3-11　光伏电板下不同位置羊草茎重

10）光伏电板下不同位置羊草叶鞘重变化规律

不同时期光伏电板下各位置羊草叶鞘重的变化如图 3-12 所示。光伏电板下羊草叶鞘重整体随时间推移呈现增加趋势，但各位置之间的差异性不明显，光伏电板对羊草叶鞘重影响较小。6 月光伏电板下不同位置羊草叶鞘重总体表现为样线 D>B>F>C>A>E>CK，各位置的羊草叶鞘重无显著性差异（P>0.05）。其中样线 D 的羊草叶鞘重最大（0.06g），CK 处的羊草叶鞘重最小（仅 0.04g）。7 月光伏电板下不同位置羊草叶鞘重总体表现为 D>F>CK>B>C>A>E，其中样线 D 的羊草叶鞘重最大（0.08g），样线 E 的羊草叶鞘重最小（仅 0.05g），两位置的羊草叶鞘重存在

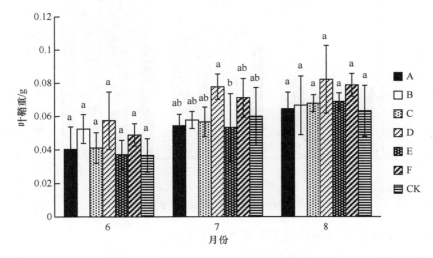

图 3-12　光伏电板下不同位置羊草叶鞘重

显著性差异（*P*<0.05）。电板下其他位置之间的羊草叶鞘重无显著性差异（*P*>0.05）。8 月光伏电板下不同位置羊草叶鞘重整体表现为 D>F>E>C>B>A>CK，光伏电板内各位置的羊草叶鞘重整体大于光伏电板外的羊草叶鞘重，电板下所有位置的羊草叶鞘重均无显著性差异，其中样线 D 的羊草叶鞘重最大为 0.08g，CK 处的羊草叶鞘重最小为 0.063g。

11）光伏电板下不同位置羊草叶总重变化规律

不同时期光伏电板下各位置羊草叶总重的变化如图 3-13 所示。6 月光伏电板下不同位置羊草叶总重整体表现为 D>CK>B>E>F>C>A，所有位置之间的羊草叶总重均无显著性差异（*P*>0.05），其中样线 D 的羊草叶总重最大（0.22g），样线 A 的羊草叶总重最小（仅 0.17g）。7 月光伏电板下不同位置的羊草叶总重整体表现为 D>F>B>C>CK>A>E，其中样线 D 的羊草叶总重高达 0.43g，显著高于其他位置的羊草叶总重（*P*<0.05）。样线 E 的羊草叶总重最小（仅 0.25g）。8 月光伏电板下不同位置羊草叶总重整体表现为 D>F>B>C>E>CK>A，其中样线 D 的羊草叶总重高达 0.46g，显著高于电板下其他各位置的羊草叶总重（*P*<0.05），样线 F 的羊草叶总重次之，与样线 A 的羊草叶总重存在显著性差异（*P*<0.05）。其他位置之间的羊草叶总重无显著性差异（*P*>0.05）。样线 A 的羊草叶总重最小（仅 0.3g），与最大值相差 0.16g。在测定月份内，光伏电板正下方样线 D 的羊草叶总重整体高于电板下其他位置，随着生长时间的推移，其优势逐渐呈现显著趋势（*P*<0.05）。

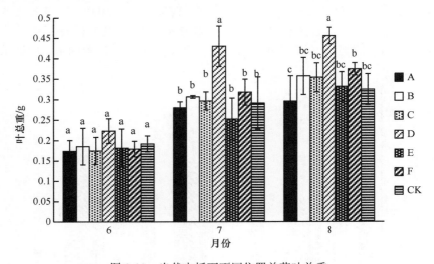

图 3-13 光伏电板下不同位置羊草叶总重

12）光伏电板下不同位置羊草茎叶比变化规律

不同时期光伏电板下各位置羊草茎叶比变化如图 3-14 所示。6 月光伏电板下不同位置羊草茎叶比整体表现为 C>E>CK>A>F>B>D，其中样线 C 的羊草茎叶比最大（0.61），与样线 B 和样线 D 的羊草茎叶比有显著性差异（$P<0.05$）。除样线 C 外，其余位置之间的羊草茎叶比均无显著性差异（$P>0.05$），其中样线 D 的羊草茎叶比最小（0.38），与最大值相差 0.23。7 月光伏电板下不同位置羊草茎叶比整体表现为 CK>A>E>C>B>F>D，其中 CK 处的羊草茎叶比最大（0.68），与样线 B、样线 C、样线 D 和样线 F 之间存在显著性差异（$P<0.05$）。样线 A、样线 B、样线 C、样线 D 和样线 F 之间无显著性差异（$P>0.05$）。样线 D 的羊草茎叶比最小（仅 0.27），与最大值相差 0.41。8 月光伏电板下不同位置羊草茎叶比整体表现为 CK>A>E>B>C>F>D，其中 CK 的羊草茎叶比最大（0.59），与样线 C、D、F 存在显著性差异（$P<0.05$），与电板下其他位置无显著性差异（$P>0.05$）。样线 D 的羊草茎叶比最小（0.41），与样线 A、样线 B、样线 E 和 CK 存在显著性差异（$P<0.05$）。不同时期光伏电板对羊草茎叶比的影响总体不明显，无显著的变化规律。

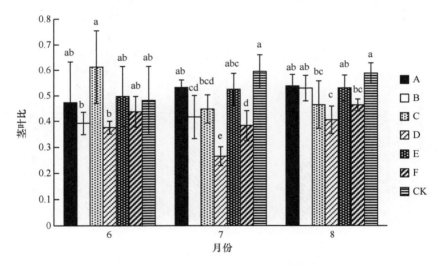

图 3-14　光伏电板下不同位置羊草茎叶比

3.1.2.3　光伏电板下不同位置羊草生物量的变化规律

不同时期光伏电板下各位置羊草生物量变化如图 3-15 所示。6 月光伏电板下不同位置的羊草生物量整体表现为 D>F>B>CK>E>C>A，其中样线 D 的羊草生物量最大（105.25 g·m^{-2}），与样线 F 的羊草生物量无显著性差异（$P>0.05$），与电板下其他位置存在显著性差异（$P<0.05$）。除样线 D 之外，其余位置之间的羊草生物量均无显著性差异（$P>0.05$），其中样线 A 的羊草生物量最低（仅 64.97 g·m^{-2}），是样线 D 羊草生物量的 61.73%。7 月光伏电板下不同位置羊草生物量整体表现为 D>F>B>C>E>CK>A，光伏电板内的羊草生物量显著高于电板外的羊草生物量

（$P<0.05$），其中样线 D 的羊草生物量最大（253.8 g·m^{-2}），与光伏电板下其他位置之间存在显著性差异（$P<0.05$）。样线 F 的羊草生物量与样线 B 的羊草生物量之间无显著性差异（$P>0.05$），但显著高于样线 A、样线 C、样线 E 和 CK 处的羊草生物量（$P<0.05$）。样线 A 的羊草生物量（83.64 g·m^{-2}）仅为样线 D 羊草生物量的 32.96%。8 月光伏电板下不同位置羊草生物量整体表现为 D>B>F>C>E>A>CK，光伏电板内的羊草生物量整体显著高于光伏电板外的羊草生物量（$P<0.05$），其中样线 D 的羊草生物量最高（266.76 g·m^{-2}），与光伏电板下其他位置羊草生物量均存在显著性差异（$P<0.05$）。样线 B 的羊草生物量仅次于样线 D，与样线 F 无显著性差异（$P>0.05$）。样线 A 与 CK 处的羊草生物量无显著性差异（$P>0.05$），其中 CK 处的羊草生物量最低（98.36 g·m^{-2}），仅占样线 D 羊草生物量的 36.87%。光伏电板内羊草生物量与光伏电板外羊草生物量的差异随着时间的推移逐渐呈现增加趋势，其中样线 B、样线 D、样线 F 的优势随着羊草的生长不断上升。

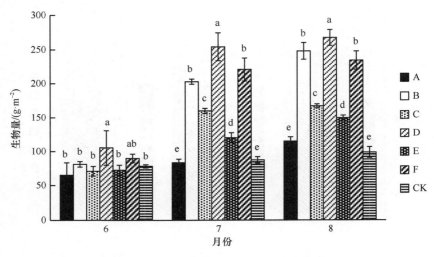

图 3-15 光伏电板下不同位置羊草生物量

3.1.2.4 光伏电板下不同位置羊草营养成分及饲用价值差异性

1）光伏电板下不同位置羊草营养成分含量变化规律

（1）光伏电板下不同位置羊草粗灰分含量变化规律。不同时期光伏电板下各位置羊草粗灰分含量变化如图 3-16 所示。粗灰分含量是评价饲草品质的一项重要指标。由图可知，6～8 月刈割的羊草粗灰分含量整体表现为先升高后降低的趋势。6 月光伏电板下不同位置羊草的粗灰分含量整体表现为 A>D>CK>F>B>C>E，其中样线 A 的羊草粗灰分含量最高（6.53%），样线 D 的羊草粗灰分含量为 6.38%，样线 A 与样线 D 的羊草粗灰分含量无显著性差异（$P>0.05$），但显著高于样线 B、

C、E 的羊草粗灰分含量（*P*<0.05）。样线 E 的羊草粗灰分含量最小（仅 4.57%），与除样线 C 外的其他位置羊草粗灰分含量存在显著性差异（*P*<0.05）。7 月光伏电板下不同位置羊草粗灰分含量整体表现为 A>F>D>B>E>C>CK，其中样线 A 的羊草粗灰分含量最高（10.88%），样线 F 的羊草粗灰分含量次之，CK 处的羊草粗灰分含量最小（仅 5.84%），与最大值相差 5.04%。8 月光伏电板下不同位置羊草粗灰分含量整体表现为 C>E>D>B>A>F>CK。电板内的羊草粗灰分含量整体偏高，其中样线 C 的羊草粗灰分含量最高（7.11%）。样线 A、样线 B、样线 F 及 CK 之间的羊草粗灰分含量无显著性差异（*P*>0.05），CK 处的羊草粗灰分含量最低（5.63%），与样线 C 的羊草粗灰分含量相差 1.48%。

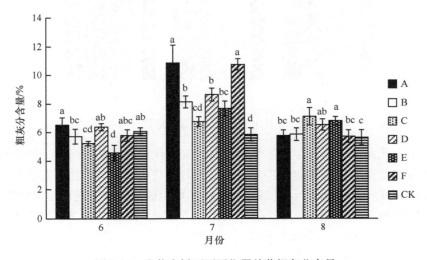

图 3-16　光伏电板下不同位置羊草粗灰分含量

　　（2）光伏电板下不同位置羊草粗蛋白含量变化规律。不同时期光伏电板下各位置羊草粗蛋白含量变化如图 3-17 所示。6 月光伏电板下不同位置羊草粗蛋白含量整体表现为 CK>F>B>D>C>A>E，其中 CK 处的羊草粗蛋白含量最高（14.49%），样线 E 的羊草粗蛋白含量最低（11.18%），较 CK 处的羊草粗蛋白含量降低了 3.31%，两位置之间羊草粗蛋白含量存在显著性差异（*P*<0.05）。电板下其他位置之间的羊草粗蛋白含量均无显著性差异（*P*>0.05）。7 月光伏电板下不同位置羊草粗蛋白含量整体表现为 D>E>C>F>A>CK>B，除样线 B 外，电板内其他位置的羊草粗蛋白含量整体高于光伏电板外，其中样线 D 的羊草粗蛋白含量最高（14.51%），显著高于样线 B 和 CK 处羊草粗蛋白含量（*P*<0.05），样线 B 和 CK 的羊草粗蛋白含量无显著性差异（*P*>0.05），样线 B 的羊草粗蛋白含量最低（11.06%），与最大值相差 3.45%。8 月光伏电站下不同位置羊草粗蛋白含量整体表现为 E>F>CK>A>D>C>B，其中样线 E 的羊草粗蛋白含量最高（14.17%），与除样线 F 外的其他位置羊草粗蛋白含量存在显著性差异（$P<0.05$），样线 B 的羊草粗蛋白含量最低（8.55%），与最大值相差 5.62%。

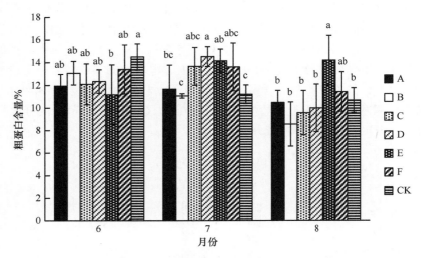

图 3-17　光伏电板下不同位置羊草粗蛋白含量

（3）光伏电板下不同位置羊草粗脂肪含量变化规律。不同时期光伏电板下各位置羊草粗脂肪含量变化如图 3-18 所示。6 月光伏电板下羊草粗脂肪含量整体表现为 CK>B>F>E>A>D>C，从样线 C 到 CK 羊草粗脂肪含量呈现逐渐增大的趋势，其中 CK 处的羊草粗脂肪含量最高（1.89%），与除样线 B 外的其他位置之间存在显著性差异（$P<0.05$）。样线 C 的羊草粗脂肪含量最低（1.27%），与样线 B 和 CK

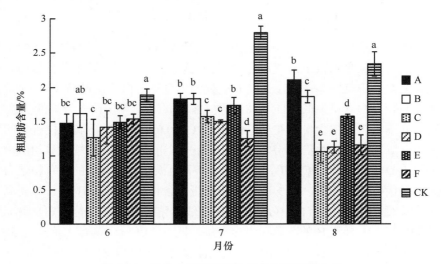

图 3-18　光伏电板下不同位置羊草粗脂肪含量

处的羊草粗脂肪均存在显著性差异（$P<0.05$）。7 月光伏电板下不同位置羊草粗脂肪含量整体表现为 CK>B>A>E>C>D>F，其中 CK 处的羊草粗脂肪含量最高（2.8%），与电板下其他位置的羊草粗脂肪含量存在显著性差异（$P<0.05$）。样线 A 与样线 B 和样线 E 的羊草粗脂肪含量无显著性差异（$P>0.05$）。样线 F 的羊草粗脂肪含量最小为 1.25%，仅为 CK 处的 44.64%。8 月光伏电板下不同位置羊草粗脂肪含量整体表现为 CK>A>B>E>F>D>C，其中 CK 处的羊草粗脂肪含量最高（2.34%），与电板下其他位置的羊草粗脂肪含量存在显著性差异（$P<0.05$）。样线 C 与样线 D 和样线 F 的羊草粗脂肪含量无显著性差异（$P>0.05$），其中样线 C 的羊草粗脂肪含量最低（1.06%）。在植物多样性较高的 CK 处，羊草粗脂肪含量在相同刈割时期各位置羊草中优势突出，在 7 月尤为明显。

（4）光伏电板下不同位置羊草酸性洗涤纤维含量测定。不同时期光伏电板下各位置羊草酸性洗涤纤维含量变化如图 3-19 所示。6 月光伏电板下不同位置羊草酸性洗涤纤维含量整体表现为 A>B>C>D>F>E>CK，除样线 E 外，从电板前沿到电板后沿及 CK 呈现下降的趋势。其中样线 A 的羊草酸性洗涤纤维含量最高（40.58%），与除样线 B 外的其他各位置羊草酸性洗涤纤维含量存在显著性差异（$P<0.05$）。样线 B、C、D、E 与 CK 之间的羊草酸性洗涤纤维含量无显著性差异（$P>0.05$），其中 CK 处的羊草酸性洗涤纤维含量仅为 35.18%。7 月光伏电板下不同位置羊草酸性洗涤纤维含量整体表现为 D>B>C>CK>F>A>E，其中样线 D 的羊草酸性洗涤纤维含量最高（42.77%），与电板下其他位置的羊草酸性洗涤纤维含量存在显著性差异（$P<0.05$）。样线 E 的羊草酸性洗涤纤维含量最低（36.78%）。8 月光伏电板下不同位置羊草酸性洗涤纤维含量整体表现为 C>B>D>F>A>CK>E。其中样线 C 最大（41.03%），与样线 E 和 CK 之间的羊草酸性洗涤纤维含量存在

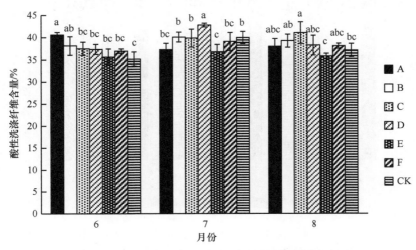

图 3-19　光伏电板下不同位置羊草酸性洗涤纤维含量

显著性差异（$P<0.05$）。样线 E 的羊草酸性洗涤纤维含量最低（35.81%）。电板下 6～8 月的羊草酸性洗涤纤维含量无明显变化规律，各月采集的羊草所测得的酸性洗涤纤维指标均呈现不同的差异性。

（5）光伏电板下不同位置羊草中性洗涤纤维含量变化规律。不同时期光伏电板下各位置羊草中性洗涤纤维含量变化如图 3-20 所示。6 月光伏电板下不同位置羊草中性洗涤纤维含量总体表现为 A>D>E>F>B>CK>C。样线 A 的羊草中性洗涤纤维含量高达 67.31%，与样线 D 的羊草中性洗涤纤维含量无显著性差异（$P>0.05$），与电板下其他位置之间均存在显著性差异（$P<0.05$）。样线 B、C、F 和 CK 的羊草中性洗涤纤维含量无显著性差异（$P>0.05$），其中样线 C 的羊草中性洗涤纤维含量最小（仅 58.33%）。7 月光伏电板下不同位置羊草中性洗涤纤维含量整体表现为 E>F>CK>D>C>B>A，电板下羊草中性洗涤纤维含量最大值为 71.01%，最小值为 63.25%。样线 B、C、D、E、F 和 CK 之间的羊草中性洗涤纤维含量无显著性差异（$P>0.05$），样线 A 的羊草中性洗涤纤维含量与样线 D、E、F 和 CK 的羊草中性洗涤纤维含量均存在显著性差异（$P<0.05$）。8 月光伏电板下不同位置羊草中性洗涤纤维含量整体表现为 C>B>A>D>E>F>CK，从样线 C 到 CK 羊草中性洗涤纤维含量呈现降低趋势。电板下羊草中性洗涤纤维含量最大值为 74.67%，最小值为 64.79%。样线 A、B、C、D 之间的羊草中性洗涤纤维含量无显著性差异（$P>0.05$）。CK 与样线 E 和样线 F 之间的羊草中性洗涤纤维含量之间无显著性差异（$P>0.05$）。

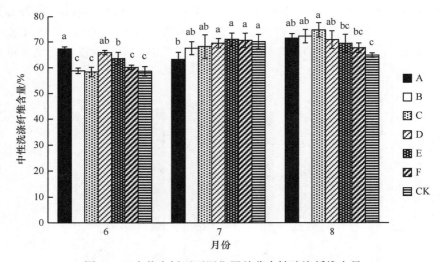

图 3-20　光伏电板下不同位置羊草中性洗涤纤维含量

（6）光伏电板下不同位置羊草半纤维素含量变化规律。不同时期光伏电板下各位置羊草半纤维素含量变化如图 3-21 所示。6 月光伏电板下不同位置羊草半纤

维素含量整体表现为 D>E>A>CK>F>C>B。电板下羊草半纤维素含量最大值为
28.50%，最小值为 20.67%。样线 D 与样线 B、C、F 和 CK 的羊草半纤维素含量
存在显著性差异（$P<0.05$），样线 A 与样线 D 和样线 E 之间的羊草半纤维素含量
无显著性差异（$P>0.05$）。7 月光伏电板下不同位置的羊草半纤维素含量整体表现
为 E>F>CK>C>B>D>A，电板下羊草半纤维素含量最大值为 34.23%，最小值为
25.97%。样线 E 羊草半纤维素含量与样线 A、样线 B、样线 C 和样线 D 的羊草
半纤维素含量存在显著性差异（$P<0.05$）。电板下除样线 E 外，其他各位置之间的
羊草半纤维素含量均无显著性差异（$P>0.05$）。8 月光伏电板下不同位置羊草半纤
维素含量整体表现为 C>E>A>B>D>F>CK。电板下羊草半纤维素含量最大值为
33.65%，最小值为 27.66%。6～8 月分别刈割的羊草半纤维素含量没有整体明显
的变化规律，各月不同位置之间的羊草半纤维素含量差异性都有所不同。

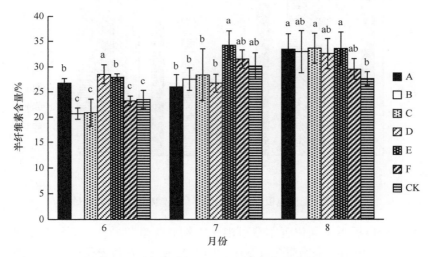

图 3-21　光伏电板下不同位置羊草半纤维素含量

2）光伏电板下不同位置羊草饲用价值差异性

（1）光伏电板下不同位置羊草粗饲料干物质采食量差异性。在畜牧业中要合
理运用粗饲料，首先需要对粗饲料的营养价值进行科学评定和分析。不同时期光
伏电板下各位置羊草粗饲料干物质采食量变化如图 3-22 所示。6 月光伏电板下不
同位置羊草粗饲料干物质采食量整体表现为 C>CK>B>F>E>D>A，电板下羊草粗
饲料干物质采食量最大值为 2.06%，最小值为 1.78%。样线 E 与除样线 D 外其他
位置之间的羊草粗饲料干物质采食量均存在显著性差异（$P<0.05$）。样线 B、C、F、
CK 之间的羊草粗饲料干物质采食量无显著性差异（$P>0.05$），样线 A 与样线 D
的粗饲料干物质采食量无显著性差异（$P>0.05$）。7 月光伏电板下不同位置羊草粗

饲料干物质采食量整体表现为 A>B>C>D>CK>F>E，电板下的羊草粗饲料干物质采食量最大值为 1.90%，最小值为 1.69%。样线 A 与样线 D、E、F、CK 之间的羊草粗饲料干物质采食量均存在显著性差异（$P<0.05$），除样线 A 外，电板下其他各位置之间的羊草粗饲料干物质采食量无显著性差异（$P>0.05$）。8 月光伏电板下不同位置羊草粗饲料干物质采食量整体表现为 CK>F>E>D>A>B>C。电板下羊草粗饲料干物质采食量最大值为 1.85%，最小值为 1.61%。CK 与除样线 F 外的其他位置羊草粗饲料干物质采食量均存在显著性差异（$P<0.05$）。样线 A、B、C、D 之间的羊草粗饲料干物质采食量无显著性差异（$P>0.05$）。

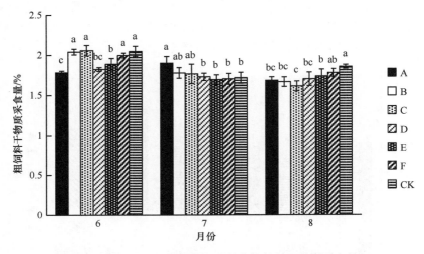

图 3-22　光伏电板下不同位置羊草粗饲料干物质采食量

（2）光伏电板下不同位置羊草可消化干物质含量差异性。不同时期光伏电板下不同位置羊草可消化干物质含量变化如图 3-23 所示。6 月光伏电板下不同位置羊草可消化干物质含量整体表现为 CK>E>F>D>C>B>A。电板下羊草可消化干物质含量最大值为 61.49%，最小值为 57.29%。样线 A 与样线 B 的羊草可消化干物质含量无显著性差异（$P>0.05$），与电板下其他位置的羊草可消化干物质含量存在显著性差异（$P<0.05$）。7 月光伏电板下不同位置羊草可消化干物质含量整体表现为 E>A>F>C>CK>B>D。电板下羊草可消化干物质含量最大值为 60.25%，最小值为 55.58%。样线 A、B、C、F、CK 之间的羊草可消化干物质含量无显著性差异（$P>0.05$）。样线 D 与电板下其他各位置之间羊草可消化干物质含量存在显著性差异（$P<0.05$）。8 月光伏电板下不同位置羊草可消化干物质含量整体表现为 E>CK>A>F>D>B>C，电板下羊草可消化干物质含量最大值为 61.00%，最小值为 56.94%。其中样线 E 与样线 B 和样线 C 之间的羊草可消化干物质含量存在显著性差异（$P<0.05$）。

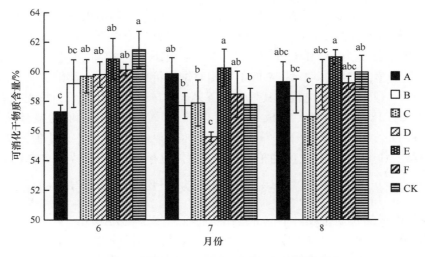

图 3-23　光伏电板下不同位置羊草可消化干物质含量

（3）光伏电板下不同位置羊草相对饲用价值差异性。不同时期光伏电板下不同位置羊草相对饲用价值变化如图 3-24 所示。相对饲用价值是粗饲料中酸性洗涤纤维和中性洗涤纤维的综合反映，是评价粗饲料品质的一项重要指标。相对饲用价值越高，证明该粗饲料的营养价值越高。6 月光伏电板下不同位置羊草相对饲用价值整体表现为 CK>C>B>F>E>D>A。电板下的羊草相对饲用价值最大值为 97.62，最小值为 79.18。CK 与样线 B、C、F 之间的羊草相对饲用价值无显著性差异（$P>0.05$），与电板下其他位置均呈现显著性差异（$P<0.05$）。样线 A 与样线

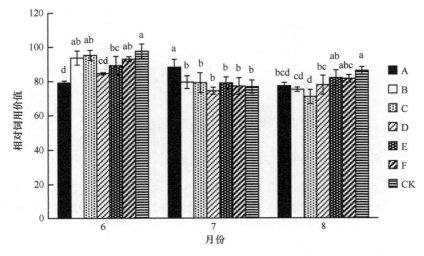

图 3-24　光伏电板下不同位置羊草相对饲用价值

D 之间的羊草相对饲用价值无显著性差异（$P>0.05$），与电板下其他位置的羊草相对饲用价值均存在显著性差异（$P<0.05$）。7 月光伏电板下不同位置羊草相对饲用价值整体表现为 A>B>C>E>F>CK>D。电板下羊草相对饲用价值最大值为 88.16，最小值为 74.43。样线 A 的羊草相对饲用价值与电板下其他位置之间存在显著性差异（$P<0.05$），电板下其他各位置之间的羊草相对饲用价值均无显著性差异（$P>0.05$）。8 月光伏电板下不同位置羊草相对饲用价值整体表现为 CK>E>F>D>A>B>C。电板下羊草相对饲用价值最大值为 86.11，最小值为 71.02。CK 与样线 A、B、C、D 之间的羊草相对饲用价值存在显著性差异（$P<0.05$）。

3.1.2.5　光伏电板对羊草群落结构特征及羊草养分含量影响小结

　　光伏电板的长期布设对羊草群落结构特征产生了较大影响，其中对于当地自然植物物种多样性的影响程度较深，光伏电板的结构特殊性使板下形成大面积的遮阴区域，对于植物叶片的光合作用产生了较大影响，而羊草作为耐阴性植物，对电板下的遮阴环境具有良好的适应性，从而导致其他植物在板下与羊草的竞争过程中处于劣势，最终板下其他植物种类和数量迅速减少。电板下充足的湿热条件使得羊草部分功能性状较 CK 区域也具有明显的优势，同时板下的特殊环境也使得羊草的生物量较未架设电板的区域明显增加，羊草草原建群种产量得到进一步提升。

　　羊草作为草原优质牧草种类，在光伏电站广泛分布，电板下羊草生长得到进一步促进，而养分含量整体无明显的变化趋势，各月内电板下的羊草养分含量与电板外相比高低不一，其中 CK 处的羊草粗脂肪含量整体显著高于电板下的羊草粗脂肪含量。由此可以发现羊草养分含量的变化无明显规律，光伏电板对于羊草养分含量及饲用价值的影响较弱。光伏电站内羊草产量的增加对羊草草原建群种的植被恢复产生了促进作用，促进了羊草草原生态系统结构和功能的修复，同时也为区域草地畜牧业发展提供了更多的优质牧草，提升了草地生态的服务功能。

3.1.3　光伏电板下羊草自然性状对其生物量的影响

1）羊草自然性状与生物量之间的相关分析

　　表 3-3 为光伏电板下羊草自然性状与其生物量之间的相关性分析，表中将羊草盖度定义为 X_1、自然高度定义为 X_2、绝对高度定义为 X_3、基径定义为 X_4、节间长定义为 X_5、叶长定义为 X_6、叶宽定义为 X_7、密度定义为 X_8、茎重定义为 X_9、叶鞘重定义为 X_{10}、叶总重定义为 X_{11}、茎叶比定义为 X_{12}、生物量定义为 y。由相关性结果可知，羊草生物量（y）与羊草绝对高度（X_3）、羊草盖度（X_1）、基径（X_4）、

叶长（X_6）、叶宽（X_7）、羊草密度（X_8）、叶鞘重（X_{10}）、叶总重（X_{11}）均呈现极显著的正相关关系（$P<0.01$），其中绝对高度（X_3）与羊草生物量（y）的相关性最强。羊草自然高度（X_2）与其生物量（y）呈现显著负相关（$P<0.05$），由于羊草在生长期内发生不同程度倒伏，导致羊草自然高度（X_2）与绝对高度（X_3）也呈现显著负相关关系（$P<0.05$）。羊草茎叶比（X_{12}）与羊草生物量（y）同样存在显著负相关关系（$P<0.05$）。

表 3-3　光伏电板下羊草自然性状与生物量相关性

	X_1	X_2	X_3	X_4	X_5	X_6	X_7	X_8	X_9	X_{10}	X_{11}	X_{12}	y
X_1	1												
X_2	−0.335	1											
X_3	0.73**	−0.519*	1										
X_4	0.591**	−0.457*	0.901**	1									
X_5	−0.461*	−0.114	−0.033	0.005	1								
X_6	0.582**	−0.494*	0.943**	0.888**	0.199	1							
X_7	0.613**	−0.460*	0.917**	0.847**	0.176	0.958**	1						
X_8	0.902**	−0.309	0.686**	0.550**	−0.494*	0.503*	0.576**	1					
X_9	0.138	−0.473*	0.626**	0.626**	0.473*	0.768**	0.718**	−0.004	1				
X_{10}	0.696**	−0.454*	0.874**	0.849**	0.004	0.901**	0.886**	0.605**	0.661**	1			
X_{11}	0.614**	−0.473*	0.926**	0.944**	0.129	0.952**	0.896**	0.520*	0.744**	0.933**	1		
X_{12}	−0.684**	0.018	−0.401	−0.356	0.589**	−0.206	−0.219	−0.775**	0.412	−0.331	−0.270	1	
y	0.838**	−0.510*	0.956**	0.854**	−0.088	0.888**	0.864**	0.753**	0.498*	0.833**	0.874**	−0.489*	1

* $P<0.05$；** $P<0.01$

2）羊草生物量与自然性状的逐步判别回归分析

将 $X_1 \sim X_{12}$ 设为自变量，将 y 设为因变量，进行逐步判别回归分析，表 3-4 为回归方程的模型总汇。从表中可知，随着自变量的不断引入，回归方程的相关系数 R 与决策系数 R^2 不断增加，可以说明所引入自变量对于羊草生物量的作用效果不断增加。模型 3 的相关系数 R 和决策系数 R^2 分别为 0.982 和 0.965，且自变量 X_3、X_1 及 X_5 的显著性均小于 0.05，具有统计学意义，可留在方程中。通过对所选方程剩余因子 e 的计算公式：

$$e = \sqrt{1-R^2}$$

计算得出 $e=0.187$，该值较小，说明所选模型中对羊草生物量有影响的自然性状指标自变量考虑较为全面，与数据拟合度较好。由表 3-5 和表 3-6 可知羊草生物量的最优多元回归方程为 $y=-167.232+1.861X_1+2.746X_3+5.986X_5$（$R^2=0.965$）。

表 3-4　回归方程的模型总汇

模型	R	R^2	调整 R^2	标准估计的误差
1	0.956[a]	0.913	0.909	20.886 72
2	0.977[b]	0.955	0.950	15.399 59
3	0.982[c]	0.965	0.959	14.062 76

a 为预测变量（常量），X_3；b 为预测变量（常量），X_3，X_1；c 为预测变量（常量），X_3，X_1，X_5。

表 3-5　系数 a

模型		非标准化系数		标准系数 试用版	t	P
		回归系数	标准误差			
1	（常量）	−123.024	19.24		−6.394	0
	X_3	4.008	0.283	0.956	14.139	0
2	（常量）	−132.075	14.355		−9.201	0
	X_3	3.09	0.306	0.737	10.111	0
	X_1	1.335	0.324	0.3	4.117	0.001
3	（常量）	−167.232	21.01		−7.960	0
	X_3	2.746	0.322	0.655	8.528	0
	X_1	1.861	0.385	0.418	4.837	0
	X_5	5.986	2.796	0.127	2.141	0.047

注：t 代表回归系数的显著性检验；P 代表 0.05 的显著性水平。

表 3-6　已排除变量 d

模型		回归系数	t	P	偏相关	共线性统计量容差
1	X_1	0.300[a]	4.117	0.001	0.696	0.468
	X_2	−0.020[a]	−0.24	0.813	−0.057	0.731
	X_4	−0.036[a]	−0.227	0.823	−0.053	0.189
	X_5	−0.056[a]	−0.822	0.422	−0.19	0.999
	X_6	−0.128[a]	−0.615	0.546	−0.143	0.110
	X_7	0.073[a]	−0.424	0.676	−0.099	0.16
	X_8	0.184[a]	2.157	0.045	0.453	0.529
	X_9	−0.165[a]	−2.06	0.054	−0.437	0.608
	X_{10}	0.011[a]	−0.075	0.941	−0.018	0.236
	X_{11}	−0.079[a]	−0.431	0.672	−0.101	0.142
	X_{12}	−0.127[a]	−1.819	0.086	−0.394	0.839
2	X_2	−0.037[b]	−0.628	0.539	−0.151	0.727
	X_4	0.072[b]	0.604	0.554	0.145	0.179
	X_5	0.127[b]	2.141	0.047	0.461	0.592
	X_6	0.207[b]	1.237	0.233	0.287	0.086
	X_7	0.033[b]	0.25	0.805	0.061	0.153

续表

模型		回归系数	t	P	偏相关	共线性统计量容差
2	X_8	-0.125^b	-1.089	0.291	-0.255	0.185
	X_9	-0.012^b	-0.147	0.885	-0.036	0.391
	X_{10}	-0.088^b	-0.833	0.416	-0.198	0.229
	X_{11}	0.055^b	0.391	0.700	0.094	0.134
	X_{12}	0.022^b	0.305	0.764	0.074	0.511
3	X_2	-0.022^c	-0.396	0.698	-0.098	0.713
	X_4	0.092^c	0.846	0.410	0.207	0.178
	X_6	0.021^c	0.105	0.918	0.026	0.057
	X_7	-0.130^c	-0.954	0.354	-0.232	0.113
	X_8	-0.065^c	-0.573	0.575	-0.142	0.169
	X_9	-0.091^c	-1.152	0.266	-0.277	0.325
	X_{10}	-0.145^c	-1.533	0.145	-0.358	0.215
	X_{11}	-0.049^c	-0.354	0.728	-0.088	0.116
	X_{12}	-0.035^c	-0.502	0.623	-0.124	0.437

a 为模型中预测变量 X_3；b 为模型中预测变量 X_3，X_1；c 为模型中预测变量 X_3，X_1，X_5；d 为因变量 y；t 为回归系数的显著性检验；P 代表 0.05 的显著性水平。

3）羊草生物量与自然性状的通径分析

（1）羊草生物量与自然性状关系的间接通径系数计算。由表 3-4 结果可知，羊草盖度（X_1）、绝对高度（X_3）、节间长（X_5）的相关系数为 $R_{13}=R_{31}=0.730$，$R_{15}=R_{51}=-0.461$，$R_{35}=R_{53}=-0.033$。由表 3-7 可知，直接通径系数分别为 $P_{1y}=0.418$，$P_{3y}=0.655$，$P_{5y}=0.127$。

X_i 与 y 的间接通径系数=相关系数×直接通径系数

简单相关系数=直接通径系数+X_i 对 y 的所有间接通径系数

通过进行相关性分析以及在多元回归分析的基础上进行通径分析，探讨了羊草盖度（X_1）、绝对高度（X_3）、节间长（X_5）对羊草生物量（y）的直接作用与间接作用。由表 3-7 可知，羊草绝对高度（X_3）对羊草生物量（y）的直接通径系数>羊草盖度（X_1）对羊草生物量（y）的直接通径系数>羊草节间长（X_5）对羊草生物量（y）的直接通径系数。羊草绝对高度（X_3）的直接通径系数为 0.655，即绝对高度（X_3）每增加 1 个标准单位，羊草所对应的生物量（y）增加 0.655 个标准单位，因此对羊草生物量（y）的直接作用最大。羊草绝对高度（X_3）对羊草生物量（y）的间接作用受羊草盖度（X_1）的影响较大，但较其直接作用较低。羊草盖度（X_1）的直接通径系数为 0.418，即羊草盖度（X_1）每增加 1 个标准单位，羊草所对应的生物量（y）增加 0.418 个标准单位。节间长对羊草生物量（y）的直接通径系数为 0.127，即羊草节间长（X_5）每增加 1 个单位，对应羊草生物量（y）

减少 0.127 个标准单位,因此节间长(X_5)对羊草生物量的直接作用表现为负效应,节间长(X_5)对羊草生物量的间接作用受羊草盖度(X_1)的影响较大。

表 3-7 羊草生物量与自然性状通径分析

自变量	简单相关系数	直接通径系数	间接通径系数			决策系数
			X_3	X_1	X_5	
X_3	0.956	0.655		0.305	−0.004	0.823
X_1	0.838	0.418	0.478		−0.058	0.526
X_5	−0.088	0.127	−0.022	−0.193		−0.038

(2)羊草生物量与自然性状关系的决策系数计算。决策系数是通径分析中的决策指标,通过计算决策系数,可以将自变量对应因变量的影响进行综合排序,确定其主要决策变量(解小莉等,2013)。其计算公式为

$$R^2 i = 2P_i \times r_{iy} - P_i^2$$

式中,$R^2 i$ 为自变量 i 的决策系数;P_i 为自变量的直接通径系数;r_{iy} 为自变量 i 与应变量 y 的相关系数。

$R^2(i) > 0$,说明自变量对因变量起增强作用;$R^2(i) < 0$,说明自变量对因变量起抑制作用。决策系数作为通径分析中的决策性指标,可以将筛选出的自变量对因变量的综合作用进行排序,并以此确定主要的决策变量。分别对羊草盖度(X_1)、绝对高度(X_3)、羊草节间长(X_5)的决策系数进行计算,结果表明,自变量羊草盖度(X_1)、绝对高度(X_3)对因变量羊草生物量(y)起增进的作用,羊草节间长(X_5)对羊草生物量(y)起减弱作用,但作用程度较轻。其中,$R^2(X_3) > R^2(X_1) > R^2(X_5)$,可以说明羊草的绝对高度($X_3$)为主要决策变量。因此,要提高羊草生物量,可以通过提高每株羊草的绝对高度来实现。

3.2 光伏电站对甘草产量及品质的影响

3.2.1 研究方法

3.2.1.1 供试材料与试验设计

本试验以内蒙古自治区鄂尔多斯市独贵塔拉镇亿利公司甘草生态项目部 3 年生甘草为试材。试验于 2018 年 6~9 月在独贵塔拉镇亿利公司光伏 3 区靠近东南方向光伏阵列区域进行。

选择 120m×110m 的光伏电板阵列作为样地,光伏电板高为 2.5m,东西方向光伏电板间隔为 7.4m,光伏电板基座与基座间(南北)距离为 6.3m,共计 11 排光伏电板,每排 15 块。甘草行距为 40cm,株距为 30cm,密度为 8 万株·hm^{-2}。

试验区土壤为红壤沙土，光伏电站内布置了灌溉设施，灌溉方式为喷灌，灌溉管路的距离为 2.5m。以无光伏电板区域的甘草作为对照。在光伏阵列中心与边缘处，分别在光伏电板不同位置进行甘草的标记及取样（图 3-25）。

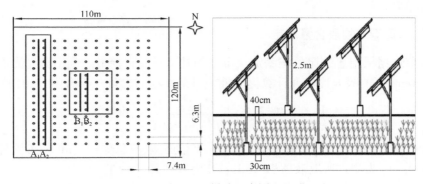

图 3-25　样地示意图

3.2.1.2　样品的采集与处理

在光伏阵列外缘与中心区域内设置光伏电板正下方、两排光伏电板间两种位置。光伏电站外缘两排光伏电板间和光伏电站外缘光伏电板下分别用 A₁ 和 A₂ 代替。光伏电站中心两排光伏电板间与光伏电站中心光伏电板下分别用 B₁ 和 B₂ 代替。在光伏电板 4 个不同位置，每个位置以 8m 为间隔，自北向南选取 15 株甘草。3 株标记于下次试验进行野外测量，其余 12 株于 6～9 月每月带回 3 株进行室内试验分析。

3.2.1.3　生长指标测定

植物形态：用游标卡尺和直尺测量株高、主茎粗、主根粗；观测分枝数及叶片数。

3.2.1.4　生理指标测定

1）光合生理指标测定

光合指标采用 Li-6400XL 便携式光合仪进行测定。选取各处理植株中部大小一致的成熟叶片，测定其净光合速率（Pn）、蒸腾速率（Tr）、气孔导度（Gs）、胞间 CO_2 浓度（Ci）等光合指标。

叶绿素含量的测定采用丙酮提取法。利用分光光度计测定其 645nm 和 663nm 波长下的吸光度，并计算提取液中叶绿素的含量。

$$叶绿素a含量(mg \cdot g^{-1}) = (12.7D_{663} - 2.69D_{645}) \times \frac{V}{1000 \times W}$$

$$叶绿素b含量(mg \cdot g^{-1}) = (22.9D_{645} - 4.68D_{663}) \times \frac{V}{1000 \times W}$$

式中，D_{663}、D_{645} 为波长 663nm、645nm 下的吸光度；V 为提取液的体积（ml）；W 为甘草叶片鲜重。

2）渗透调节物质含量测定

可溶性糖采用蒽酮比色法测定，可得到甘草样品含糖量。利用分光光度计测定其 620nm 下的吸光度，并计算提取液中可溶性糖的含量（李合生，2012）。

$$样品含糖量(\%) = \frac{C \times V_总 \times D}{W \times V_测 \times 10^6} \times 100\%$$

式中，C 为查标准曲线所得糖含量（μg）；$V_总$ 为提取液总体积（ml）；D 为稀释倍数（mg）；$V_测$ 为测定所取液体积（ml）；W 为取样量（mg）。

可溶性蛋白采用考马斯亮蓝法测定，可得到甘草样品蛋白质含量。利用分光光度计测定其在 595nm 下的吸光度，并计算提取液中蛋白质的含量。

$$样品蛋白质含量(mg \cdot g^{-1}鲜重) = C \times V_T / (V_S \times W \times 1000)$$

式中，C 为查标准曲线所得蛋白质含量（μg）；V_T 为提取液总体积（ml）；V_S 为测定所取液体积（ml）；W 为样品鲜重（g）。

游离脯氨酸采用酸性茚三酮比色法测定，可得到甘草样品脯氨酸含量。

$$脯氨酸含量(μg \cdot g^{-1}) = (C \times V / a) / W$$

式中，C 为查标准曲线所得脯氨酸含量（μg）；V 为提取液总体积（ml）；a 为测定时所吸取的体积（ml）；W 为样品鲜重（g）。

3）膜脂过氧化指标的测定

丙二醛（MDA）含量采用硫代巴比妥酸法测定，可得到甘草样品丙二醛含量。利用分光光度计测定其 532nm、600nm 和 450nm 下的吸光度，并计算提取液中丙二醛的含量。

$$MDA浓度(μmol \cdot L^{-1}) = 6.45(A_{532} - A_{600} - 0.56A_{450})$$

$$MDA含量(μmol \cdot g^{-1}) = \frac{MDA浓度(μmol \cdot L^{-1}) \times 提取液体积(ml)}{样品重量(g) \times 1000}$$

式中，A_{450}、A_{532}、A_{600} 为波长 450nm、532nm、600nm 下的吸光度。

4）保护酶活性的测定

超氧化物歧化酶（SOD）活性采用氮蓝四唑（NBT）法测定，可得到甘草样品 SOD 活性。

$$SOD活性(U \cdot g^{-1}) = \frac{(A_{CK} - A_E) \times V}{0.5 \times A_{CK} \times W \times V_t}$$

式中，A_{CK}、A_E 分别为照光对照管、样品管的吸光度值；V 为总体积（ml）；V_t 为样品用量体积（ml）；W 为样品鲜重（g）。

过氧化物酶（POD）活性采用愈创木酚显色法测定，可得到甘草样品 POD 活性。

$$POD活性(U \cdot g^{-1} \cdot min^{-1}) = \frac{\Delta A_{470} \times V_T}{W \times V_S \times 0.01 \times t}$$

式中，ΔA_{470} 为波长 470nm 下反应时间内吸光度的变化；t 为反应时间（min）；V_T 为提取酶液总体积（ml）；V_S 为测定时取用酶液体积（ml）；W 为样品鲜重（g）。

过氧化氢酶（CAT）活性测定采用紫外吸收法测定甘草样品 CAT 活性。

$$CAT活性(U \cdot g^{-1} \cdot min^{-1}) = \frac{\Delta A_{240} \times V_T}{0.1 \times V_S \times t \times W}$$

$$\Delta A_{240} = A_{S0} - \frac{(A_{S1} + A_{S2})}{2}$$

式中，ΔA_{240} 为波长 240nm 下反应时间内吸光度的变化；A_{S0} 为加热杀死酶液的吸光度值；A_{S1}、A_{S2} 为样品测定管的吸光度值；V_T 为提取液总体积（ml）；V_S 为反应时取用酶液的体积（ml）；W 为样品鲜重（g）。

5）甘草酸、甘草苷的测定

甘草酸、甘草苷含量采用高效液相色谱法测定。

3.2.2 光伏电站不同位置甘草生长特性变化研究

3.2.2.1 光伏电站不同位置甘草株高变化

植物的外部形态是由植物内部细胞组织发育而成，故植物外部形态发生是植物外部形状和内部结构起源、发育及组成的过程。研究光伏电站不同位置生长条件下甘草生长动态，可揭示外界环境因素对甘草形态发生的影响。

光伏电站不同位置甘草生长期株高变化如图 3-26 所示，不同生长阶段光伏电站不同位置甘草株高具显著差异。2018 年 6 月 20 日，光伏电站不同位置（A_1、A_2、B_1、B_2）甘草株高分别是对照（CK）的 1.21 倍、2.16 倍、1.33 倍和 2.49 倍；其中 B_1 区域较 A_1 区域甘草株高增高了 10.40%，B_2 区域较 A_2 区域甘草株高增高了 15.52%。2018 年 7 月 20 日，光伏电站不同位置甘草株高分别是对照（CK）的 1.41 倍、1.96 倍、1.87 倍和 2.63 倍；其中 B_1 区域较 A_1 区域甘草株高增高了 32.47%，B_2 区域较 A_2 区域甘草株高增高了 34.87%。2018 年 8 月 20 日，光伏电站不同位置甘草株高分别是对照（CK）的 1.36 倍、1.97 倍、1.80 倍和 2.61 倍；其中 B_1 区

域较 A_1 区域甘草株高增高了 32.39%，B_2 区域较 A_2 区域甘草株高增高了 32.95%。2018 年 9 月 20 日，光伏电站不同位置甘草株高分别是对照（CK）的 1.32 倍、1.90 倍、1.74 倍和 2.50 倍；其中 B_1 区域较 A_1 区域甘草株高增高了 31.72%，B_2 区域较 A_2 区域甘草株高增高了 32.05%。

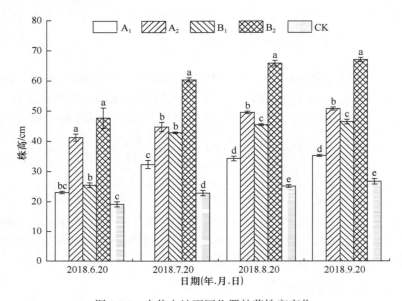

图 3-26　光伏电站不同位置甘草株高变化

就全年甘草株高变化情况看，光伏电站不同位置甘草株高 6～8 月各月份间株高均差异显著，8～9 月无显著差异。2018 年 6～8 月，A_2 和 B_2 区域较 A_1 和 B_1 区域甘草株高大幅增长，增长幅度为 55.72%；2018 年 9 月，A_2 和 B_2 区域较 A_1 和 B_1 区域甘草株高增长幅度有所下降，为 44.11%。可以看出，甘草 6 月即开始迅速生长，进入速生期；6 月 20 日到 8 月 20 日，甘草株高增加明显，说明这段时间是甘草植株的高生长期；9 月以后甘草株高增加不明显，生长高峰结束。

3.2.2.2　光伏电站不同位置甘草主茎粗变化

光伏电站不同位置甘草生长期主茎粗变化如图 3-27 所示，不同生长阶段光伏电站不同位置甘草主茎粗具显著差异。2018 年 6 月 20 日，光伏电站不同位置（A_1、A_2、B_1、B_2）甘草主茎粗分别是对照（CK）的 1.15 倍、1.58 倍、1.30 倍和 1.77 倍；其中 B_1 区域较 A_1 区域甘草主茎粗增加了 13.08%，B_2 区域较 A_2 区域甘草主茎粗增加了 12.10%。2018 年 7 月 20 日，光伏电站不同位置甘草主茎粗分别是对照（CK）的 1.15 倍、1.56 倍、1.24 倍和 1.60 倍；其中 B_1 区域较 A_1 区域甘草主茎粗增加了 7.91%，B_2 区域较 A_2 区域甘草主茎粗增加了 2.99%。2018 年 8 月 20 日，光伏电站不同位置甘草主茎粗分别是对照（CK）的 1.13 倍、1.55 倍、1.25 倍和 1.71 倍；其中 B_1 区域较 A_1 区域甘草主茎粗增加了 11.39%，B_2 区域较 A_2 区域甘草主茎粗增加了 9.99%。2018 年 9 月 20 日，光伏电站不同位置甘草主茎粗分别是对照（CK）的 1.11 倍、1.51 倍、1.60 倍和 2.02 倍；其中 B_1 区域较 A_1 区域甘草主茎粗增加了 44.07%，B_2 区域较 A_2 区域甘草主茎粗增加了 34.00%。

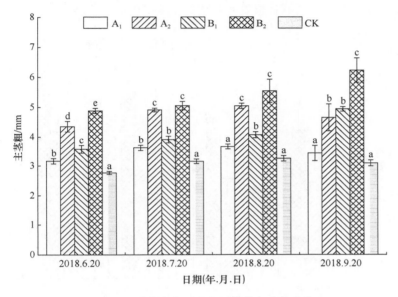

图 3-27　光伏电站不同位置甘草主茎粗变化

就全年甘草主茎粗变化情况看，光伏电站不同位置甘草主茎粗 6～8 月各月份间均有显著差异，8～9 月无显著差异。2018 年 6～8 月，A_2 和 B_2 区域较 A_1 和 B_1 区域甘草主茎粗大幅增长，平均增长幅度为 35.48%；2018 年 9 月，A_2 和 B_2 区域较 A_1 和 B_1 区域甘草主茎粗增长幅度有所下降，平均增长幅度为 30.87%。可以看出，甘草 6 月即开始迅速生长，进入速生期；6 月 20 日到 8 月 20 日，甘草主茎粗增加明显；9 月以后甘草主茎粗增加不明显。

3.2.2.3　光伏电站不同位置甘草复叶数变化

光伏电站不同位置甘草生长期复叶数变化如图 3-28 所示，不同生长阶段光伏电站不同位置甘草各复叶数具显著差异。2018 年 6 月 20 日，光伏电站不同位置（A_1、A_2、B_1、B_2）甘草复叶数分别是对照（CK）的 1.08 倍、2.00 倍、1.36 倍和 2.30 倍；其中 B_1 区域较 A_1 区域甘草复叶数增加了 25.71%，B_2 区域较 A_2 区域甘草复叶数增加了 14.95%。2018 年 7 月 20 日，光伏电站各位置甘草复叶数分别是对照（CK）的 0.76 倍、1.21 倍、0.86 倍、1.39 倍；其中 B_1 区域较 A_1 区域甘草复叶数增加了 36.09%，B_2 区域较 A_2 区域甘草复叶数增加了 5.24%。2018 年 8 月 20 日，光伏电站各位置甘草复叶数分别是对照（CK）的 1.19 倍、1.45 倍、1.23 倍、1.49 倍；其中 B_1 区域较 A_1 区域甘草复叶数增加了 3.59%，B_2 区域较 A_2 区域甘草复叶数增加了 2.56%。2018 年 9 月 20 日，光伏电站不同位置甘草复叶数分别是对照（CK）的 1.76 倍、2.07 倍、2.95 倍和 3.90 倍；其中 B_1 区域较 A_1 区域甘草复叶数增加了 67.42%，B_2 区域较 A_2 区域甘草复叶数增加了 88.70%。

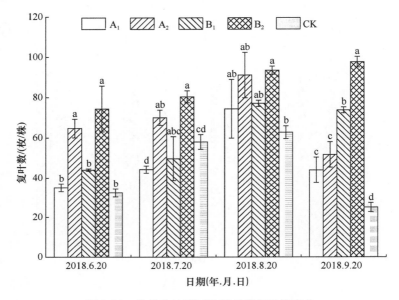

图 3-28　光伏电站不同位置甘草复叶数变化

就全年甘草复叶数变化情况看，光伏电站不同位置甘草复叶数 6～9 月各月份间复叶数均有显著差异。2018 年 6～8 月光伏电站不同位置甘草复叶数大幅增长，但从 9 月开始光伏电站不同位置甘草复叶数开始下降。可以看出，甘草 6 月即开始迅速生长，进入速生期；6 月 20 日到 8 月 20 日，甘草复叶数增加明显；9 月以后叶片开始凋落，甘草进入枯黄期。

3.2.2.4　光伏电站不同位置甘草主根粗变化

光伏电站不同位置甘草生长期主根粗变化如图 3-29 所示，不同生长阶段光伏电站不同位置甘草各主根粗具显著差异。2018 年 6 月 20 日，光伏电站不同位置（A_1、A_2、B_1、B_2）甘草主根粗分别是对照（CK）的 1.71 倍、1.60 倍、1.28 倍和 1.55 倍；其中 A_1 区域较 B_1 区域甘草主根粗增加了 33.60%，A_2 区域较 B_2 区域甘草主根粗增加了 2.88%。2018 年 7 月 20 日，光伏电站各位置甘草主根粗分别是对照（CK）的 1.66 倍、2.08 倍、1.50 倍、1.62 倍；其中，A_1 区域较 B_1 区域甘草主

根粗增加了 10.45%，A_2 区域较 B_2 区域甘草主根粗增加了 28.47%。2018 年 8 月
20 日，光伏电站各位置甘草主根粗分别是对照（CK）的 1.58 倍、1.68 倍、1.39 倍、
1.64 倍；其中，A_1 区域较 B_1 区域甘草主根粗增加了 13.65%，A_2 区域较 B_2 区域
甘草主根粗增加了 2.49%。2018 年 9 月 20 日，光伏电站不同位置甘草主根粗分别
是对照（CK）的 1.49 倍、1.77 倍、1.31 倍和 1.53 倍；其中 A_1 区域较 B_1 区域甘
草主根粗增加了 11.93%，A_2 区域较 B_2 区域甘草主根粗增加了 13.39%。

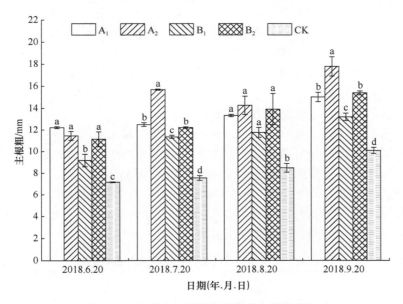

图 3-29 光伏电站不同位置甘草主根粗变化

就全年甘草主根粗变化情况看，光伏电站不同位置甘草主根粗在 6～8 月各月份
间均有显著差异，8～9 月无显著差异。2018 年 6～8 月，A_1 和 B_1 区域较 A_2 和 B_2 区
域甘草主根粗大幅增长，增长幅度平均为 10.05%；2018 年 9 月，A_1 和 B_1 区域较 A_2
和 B_2 区域甘草主根粗增长幅度有所上升，增长幅度平均为 14.85%。可以看出，甘
草 9 月即开始迅速生长，进入速生期，8 月 20 日到 9 月 20 日甘草主根粗增加明显。

3.2.3 光伏电站不同位置甘草生理特征变化研究

3.2.3.1 光伏电站不同位置甘草光合生理变化研究

1）光伏电站不同位置甘草净光合速率变化

植物光合作用对外界环境十分敏感，受外界环境条件和内部因素的影响，外
部条件和内部因素的改变在一定程度上会影响光合作用的进程或光合作用的强

度。因此，研究光合作用有助于人们采取适当的栽培措施，以提高栽培植物光合能力，从而提高其产量和品质（刘宗奇，2017）。

光伏电站不同位置甘草净光合速率变化如表 3-8 所示。不同生长阶段，光伏电站不同位置（A₁、A₂、B₁、B₂）甘草叶片净光合速率各不相同。2018 年 6 月 20 日，光伏电站不同位置甘草净光合速率由高到低依次为 A₂、A₁、CK、B₁、B₂。A₂ 区域甘草净光合速率达到最大值，是 CK 的 1.21 倍；B₂ 区域甘草净光合速率最小，是 CK 的 0.78 倍。A₂、B₂ 区域与 CK 区域甘草净光合速率差异显著（$P<0.05$），A₁、B₁ 区域与 CK 区域甘草净光合速率差异不显著。2018 年 7 月 20 日，光伏电站不同位置甘草净光合速率由高到低依次为 A₂、A₁、B₂、B₁、CK。A₂ 区域甘草净光合速率达到最大值（为 $10.73\mu mol\cdot m^{-2}\cdot s^{-1}$），是 CK 的 1.80 倍。A₁、A₂、B₁、B₂ 区域与 CK 区域甘草净光合速率差异显著（$P<0.05$）。2018 年 8 月 20 日，光伏电站不同位置甘草净光合速率由高到低依次为 A₂、B₂、A₁、B₁、CK。A₂ 区域甘草净光合速率达到最大值（为 $6.05\mu mol\cdot m^{-2}\cdot s^{-1}$），是 CK 的 1.66 倍。A₁、A₂、B₁、B₂ 区域与 CK 区域甘草净光合速率差异显著（$P<0.05$）。2018 年 9 月 20 日，光伏电站不同位置甘草净光合速率由高到低依次为 A₂、B₂、CK、A₁、B₁。A₂ 区域甘草净光合速率达到最大值（为 $-3.15\mu mol\cdot m^{-2}\cdot s^{-1}$）。B₁ 区域甘草净光合速率最小（为 $-3.88\mu mol\cdot m^{-2}\cdot s^{-1}$）。B₁ 区域甘草净光合速率差异较为显著（$P<0.05$），A₁、A₂、B₂ 与 CK 区域甘草净光合速率差异不显著。

表 3-8　光伏电站不同位置甘草净光合速率变化

时间 （年.月.日）	光伏电站外缘		光伏电站内缘		无光伏区
	A₁	A₂	B₁	B₂	CK
2018.6.20	4.90±0.57b	5.57±0.20a	4.29±0.29b	3.57±0.24c	4.59±0.32b
2018.7.20	7.67±1.55ab	10.73±0.45a	6.29±0.24bc	6.94±0.84c	5.97±0.21d
2018.8.20	5.15±0.53ab	6.05±0.72a	4.15±0.30bc	5.57±1.33a	3.64±0.25c
2018.9.20	−3.44±0.04a	−3.15±0.09a	−3.88±0.02b	−3.24±0.23a	−3.37±0.34a

注：表中同行不同小写字母表示光伏电站不同位置甘草净光合速率差异显著（$P<0.05$）。

光伏电站不同位置甘草净光合速率全年整体变化规律基本相似。各月份光伏电站不同位置甘草净光合速率差异显著。2018 年 6～7 月甘草净光合速率快速增加，7 月下旬出现最高峰，8～9 月净光合速率快速下降。从全年来看，A₂ 和 B₂ 区域较 A₁ 和 B₁ 区域甘草净光合速率大幅增长，增长幅度为 5.95%；A 区域较 B 区域甘草净光合速率大幅增长，增长幅度为 13.76%。

2）光伏电站不同位置甘草叶片气孔导度变化

光伏电站不同位置甘草叶片气孔导度变化如表 3-9 所示。不同生长阶段，光伏电站不同位置（A₁、A₂、B₁、B₂）甘草叶片气孔导度各不相同。2018 年 6 月

20 日，光伏电站不同位置甘草叶片气孔导度由高到低依次为 A₂、B₂、A₁、CK、B₁。A₂区域甘草叶片气孔导度达到最大值（为 0.136μmol·m⁻²·s⁻¹），是 CK 的 1.18 倍；B₁区域甘草叶片气孔导度最小（为 0.104μmol·m⁻²·s⁻¹），是 CK 的 0.90 倍。A₂、B₁、B₂区域与 CK 区域甘草叶片气孔导度差异较为显著（$P<0.05$），A₁区域较 CK 区域甘草气孔导度差异不显著。2018 年 7 月 20 日，光伏电站不同位置甘草叶片气孔导度由高到低依次为 A₂、A₁、B₂、CK、B₁。A₂区域甘草叶片气孔导度达到最大值（为 0.150μmol·m⁻²·s⁻¹），是 CK 的 1.18 倍；B₁区域甘草叶片气孔导度最小（为 0.126μmol·m⁻²·s⁻¹），是 CK 的 0.99 倍。A₁、B₁、B₂区域与 CK 区域甘草叶片气孔导度差异显著（$P<0.05$），A₂区域与 CK 区域甘草叶片气孔导度差异不显著。2018 年 8 月 20 日，光伏电站不同位置甘草叶片气孔导度由高到低依次为 A₂、B₂、A₁、B₁、CK。A₂区域甘草叶片气孔导度达到最大值（为 0.062μmol·m⁻²·s⁻¹），是 CK 的 2.15 倍；B₁区域甘草叶片气孔导度最小（为 0.036μmol·m⁻²·s⁻¹），是 CK 的 1.24 倍。A₁、A₂、B₁、B₂区域与 CK 区域甘草叶片气孔导度差异显著（$P<0.05$）。2018 年 9 月 20 日，光伏电站不同位置甘草叶片气孔导度由高到低依次为 A₂、A₁、B₂、CK、B₁。A₂区域甘草叶片气孔导度达到最大值（为 0.018μmol·m⁻²·s⁻¹），是 CK 的 1.39 倍；B₁区域甘草叶片气孔导度最小（为 0.007μmol·m⁻²·s⁻¹），是 CK 的 0.49 倍。A₁、A₂、B₁、B₂区域与 CK 区域甘草叶片气孔导度差异显著（$P<0.05$）。

表 3-9　光伏电站不同位置甘草叶片气孔导度变化

时间 （年.月.日）	光伏电站外缘		光伏电站内缘		无光伏区
	A₁	A₂	B₁	B₂	CK
2018.6.20	0.121±0.008ab	0.136±0.012a	0.104±0.006b	0.133±0.115a	0.115±0.017ab
2018.7.20	0.148±0.016b	0.150±0.046a	0.126±0.006b	0.135±0.005b	0.127±0.023a
2018.8.20	0.054±0.003ab	0.062±0.003a	0.036±0.019ab	0.060±0.016ab	0.029±0.010b
2018.9.20	0.017±0.003a	0.018±0.005a	0.006±0.0004c	0.01±0.0009bc	0.013±0.0016ab

注：表中同行不同小写字母表示光伏电站不同位置甘草叶片气孔导度差异显著（$P<0.05$）。

　　光伏电站不同位置甘草叶片气孔导度全年整体变化规律基本相似。各月份光伏电站不同位置甘草气孔导度差异显著。2018 年 6～7 月甘草叶片气孔导度快速增加，7 月下旬出现最高峰，8～9 月叶片气孔导度快速下降。从全年来看，A₂ 和 B₂ 区域较 A₁ 和 B₁ 区域甘草叶片气孔导度大幅增长，增长幅度为 20.02%；A 区域较 B 区域甘草叶片气孔导度大幅增长，增长幅度为 47.77%。

3）光伏电站不同位置甘草叶片蒸腾速率变化

　　光伏电站不同位置甘草叶片蒸腾速率变化如表 3-10 所示。不同生长阶段，光伏电站各位置（A₁、A₂、B₁、B₂）甘草叶片蒸腾速率均不同。2018 年 6 月 20 日，光伏电站不同位置甘草叶片蒸腾速率由高到低依次为 A₂、A₁、B₂、B₁、CK。A₂

区域甘草叶片蒸腾速率达到最大值（为 1.74μmol·m^{-2}·s^{-1}），是 CK 的 1.78 倍；B$_1$ 区域与 CK 区域甘草叶片蒸腾速率差异较为显著（$P<0.05$），A$_1$、A$_2$、B$_2$ 区域与 CK 区域甘草叶片蒸腾速率差异不显著。2018 年 7 月 20 日，光伏电站不同位置甘草蒸腾速率由高到低依次为 A$_2$、CK、A$_1$、B$_2$、B$_1$。A$_2$ 区域甘草叶片蒸腾速率达到最大值（为 6.10μmol·m^{-2}·s^{-1}），是 CK 的 1.14 倍；B$_1$ 区域甘草叶片蒸腾速率最小（为 3.77μmol·m^{-2}·s^{-1}），是 CK 的 0.70 倍。A$_1$、A$_2$、B$_1$、B$_2$ 区域与 CK 区域甘草叶片蒸腾速率差异显著（$P<0.05$）。2018 年 8 月 20 日，光伏电站不同位置甘草叶片蒸腾速率由高到低依次为 A$_2$、B$_2$、A$_1$、B$_1$、CK。A$_2$ 区域甘草叶片蒸腾速率达到最大值（为 3.43μmol·m^{-2}·s^{-1}），是 CK 的 3.19 倍；A$_1$、A$_2$、B$_1$、B$_2$ 区域与 CK 区域甘草叶片蒸腾速率差异显著（$P<0.05$）。2018 年 9 月 20 日，光伏电站不同位置甘草叶片蒸腾速率由高到低依次为 A$_2$、A$_1$、B$_2$、CK、B$_1$。A$_2$ 区域甘草叶片蒸腾速率达到最大值（为 0.44μmol·m^{-2}·s^{-1}），是 CK 的 1.48 倍；B$_2$ 区域甘草叶片蒸腾速率最小（为 0.15μmol·m^{-2}·s^{-1}），是 CK 的 0.52 倍。A$_1$、A$_2$、B$_1$、B$_2$ 区域与 CK 区域甘草叶片蒸腾速率差异显著（$P<0.05$）。

表 3-10 光伏电站不同位置甘草叶片蒸腾速率变化

时间（年.月.日）	光伏电站外缘		光伏电站内缘		无光伏区
	A$_1$	A$_2$	B$_1$	B$_2$	CK
2018.6.20	1.59±0.033a	1.74±0.07a	1.40±0.33ab	1.55±0.11a	0.98±0.33a
2018.7.20	5.08±1.10abc	6.10±0.73a	3.77±0.34c	4.53±0.40bc	5.33±0.76ab
2018.8.20	2.19±0.16bc	3.43±1.17a	1.97±0.05bc	3.07±0.55ab	1.08±0.51c
2018.9.20	0.37±0.01ab	0.44±0.09a	0.22±0.02cd	0.15±0.01d	0.30±0.03bc

注：表中同行不同小写字母表示光伏电站不同位置甘草蒸腾速率差异显著（$P<0.05$）。

光伏电站不同位置甘草叶片蒸腾速率全年整体变化规律基本相似。各月份光伏电站不同位置甘草叶片蒸腾速率差异显著。2018 年 6～7 月叶片蒸腾速率快速增加，7 月下旬出现最高峰，8～9 月叶片蒸腾速率快速下降。从全年来看，A$_2$ 和 B$_2$ 区域较 A$_1$ 和 B$_1$ 区域甘草叶片蒸腾速率大幅增长，增长幅度为 21.13%。A 区域较 B 区域甘草叶片蒸腾速率大幅增长，增长幅度为 44.71%。

4）光伏电站不同位置甘草叶片胞间 CO$_2$ 浓度变化

光伏电站不同位置甘草叶片胞间 CO$_2$ 浓度变化如表 3-11 所示。不同生长阶段，光伏电站不同位置（A$_1$、A$_2$、B$_1$、B$_2$）甘草叶片胞间 CO$_2$ 浓度各不相同。2018 年 6 月 20 日，光伏电站不同位置甘草叶片胞间 CO$_2$ 浓度由高到低依次为 B$_2$、CK、A$_2$、B$_1$、A$_1$。B$_2$ 区域甘草叶片胞间 CO$_2$ 浓度达到最大值（为 176.67μmol·m^{-2}·s^{-1}），是 CK 的 1.22 倍；A$_1$ 区域甘草叶片胞间 CO$_2$ 浓度最小（为 117.33μmol·m^{-2}·s^{-1}），是 CK 的 0.81 倍。A$_1$、A$_2$、B$_1$、B$_2$ 区域与 CK 区域甘草叶片胞间 CO$_2$ 浓度差异显著（$P<0.05$）。

2018 年 7 月 20 日，光伏电站不同位置甘草叶片胞间 CO_2 浓度由高到低依次为 CK、B_2、A_2、B_1、A_1。CK 区域甘草叶片胞间 CO_2 浓度达到最大值（为 125.57μmol·m^{-2}·s^{-1}）；A_1 区域甘草叶片胞间 CO_2 浓度最小（为 81.07μmol·m^{-2}·s^{-1}），是 CK 的 0.65 倍。A_1、A_2、B_1、B_2 区域与 CK 区域甘草叶片胞间 CO_2 浓度差异显著（$P<0.05$）。2018 年 8 月 20 日，光伏电站不同位置甘草叶片胞间 CO_2 浓度由高到低依次为 B_2、B_1、A_2、CK、A_1。B_2 区域甘草叶片胞间 CO_2 浓度达到最大值（为 321.67μmol·m^{-2}·s^{-1}），是 CK 的 1.15 倍；A_1 区域甘草叶片胞间 CO_2 浓度最小（为 277.00μmol·m^{-2}·s^{-1}），是 CK 的 0.99 倍。A_1、A_2、B_1 区域与 CK 区域甘草叶片胞间 CO_2 浓度差异显著（$P<0.05$），B_2 区域与 CK 区域甘草叶片胞间 CO_2 浓度差异不显著。2018 年 9 月 20 日，光伏电站不同位置甘草叶片胞间 CO_2 浓度由高到低依次为 B_2、B_1、CK、A_2、A_1。B_2 区域甘草叶片胞间 CO_2 浓度达到最大值（为 521.00μmol·m^{-2}·s^{-1}），是 CK 的 2.43 倍；A_1 区域甘草叶片胞间 CO_2 浓度最小（为 142.00μmol·m^{-2}·s^{-1}），是 CK 的 0.66 倍。A_1、A_2、B_1、B_2 区域与 CK 区域甘草叶片胞间 CO_2 浓度差异显著（$P<0.05$）。

表 3-11 光伏电站不同位置甘草叶片胞间 CO_2 浓度变化

时间（年.月.日）	光伏电站外缘		光伏电站内缘		无光伏区
	A_1	A_2	B_1	B_2	CK
2018.6.20	117.33±5.69c	142.33±12.01b	133.67±3.79b	176.67±4.16a	144.33±2.08b
2018.7.20	81.07±9.32c	105.93±7.32b	99.53±4.98b	112.50±8.24a	125.57±7.14a
2018.8.20	277.00±11.27b	286.67±16.01b	292.67±29.67ab	321.67±12.86a	280.33±14.98b
2018.9.20	142.00±19.52d	150.67±29.40d	461.67±45.01b	521.00±21.00a	214.67±10.69c

注：表中同行不同小写字母表示光伏电站不同位置甘草叶片胞间 CO_2 差异显著（$P<0.05$）。

光伏电站不同位置甘草叶片胞间 CO_2 浓度全年整体变化规律基本相似。各月份光伏电站不同位置甘草叶片胞间 CO_2 浓度差异显著。2018 年 6～8 月甘草叶片胞间 CO_2 浓度快速增加，8 月下旬出现最高峰，9 月叶片胞间 CO_2 浓度快速下降。从全年来看，B 区域较 A 区域甘草叶片胞间 CO_2 浓度大幅增长，增长幅度为 69.48%。

5）光伏电站不同位置甘草叶绿素 a 含量变化

光伏电站不同位置甘草生长期叶绿素 a 含量变化如图3-30所示。不同生长阶段，光伏电站不同位置甘草叶绿素 a 含量具显著差异。2018 年 6 月 20 日，光伏电站各位置（A_1、A_2、B_1、B_2）甘草叶绿素 a 含量分别是对照（CK）的 0.98 倍、1.09 倍、0.90 倍、0.92 倍；其中，A_1 区域较 B_1 区域甘草叶绿素 a 含量增加了 9.50%，A_2 区域较 B_2 区域甘草叶绿素 a 增加了 18.53%，A_1、A_2 区域与 CK 区域甘草叶绿素 a 含量差异显著（$P<0.05$），B_1、B_2 区域与 CK 区域甘草叶绿素 a 含量差异不显著。2018 年 7 月 20 日，光伏电站各位置甘草叶绿素 a 含量分别是对照（CK）的 1.03 倍、1.08 倍、0.85 倍、0.88 倍；其中，A_1 区域较 B_1 区域甘草叶绿素 a 含量增加了 22.44%，

A_2 区域较 B_2 区域甘草叶绿素 a 含量增加 23.35%。A_2、B_1、B_2 区域与 CK 区域甘草叶绿素 a 含量差异显著（$P<0.05$），A_1 区域与 CK 区域甘草叶绿素 a 含量差异不显著。2018 年 8 月 20 日，光伏电站不同位置甘草叶绿素 a 含量分别是对照（CK）的 0.99 倍、1.05 倍、0.93 倍、0.97 倍；其中，A_1 区域较 B_1 区域甘草叶绿素 a 含量增加了 6.07%，A_2 区域较 B_2 区域甘草叶绿素 a 含量增加了 8.87%。A_1、A_2、B_1、B_2 区域与 CK 区域甘草叶绿素 a 含量差异显著（$P<0.05$）。2018 年 9 月 20 日，光伏电站不同位置甘草叶绿素 a 分别是对照（CK）的 0.95 倍、0.59 倍、0.85 倍、0.97 倍；其中，A_1 区域较 B_1 区域甘草叶绿素 a 含量增加了 12.54%，A_2 区域较 B_2 区域甘草叶绿素 a 含量增加了 65.42%。A_2、B_2 区域与 CK 区域甘草叶绿素 a 含量差异显著（$P<0.05$），A_1、B_1 区域与 CK 区域甘草叶绿素 a 含量差异不显著。

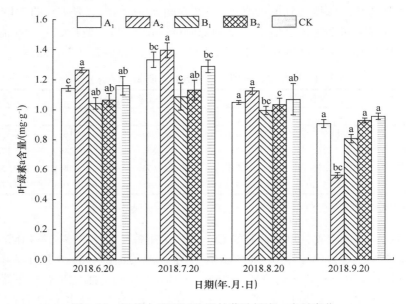

图 3-30 光伏电站不同位置甘草叶绿素 a 含量变化

就全年甘草叶绿素 a 含量变化情况看，光伏电站不同位置 6～8 月各月份间叶绿素 a 含量均具有显著差异，8～9 月无显著差异。2018 年 6～8 月，A_2 和 B_2 区域较 A_1 和 B_1 区域甘草叶绿素 a 含量大幅增长，增长幅度为 16.06%；2018 年 9 月，A_1 和 B_1 区域较 A_2 和 B_2 区域甘草叶绿素 a 含量增长幅度有所上升，上升幅度为 14.92%。

6）光伏电站不同位置甘草叶绿素 b 含量变化

光伏电站不同位置甘草生长期叶绿素 b 含量变化如图 3-31 所示。不同生长阶段，光伏电站不同位置甘草各叶绿素 b 含量具显著差异。2018 年 6 月 20 日，光伏电站不同位置（A_1、A_2、B_1、B_2）甘草叶绿素 b 含量分别是对照（CK）的 0.85 倍、

1.34 倍、0.74 倍和 0.84 倍；其中 A$_1$ 区域较 B$_1$ 区域甘草叶绿素 b 含量增加了 14.36%，
A$_2$ 区域较 B$_2$ 区域甘草叶绿素 b 含量增加了 60.66%。A$_1$、A$_2$、B$_1$、B$_2$ 区域与 CK 区
域甘草叶绿素 b 含量差异显著（$P<0.05$）。2018 年 7 月 20 日，光伏电站各位置甘草
叶绿素 b 含量分别是对照（CK）的 1.41 倍、1.81 倍、0.88 倍、1.64 倍；其中 A$_1$
区域较 B$_1$ 区域甘草叶绿素 b 含量增加了 61.23%，A$_2$ 区域较 B$_2$ 区域甘草叶绿素 b
含量增加了 10.79%。A$_1$、A$_2$、B$_2$ 区域与 CK 区域甘草叶绿素 b 含量差异显著（$P<0.05$），
B$_1$ 区域与 CK 区域甘草叶绿素 b 含量差异不显著。2018 年 8 月 20 日，光伏电站不
同位置甘草叶绿素 b 含量分别是对照（CK）的 0.95 倍、1.24 倍、0.91 倍和 1.13 倍；
其中 A$_1$ 区域较 B$_1$ 区域甘草叶绿素 b 含量增加了 4.71%，A$_2$ 区域较 B$_2$ 区域甘草叶
绿素 b 含量增加了 10.11%。A$_2$、B$_2$ 区域与 CK 区域甘草叶绿素 b 含量差异显著
（$P<0.05$），A$_1$、B$_1$ 与 CK 区域甘草叶绿素 b 含量差异不显著。2018 年 9 月 20 日，
光伏电站不同位置甘草叶绿素 b 含量分别是对照（CK）的 0.47 倍、0.68 倍、0.86
倍和 1.14 倍；其中 A$_1$ 区域较 B$_1$ 区域甘草叶绿素 b 含量增加了 45.59%，A$_2$ 区域较
B$_2$ 区域甘草叶绿素 b 含量增加了 38.07%。A$_2$、B$_2$ 区域与 CK 区域甘草叶绿素 b 含
量差异显著（$P<0.05$），A$_1$、B$_1$ 区域与 CK 区域甘草叶绿素 b 含量差异不显著。

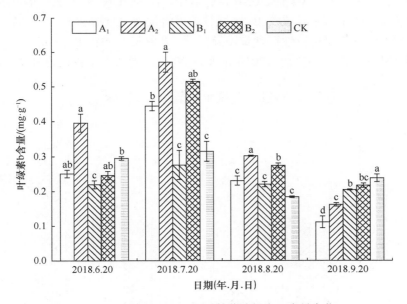

图 3-31　光伏电站不同位置甘草叶绿素 b 含量变化

　　就全年甘草叶绿素 b 含量变化情况看，光伏电站不同位置甘草 6～8 月各月份间
叶绿素 b 含量均差异显著，8～9 月无显著差异。2018 年 6～8 月，A$_2$ 和 B$_2$ 区域较
A$_1$ 和 B$_1$ 区域甘草叶绿素 b 含量大幅增长，增长幅度为 40.09%；2018 年 9 月，A$_2$ 和
B$_2$ 区域较 A$_1$ 和 B$_1$ 区域甘草叶绿素 b 含量增长幅度有所下降，增长幅度为 36.49%。

3.2.3.2 光伏电站不同位置甘草渗透调节物质含量变化研究

1）光伏电站不同位置甘草可溶性糖含量变化

渗透调节是在细胞水平上进行，由细胞积累对细胞无害的溶质来完成的。通过渗透调节，可使植物在干旱条件下维持一定的膨压，从而维持细胞原有的生理过程。细胞内小分子渗透调节物质的积累对植物适应干旱具有重要生理意义（刘建兵，2008）。

光伏电站不同位置甘草生长期可溶性糖含量变化如图 3-32 所示。不同生长阶段，光伏电站不同位置甘草可溶性糖含量具显著差异。2018 年 6 月 20 日，光伏电站不同位置（A_1、A_2、B_1、B_2）甘草可溶性糖含量分别是对照（CK）的 1.28 倍、1.18 倍、1.02 倍和 0.98 倍；其中 A_1 区域较 B_1 区域甘草可溶性糖含量增加了 25.04%，A_2 区域较 B_2 区域甘草可溶性糖含量增加了 19.83%。A_1、A_2 区域与 CK 区域甘草可溶性糖含量差异显著（$P<0.05$），B_1、B_2 区域与 CK 区域甘草可溶性糖含量差异不显著。2018 年 7 月 20 日，光伏电站各位置甘草可溶性糖含量分别是对照（CK）的 1.47 倍、1.18 倍、1.04 倍、0.96 倍；其中，A_1 区域较 B_1 区域甘草可溶性糖含量增加了 41.53%，A_2 区域较 B_2 区域甘草可溶性糖含量增加了 22.75%。A_1、A_2 区域与 CK 区域甘草可溶性糖含量差异显著（$P<0.05$），B_1、B_2 区域与 CK 区域甘草可溶性糖含量差异不显著。2018 年 8 月 20 日，光伏电站各位置甘草可溶性糖

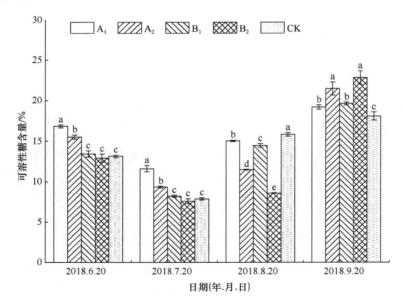

图 3-32　光伏电站不同位置甘草可溶性糖含量变化

含量分别是对照（CK）的 0.95 倍、0.73 倍、0.92 倍、0.54 倍；其中，A_1 区域较 B_1 区域甘草可溶性糖含量增加了 3.94%，A_2 区域较 B_2 区域甘草可溶性糖含量增加了 33.92%。A_1、A_2、B_1、B_2 区域与 CK 区域甘草可溶性糖含量差异显著（$P<0.05$）。2018 年 9 月 20 日，光伏电站各位置甘草可溶性糖含量分别是对照（CK）的 1.06倍、1.19 倍、1.09 倍、1.26 倍；其中，B_1 区域较 A_1 区域甘草可溶性糖含量增加了2.29%，B_2 区域较 A_2 区域甘草可溶性糖含量增加了 6.30%。A_1、A_2、B_1、B_2 区域与 CK 区域甘草可溶性糖含量差异显著（$P<0.05$）。

就全年甘草可溶性糖含量变化情况看，光伏电站不同位置甘草可溶性糖含量6～8 月各月份间均有显著差异，8～9 月无显著差异。2018 年 6～9 月，A_1 和 B_1区域较 A_2 和 B_2 区域可溶性糖含量大幅增长，增长幅度为 23.89%；2018 年 9 月，A_2 和 B_2 区域较 A_1 和 B_1 区域甘草可溶性糖含量有所上升，上升幅度为 14.6%。

2）光伏电站不同位置甘草可溶性蛋白含量变化

光伏电站不同位置甘草生长期可溶性蛋白含量变化如图 3-33 所示。不同生长阶段，光伏电站不同位置甘草可溶性蛋白含量具显著差异。2018 年 6 月 20 日，光伏电站不同位置（A_1、A_2、B_1、B_2）甘草可溶性蛋白含量分别是对照（CK）的 1.22倍、0.61 倍、1.11 倍和 0.53 倍：其中 A_1 区域较 B_1 区域甘草可溶性蛋白含量增加了10.11%，A_2 区域较 B_2 区域甘草可溶性蛋白含量增加了 15.38%。A_1、A_2、B_1、B_2区域与 CK 区域甘草可溶性蛋白含量差异显著（$P<0.05$）。2018 年 7 月 20 日，光伏电站不同位置甘草可溶性蛋白含量分别是对照（CK）的 0.95 倍、0.30 倍、0.54 倍、

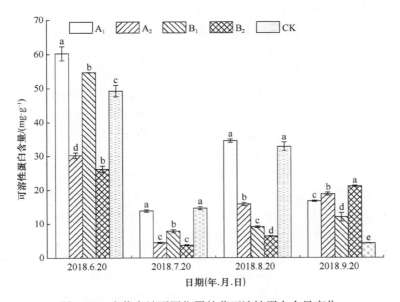

图 3-33　光伏电站不同位置甘草可溶性蛋白含量变化

0.25 倍；其中，A_1 区域较 B_1 区域可溶性蛋白含量增加了 76.54%，A_2 区域较 B_2 区域甘草可溶性蛋白含量增加 19.72%。A_2、B_1、B_2 区域与 CK 区域可溶性蛋白含量差异显著（$P<0.05$），A_1 区域与 CK 区域甘草可溶性蛋白含量差异不显著。2018 年 8 月 20 日，光伏电站不同位置甘草可溶性蛋白含量分别是对照（CK）的 1.05 倍、0.48 倍、0.28 倍、0.19 倍；其中 A_1 区域较 B_1 区域甘草可溶性蛋白含量增加了 280.28%，A_2 区域较 B_2 区域甘草可溶性蛋白含量增加了 148.78%。A_2、B_1、B_2 区域与 CK 区域甘草可溶性蛋白含量差异显著（$P<0.05$），A_1 区域与 CK 区域甘草可溶性蛋白含量差异不显著。2018 年 9 月 20 日，光伏电站不同位置甘草可溶性蛋白含量分别是对照（CK）的 3.90 倍、4.39 倍、2.81 倍、4.94 倍；其中，B_1 区域较 A_1 区域甘草可溶性蛋白含量增加了 39.10%，B_2 区域较 A_2 区域甘草可溶性蛋白含量增加了 12.47%。A_1、A_2、B_1、B_2 区域与 CK 区域甘草可溶性蛋白含量差异显著（$P<0.05$）。

就全年甘草可溶性蛋白含量变化情况看，光伏电站不同位置甘草可溶性蛋白含量 6～8 月各月份间均有显著差异，8～9 月无显著差异。2018 年 6～8 月，A_1 和 B_1 区域较 A_2 和 B_2 区域甘草可溶性蛋白含量大幅增长，增长幅度为 115.92%；2018 年 9 月，A_2 和 B_2 区域较 A_1 和 B_1 区域甘草可溶性蛋含量有所上升，上升幅度为 44.20%。

3）光伏电站不同位置甘草游离脯氨酸含量变化

光伏电站不同位置甘草生长期游离脯氨酸含量变化如图 3-34 所示。不同生长阶段，光伏电站不同位置甘草游离脯氨酸含量具显著差异。2018 年 6 月 20 日，光伏电站不同位置（A_1、A_2、B_1、B_2）甘草游离脯氨酸含量分别是对照（CK）的 0.94 倍、0.61 倍、0.88 倍、0.51 倍；其中，A_1 区域较 B_1 区域甘草游离脯氨酸含量增加了 7.29%，A_2 区域较 B_2 区域甘草游离脯氨酸含量增加了 19.26%。2018 年 7 月 20 日，光伏电站不同位置甘草游离脯氨酸含量分别是对照（CK）的 0.91 倍、0.96 倍、0.77 倍和 0.69 倍；其中 A_1 区域较 B_1 区域甘草游离脯氨酸含量增加了 17.94%，A_2 区域较 B_2 区域甘草游离脯氨酸含量增加了 38.32%。2018 年 8 月 20 日，光伏电站不同位置甘草游离脯氨酸含量分别是对照（CK）的 0.86 倍、0.82 倍、0.74 倍、0.70 倍；其中，A_1 区域较 B_1 区域甘草游离脯氨酸含量增加了 16.47%，A_2 区域较 B_2 区域甘草游离脯氨酸含量增加了 18.03%。2018 年 9 月 20 日，光伏电站不同位置甘草游离脯氨酸含量分别是对照（CK）的 1.05 倍、1.08 倍、1.13 倍、1.15 倍；其中，B_1 区域较 A_1 区域甘草游离脯氨酸含量增加了 7.44%，B_2 区域较 A_2 区域甘草游离脯氨酸含量增加了 6.37%。

就全年甘草游离脯氨酸含量变化情况看，A_1、A_2、B_1、B_2 区域与 CK 区域甘草游离脯氨酸含量差异显著（$P<0.05$）。光伏电站不同位置甘草游离脯氨酸含量 6～8 月各月份间均有显著差异，8～9 月无显著差异。2018 年 6～8 月，A_1 和 B_1 区域

较 A₂ 和 B₂ 区域甘草游离脯氨酸含量大幅增长，增长幅度为 24.20%；2018 年 9 月，A₂ 和 B₂ 区域较 A₁ 和 B₁ 区域甘草游离脯氨酸含量有所上升，上升幅度为 1.66%。

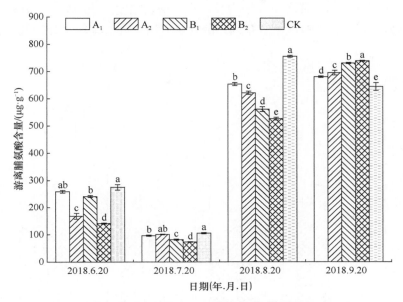

图 3-34　光伏电站不同位置甘草游离脯氨酸含量变化

3.2.3.3　光伏电站不同位置甘草丙二醛含量变化研究

光伏电站不同位置甘草生长期丙二醛含量变化如图 3-35 所示。不同生长阶段，光伏电站不同位置甘草各丙二醛含量具显著差异。2018 年 6 月 20 日，光伏电站各位置（A₁、A₂、B₁、B₂）甘草丙二醛含量分别是对照（CK）的 0.95 倍、0.89 倍、0.82 倍、0.64 倍；其中，A₁ 区域较 B₁ 区域甘草丙二醛含量增加了 15.31%，A₂ 区域较 B₂ 区域甘草丙二醛含量增加了 39.69%。2018 年 7 月 20 日，光伏电站不同位置甘草丙二醛含量分别是对照（CK）的 0.93 倍、0.80 倍、0.71 倍和 0.43 倍；其中 A₁ 区域较 B₁ 区域甘草丙二醛含量增加了 30.71%，A₂ 区域较 B₂ 区域甘草丙二醛含量增加了 85.57%。2018 年 8 月 20 日，光伏电站不同位置甘草丙二醛含量分别是对照（CK）的 0.96 倍、0.85 倍、0.78 倍和 0.50 倍；其中 A₁ 区域较 B₁ 区域甘草丙二醛含量增加 21.79%，A₂ 区域较 B₂ 区域甘草丙二醛含量增加了 72.13%。2018 年 9 月 20 日，光伏电站不同位置甘草丙二醛含量分别是对照（CK）的 0.93 倍、1.01 倍、0.60 倍和 0.65 倍；其中 A₁ 区域较 B₁ 区域甘草丙二醛含量增加了 54.96%，A₂ 区域较 B₂ 区域甘草丙二醛含量增加了 54.79%。

就全年甘草丙二醛含量变化情况看，光伏电站不同位置甘草丙二醛含量 6～8 月各月份间均差异显著，A₁、A₂、B₁、B₂ 区域与 CK 区域甘草丙二醛含量差异显著

（$P<0.05$）。8～9 月 A_1、B_1、B_2 区域与 CK 区域甘草丙二醛含量差异显著（$P<0.05$）。A_2 区域与 CK 区域甘草丙二醛含量差异不显著。2018 年 6～8 月，A_1 和 B_1 区域较 A_2 和 B_2 区域甘草丙二醛含量大幅增长，平均增长幅度为 30.95%；2018 年 9 月，A_2 和 B_2 区域较 A_1 和 B_1 区域甘草丙二醛含量有所上升，平均上升幅度为 8.83%。

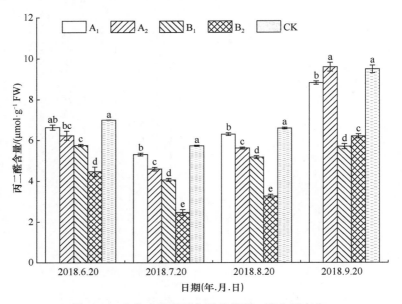

图 3-35　光伏电站不同位置甘草丙二醛含量变化

3.2.3.4　光伏电站不同位置甘草保护酶活性变化研究

1）光伏电站不同位置甘草超氧化物歧化酶（SOD）活性变化

光伏电站不同位置甘草生长期 SOD 活性变化如图 3-36 所示。不同生长阶段，光伏电站不同位置甘草各 SOD 活性具显著差异。2018 年 6 月 20 日，光伏电站各位置（A_1、A_2、B_1、B_2）甘草 SOD 活性分别是对照（CK）的 0.81 倍、0.44 倍、0.68 倍、0.41 倍；其中，A_1 区域较 B_1 区域甘草 SOD 活性增加了 18.96%，A_2 区域较 B_2 区域甘草 SOD 活性增加了 6.87%。A_1、A_2、B_1、B_2 区域与 CK 区域甘草 SOD 活性差异显著（$P<0.05$）。2018 年 7 月 20 日，光伏电站各位置甘草 SOD 活性分别是对照（CK）的 0.73 倍、0.63 倍、0.66 倍、0.56 倍；其中，A_1 区域较 B_1 区域甘草 SOD 活性增加了 8.09%，A_2 区域较 B_2 区域甘草 SOD 活性增加了 13.06%。A_1、A_2、B_1、B_2 区域与 CK 区域甘草 SOD 活性差异显著（$P<0.05$）。2018 年 8 月 20 日，光伏电站不同位置甘草 SOD 活性分别是对照（CK）的 1.03 倍、0.83 倍、0.96 倍、0.82 倍；其中，A_1 区域较 B_1 区域甘草 SOD 活性增加了 7.23%，A_2 区域较 B_2 区域甘草 SOD 活性增加了 1.31%。A_2、B_2 区域与 CK 区域

甘草 SOD 活性差异显著（$P<0.05$），A_1、B_1 区域与 CK 区域甘草 SOD 活性差异不显著。2018 年 9 月 20 日，光伏电站各位置甘草 SOD 活性分别是对照（CK）的 0.96 倍、0.98 倍、0.56 倍、0.62 倍；其中 B_1 区域较 A_1 区域甘草 SOD 活性增加了 71.94%，B_2 区域较 A_2 区域甘草 SOD 活性增加了 58.65%。B_1、B_2 区域与 CK 区域甘草 SOD 活性差异显著（$P<0.05$）。A_1、A_2 区域与 CK 区域甘草 SOD 活性差异不显著。

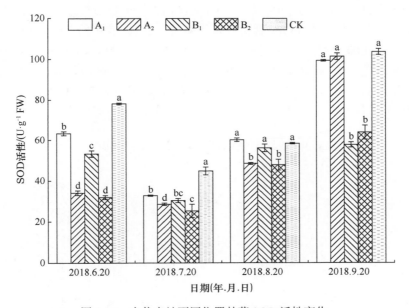

图 3-36　光伏电站不同位置甘草 SOD 活性变化

就全年甘草 SOD 活性变化情况看，光伏电站不同位置甘草 SOD 活性 6～8 月各月份间均有显著差异，8～9 月 SOD 活性差异不显著。2018 年 6～8 月，A_1 和 B_1 区域较 A_2 和 B_2 区域甘草 SOD 活性大幅增长，平均增长幅度为 38.36%；2018 年 9 月，A_2 和 B_2 区域较 A_1 和 B_1 区域甘草 SOD 活性有所上升，平均上升幅度为 6.30%。

2）光伏电站不同位置甘草过氧化物酶（POD）活性变化

光伏电站不同位置甘草生长期 POD 活性变化如图 3-37 所示。不同生长阶段，光伏电站不同位置甘草 POD 活性具显著差异。2018 年 6 月 20 日，光伏电站不同位置（A_1、A_2、B_1、B_2）甘草 POD 活性分别是对照（CK）的 0.92 倍、0.88 倍、0.58 倍和 0.47 倍；其中 A_1 区域较 B_1 区域甘草 POD 活性增加了 57.75%，A_2 区域较 B_2 区域甘草 POD 活性增加了 86.31%。A_1、A_2、B_1、B_2 区域与 CK 区域甘草 SOD 活性差异显著（$P<0.05$）。2018 年 7 月 20 日，光伏电站不同位置甘

草 POD 活性分别是对照（CK）的 1.38 倍、1.18 倍、0.93 倍和 0.90 倍；其中 A$_1$ 区域较 B$_1$ 区域甘草 POD 活性增加了 47.79%，A$_2$ 区域较 B$_2$ 区域甘草 POD 活性增加了 30.89%。A$_1$、A$_2$ 区域与 CK 区域甘草 SOD 活性差异显著（$P<0.05$），B$_1$、B$_2$ 区域与 CK 区域甘草 POD 活性差异不显著。2018 年 8 月 20 日，光伏电站不同位置甘草 POD 活性分别是对照（CK）的 1.04 倍、0.86 倍、0.80 倍和 0.69 倍；其中 A$_1$ 区域较 B$_1$ 区域甘草 POD 活性增加了 30.57%，A$_2$ 区域较 B$_2$ 区域甘草 POD 活性增加了 23.46%。A$_2$、B$_1$、B$_2$ 区域与 CK 区域甘草 POD 活性差异显著（$P<0.05$），A$_1$ 区域与 CK 区域甘草 POD 活性差异不显著。2018 年 9 月 20 日，光伏电站不同位置甘草 POD 活性分别是对照（CK）的 0.82 倍、0.94 倍、0.90 倍和 0.95 倍；其中 B$_1$ 区域较 A$_1$ 区域甘草 POD 活性增加了 10.83%，B$_2$ 区域较 A$_2$ 区域甘草 POD 活性增加了 1.45%。A$_1$、A$_2$、B$_1$、B$_2$ 区域与 CK 区域甘草 POD 活性差异显著（$P<0.05$）。

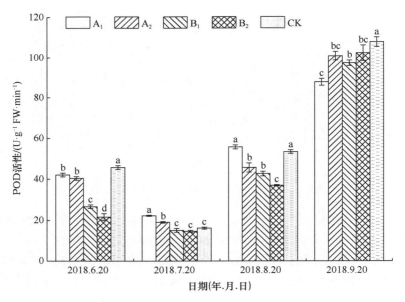

图 3-37　光伏电站不同位置甘草 POD 活性变化

就全年甘草 POD 活性变化情况看，光伏电站不同位置甘草 POD 活性 6~8 月各月份间差异显著，8~9 月 POD 活性差异显著（$P<0.05$）。2018 年 6~8 月，A$_1$ 和 B$_1$ 区域较 A$_2$ 和 B$_2$ 区域甘草 POD 活性大幅增长，增长幅度为 13.07%；2018 年 9 月，A$_2$ 和 B$_2$ 区域较 A$_1$ 和 B$_1$ 区域甘草 POD 活性有所上升，上升幅度为 10.01%。

3）光伏电站不同位置甘草过氧化氢酶（CAT）活性变化

光伏电站不同位置甘草生长期 CAT 活性变化如图 3-38 所示。不同生长阶段，光伏电站不同位置甘草各 CAT 活性具显著差异。2018 年 6 月 20 日，光伏电站不同位置（A_1、A_2、B_1、B_2）甘草 CAT 活性分别是对照（CK）的 0.72 倍、0.57 倍、0.67 倍、0.44 倍；其中 A_1 区域较 B_1 区域甘草 CAT 活性增加了 7.59%，A_2 区域较 B_2 区域甘草 CAT 活性增加了 29.11%。2018 年 7 月 20 日，光伏电站不同位置甘草 CAT 活性分别是对照（CK）的 0.59 倍、0.45 倍、0.60 倍和 0.40 倍；其中 A_1 区域较 B_1 区域甘草 CAT 活性增加了 1.48%，A_2 区域较 B_2 区域甘草 CAT 活性增加了 12.45%。2018 年 8 月 20 日，光伏电站不同位置甘草 CAT 活性分别是对照（CK）的 0.76 倍、0.50 倍、0.73 倍和 0.44 倍；其中 A_1 区域较 B_1 区域甘草 CAT 活性增加了 3.36%，A_2 区域较 B_2 区域甘草 CAT 活性增加了 11.61%。2018 年 9 月 20 日，光伏电站不同位置甘草 CAT 活性分别是对照（CK）的 0.53 倍、0.81 倍、0.57 倍和 0.65 倍；其中 B_1 区域较 A_1 区域甘草 CAT 活性增加了 6.17%，A_2 区域较 B_2 区域甘草 CAT 活性增加了 23.76%。

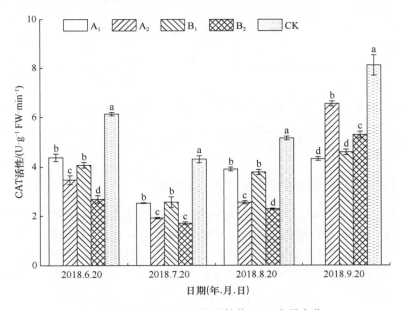

图 3-38　光伏电站不同位置甘草 CAT 含量变化

3.2.4　光伏电站不同位置对甘草产量及品质的影响

3.2.4.1　光伏电站不同位置对甘草产量及品质的影响

1）光伏电站不同位置对甘草产量的影响

光伏电站不同位置（A_1、A_2、B_1、B_2）甘草产量如表 3-12 所示。据测定，光伏电站不同位置甘草产量差异显著。A_1 区域甘草收获期单根产量、阵列产量及折合公顷产量分别为 9.98g、890.72kg 和 1613.96kg·hm^{-2}，比对照产量稍有下降，降幅为 2.61%。A_1 区域与 CK 区域甘草产量差异显著（$P<0.05$）。A_2 区域甘草收获期单根产量、阵列产量及折合公顷产量分别为 18.97g、1693.34kg 和 3068.31kg·hm^{-2}，比对照产量大幅上升，上升幅度为 85.28%。A_2 区域与 CK 区域甘草产量差异显著（$P<0.05$）。B_1 区域甘草收获期单根产量、阵列产量及折合公顷产量分别为 8.91g、795.78kg 和 1441.94kg·hm^{-2}，比对照产量稍有下降，降幅为 14.85%。B_1 区域与 CK 区域甘草产量差异显著。B_2 区域甘草收获期单根产量、阵列产量及折合公顷产量分别为 10.88g、971.37kg 和 1760.10kg·hm^{-2}，比对照产量大幅上升，上升幅度为 6.25%。B_2 区域与 CK 区域甘草产量差异不显著（$P<0.05$）。A_2 和 B_2 区域较 A_1 和 B_1 区域甘草产量大幅增长，增长幅度为 56.09%，A 区域较 B 区域甘草产量大幅增长，平均增长幅度为 43.3%。

表 3-12　光伏电站不同位置对甘草产量影响

位置	样地	单根产量/g	阵列产量/kg	折合公顷产量/(kg·hm^{-2})
光伏电站外缘	A_1	9.98±0.39ab	890.72	1613.96
	A_2	18.97±1.06c	1693.34	3068.31
光伏电站内缘	B_1	8.91±0.17a	795.78	1441.94
	B_2	10.88±0.19b	971.37	1760.10
无光伏区	CK	10.24±0.70b	913.93	1656.02

注：同列不同小写字母表示光伏电站不同位置甘草产量差异显著（$P<0.05$）。

2）光伏电站不同位置对甘草药理活性影响

药用植物的有效成分含量在药用植物体内的合成与积累往往是其生长环境长期作用的结果，外界环境很大程度上影响着药材的质量。光伏电站不同位置（A_1、A_2、B_1、B_2）对甘草品质的影响如表 3-13 所示。据测定，A_1 区域甘草收获期甘草苷含量为 1.79%，是标准（2015 年版《中国药典》）的 3.57 倍，甘草酸含量为 0.74%，是标准的 0.37 倍。A_1 区域甘草苷和甘草酸与 CK 区域差异显著（$P<0.05$）。A_2 区域甘草收获期甘草苷含量为 2.11%，是标准的 4.22 倍，甘草酸含量为 0.92%，是标准的 0.31 倍。A_2 区域甘草苷和甘草酸与 CK 区域差异显著（$P<0.05$）。B_1 区域甘草收获期甘草苷含量为 1.34%，是标准的 2.69 倍，甘草酸含量为 0.69%，是标准的 0.17 倍；B_1 区域甘草苷与 CK 区域差异显著（$P<0.05$），甘草酸与 CK 区域差异不显著。B_2 区域甘草收获期甘草苷含量为 1.53%，是标准的 3.08 倍，甘草酸含量为 0.90%，是标准的 0.18 倍；B_2 区域甘草苷和甘草酸与 CK 区域差异显著（$P<0.05$）。

表 3-13 光伏电站不同位置对甘草品质影响

位置	样地	甘草苷/%	较标准增量/%	甘草酸/%	较标准增量/%
光伏电站外缘	A_1	1.79±0.10c	1.286 00	0.74±0.07b	− 1.263 450
	A_2	2.11±0.19d	1.607 75	0.92±0.14ab	− 1.080 225
光伏电站内缘	B_1	1.34±0.07ab	0.845 75	0.69±0.17a	− 1.305 925
	B_2	1.53±0.09b	1.037 75	0.90±0.10ab	− 1.095 900
无光伏区	CK	1.12±0.13a	0.617 25	0.52±0.15a	− 1.475 700

注：表中同列不同小写字母表示光伏电站不同位置甘草产量差异显著（$P<0.05$）。

3.2.4.2 甘草品质形成影响因素分析

1）数据来源及变量选取

分析数据为光伏电站不同位置各指标年均值。根据 2015 版《中国药典》规定，甘草苷含量和甘草酸含量为衡量甘草品质的指标性药理活性成分，故以甘草苷含量、甘草酸含量为因变量，设本文 12 个影响指标为自变量，进行主成分分析。其中，X_g 表示甘草苷含量，X_s 表示甘草酸含量，相关系数用 R_g 和 R_s 表示 12 个自变量，分别用 X_1，$X_2\cdots X_{12}$ 表示：X_1，叶片净光合速率；X_2，叶片蒸腾速率；X_3，叶片气孔导度；X_4，叶绿素 a 含量；X_5，叶绿素 b 含量；X_6，叶片可溶性糖含量；X_7，叶片可溶性蛋白含量；X_8，叶片游离脯氨酸含量；X_9，叶片丙二醛含量；X_{10}，叶片 SOD 活性；X_{11}，叶片 POD 活性；X_{12}，叶片 CAT 活性。

2）甘草品质形成因素主成分分析

因变量 X_g、X_s 与 12 个分析变量间的相关性如表 3-14 所示。从此表可以看出，因变量 X_g（甘草苷含量）和 X_s（甘草酸含量）与光合生理、渗透调节、供应及吸收等均有一定的相关性。同时，由于自变量较多，各变量间存在相关性，采用主成分分析法来消除多重共线性的影响。对自变量 X_1，$X_2\cdots X_{12}$ 进行主成分分析，结果见表 3-15。按照主成分特征值的大小排序，第一特征值为 6.071，方差贡献率为 50.594%，第二特征值为 4.234，方差的贡献率为 35.285%，第三特征值为 1.345，方差贡献率为 11.210%，前三个特征值的累计贡献率达到 97.09%，且其他主成分特征值均小于 1，根据主成分个数确定一般方法（剔除累计贡献率小于 85% 或者特征值小于 1 的主成分），剔除所有小于 1 的主成分，因此该分析中选出三个因子。对上述因子进一步分析，为了更利于用现实语言来描述所得因子，将因子旋转得到相应旋转因子载荷矩阵，如表 3-16 所示，可以反映各个指标的变异可选哪些因子分析和解释，载荷值越大，越可体现某一成分的主要解释内容。由表 3-16 可知，第一主成分主要对环境抗逆性方面进行解释，第二主成分主要对光合特性方面进行解释，第三主成分主要对有机物储备与调节方面进行解释。

表 3-14　相关系数矩阵

	X_g	X_s	X_1	X_2	X_3	X_4	X_5	X_6	X_7	X_8	X_9	X_{10}	X_{11}
X_s	0.788												
X_1	0.952	0.712											
X_2	0.918	0.796	0.975										
X_3	0.902	0.786	0.878	0.922									
X_4	0.185	−0.230	0.319	0.304	0.401								
X_5	0.688	0.657	0.848	0.918	0.771	0.363							
X_6	0.504	0.060	0.394	0.226	0.352	0.441	0.079						
X_7	−0.143	−0.633	−0.217	−0.360	−0.167	0.515	0.516	0.767					
X_8	−0.412	−0.878	−0.305	−0.433	−0.430	0.582	−0.362	0.421	0.799				
X_9	0.704	−0.525	0.213	0.074	0.032	0.785	0.089	0.626	0.701	0.865			
X_{10}	−0.272	−0.766	−0.153	−0.259	−0.214	0.767	−0.190	0.477	0.803	0.967	0.918		
X_{11}	−0.020	−0.545	0.160	0.066	0.033	0.868	0.161	0.463	0.618	0.855	0.970	0.935	
X_{12}	−0.603	−0.876	−0.400	−0.456	−0.535	0.523	−0.213	−0.008	0.470	0.893	0.713	0.858	0.793

表 3-15　主成分分析列表

	解释的总方差					
成分	初始特征值			提取平方和载入		
	合计	方差/%	累积/%	合计	方差/%	累积/%
1	6.071	50.594	50.594	6.071	50.594	50.594
2	4.234	35.285	85.880	4.234	35.285	85.880
3	1.345	11.210	97.090	1.345	11.210	97.090
4	0.349	2.910	100.000			
5	$3.625×10^{-16}$	$3.021×10^{-15}$	100.000			
6	$2.265×10^{-16}$	$1.888×10^{-15}$	100.000			
7	$1.526×10^{-16}$	$1.272×10^{-15}$	100.000			
8	$9.080×10^{-17}$	$7.567×10^{-16}$	100.000			
9	$-2.219×10^{-17}$	$-1.849×10^{-16}$	100.000			
10	$-1.210×10^{-16}$	$-1.009×10^{-15}$	100.000			
11	$-1.611×10^{-16}$	$-1.342×10^{-15}$	100.000			
12	$-2.479×10^{-16}$	$-2.066×10^{-15}$	100.000			

表 3-16　旋转因子载荷矩阵

	成分		
	1	2	3
X_1	−0.150	0.966	0.156
X_2	−0.092	0.995	0.007
X_3	−0.088	0.836	0.515

	成分		
	1	2	3
X_4	0.807	0.417	0.171
X_5	0.050	0.941	−0.334
X_6	0.285	0.233	0.919
X_7	0.565	−0.315	0.755
X_8	0.888	−0.365	0.257
X_9	0.913	0.142	0.330
X_{10}	0.943	−0.177	0.277
X_{11}	0.976	0.150	0.157
X_{12}	0.902	−0.378	−0.201

　　表 3-17 为特征向量矩阵，ZX_1，$ZX_2 \cdots ZX_{12}$ 为标准化处理后的变异变量，根据此表可得出主成分表达式。

第一主成分：

$$F_1=-0.015ZX_1-0.092ZX_2-0.88ZX_3+0.807ZX_4+0.05ZX_5+0.285ZX_6+0.565ZX_7+0.888ZX_8+0.913ZX_9+0.943ZX_{10}+0.976ZX_{11}+0.902ZX_{12}$$

第二主成分：

$$F_2=0.966ZX_1+0.995ZX_2+0.836ZX_3+0.417ZX_4+0.941ZX_5+0.233ZX_6-0.315ZX_7-0.365ZX_8+0.142ZX_9-0.177ZX_{10}+0.150ZX_{11}-0.378ZX_{12}$$

第三主成分：

$$F_3=0.156ZX_1+0.007ZX_2+0.515ZX_3+0.171ZX_4-0.334ZX_5+0.919ZX_6+0.755ZX_7+0.257ZX_8+0.330ZX_9+0.277ZX_{10}+0.157ZX_{11}-0.210ZX_{12}$$

F 综合模型：

$$F=0.183X_1+0.156X_2+0.183X_3+0.260X_4+0.139X_5+0.200X_6+0.144X_7+0.149X_8+0.251X_9+0.196X_{10}+0.247X_{11}+0.100X_{12}$$

其中，F 为光伏电站不同位置甘草品质综合评价得分，然后根据建立的 F_1、F_2、F_3 及综合模型 F 计算各主成分及综合主成分值。

　　综上，第一主成分变量在渗透调节、保护酶方面的载荷值较高，反映了环境抗逆性信息，因此，第一主成分 F_1 可作为环境抗逆性指标；第二主成分变量在渗透调节方面具有较低的负载荷，在光合元素方面具有较高的载荷值，在渗透调节、保护酶方面具有较低的负载荷，因此，第二主成分 F_2 可作为光合元素指标；第三主成分变量中的渗透调节、光合元素方面的荷载值过高，因此，第三主成分 F_3 可作为有机物储备和综合调节的指标。

表 3-17　特征向量矩阵

	F_1	F_2	F_3
ZX_1	−0.006	0.469	0.135
ZX_2	−0.037	0.484	0.006
ZX_3	−0.036	0.406	0.444
ZX_4	0.328	0.293	0.147
ZX_5	0.020	0.457	−0.288
ZX_6	0.116	0.113	0.792
ZX_7	0.229	−0.153	0.651
ZX_8	0.360	−0.177	0.222
ZX_9	0.371	0.069	0.285
ZX_{10}	0.383	−0.086	0.239
ZX_{11}	0.396	0.073	0.135
ZX_{12}	0.366	−0.184	−0.173

　　由光伏电站不同位置甘草品质综合主成分评价结果（表 3-18）可知：光伏电站不同位置甘草品质综合主成分顺序为 $A_2>A_1>B_1>CK>B_2$。A_2 区域最大，B_2 区域最小，即光伏电站外缘光伏电站下方、光伏电站外缘两排光伏电站间、光伏电站中心两排光伏电站间综合评价较佳。

表 3-18　光伏电站不同位置甘草品质综合主成分评价结果

不同位置	F_1	排序	F_2	排序	F_3	排序	F	排序
A_1	0.109	2	0.025	3	0.186	2	0.320	2
A_2	0.071	3	0.541	1	−0.263	3	0.349	1
B_1	−0.394	4	−0.389	5	0.214	1	−0.569	3
B_2	−0.537	5	0.048	2	−2.473	4	−2.962	5
CK	0.751	1	−0.225	4	−3.015	5	−2.489	4

　　成分 F_1、F_2 和 F_3 对品质解释的累积贡献率为 97.09%，涵盖了上述 12 个指标 97.09% 的信息，利用 F_1、F_2 和 F_3 来代替这 12 个变量进行回归分析，结果如下（甘草品质对应值用 Y 表示）。

　　拟合度检验结果如表 3-19 所示，多元线性回归模型的拟合度通常用 R^2 的数值来表示，甘草品质回归模型的 R^2 为 0.934，说明主成分构成模型的拟合度较好，模型合理。

表 3-19　主成分的拟合度检验模型汇总

模型	R	R^2	调整后 R^2	标准估计的误差
1	0.992[a]	0.984	0.934	0.075

a 为预测变量（常数）F_3、F_2、F_1。

回归方程显著性检验结果如表 3-20 所示，从表中可以看出，所拟合的回归模型 F 值为 240.212，Sig 的值为 0.047，近似于 0，说明该回归模型具有显著性统计意义。

表 3-20　回归显著性检验 Anova[b]

	模型	平方和	df	均方	F	P
1	回归	3.994	3	1.331	240.212	0.047[b]
	残差	0.006	1	0.006		
	总计	4.000	4			

b 为因变量（常数）Y。

回归方程参数检验结果如表 3-21 所示，根据 t 检验可得到如下拟合结果：
$ZY = -0.455F_1 + 0.858F_2 + 0.239F_3$
其中，F_1 对应的 $t = -10.587$，F_2 对应的 $t = 19.739$，F_3 对应的 $t = 4.211$，$R^2 = 0.934$
$ZY = 0.873X_1 + 0.897X_2 + 0.880X_3 + 0.031X_4 + 0.705X_5 + 0.290X_6 - 0.347X_7 - 0.656X_8$
$\qquad - 0.215X_9 - 0.515X_{10} - 0.278X_{11} - 0.783X_{12}$

表 3-21　回归方程的参数检验 [a]

	模型	非标准化系数		标准化系数	T	P
		B	标准误差	B		
1	（常量）	3.312×10^{-16}	0.017		0.000	1.000
	F_1	−0.464	0.019	−0.464	−10.587	0.600
	F_2	0.865	0.019	0.865	19.739	0.320
	F_3	0.185	0.019	0.185	4.211	0.148

a 为因变量 Y。

从回归结果（表 3-21）式来看，影响甘草苷含量的 12 个因素（净光合速率、蒸腾速率、气孔导度、叶绿素 a 含量、叶绿素 b 含量、可溶性糖含量、可溶性蛋白含量、游离脯氨酸含量、丙二醛含量、SOD 活性、POD 活性、CAT 活性）对甘草品质的贡献率分别是 0.871、0.905、0.859、0.018、0.729、0.239、−0.395、−0.680、−0.240、−0.539、−0.294、−0.783。净光合速率、蒸腾速率、气孔导度、叶绿素 a 含量、叶绿素 b 含量、可溶性糖含量的贡献率分别是 0.871、0.905、0.859、0.018、0.729、0.239，为正相关；可溶性蛋白含量、丙二醛含量、SOD 活性、POD 活性、CAT 活性的贡献率分别是−0.680、−0.240、−0.539、−0.294、−0.783，为负相关。可以看出，光合作用对甘草质量影响较大，而渗透调节物质作用则对甘草质量影响较小，说明光合作用对甘草品质的调节具有重要作用，这也与甘草的生态学特性有关。甘草喜光照充足、雨量较少、夏季酷热、冬季严寒、昼夜温差大的生态环境，具有很强的抗寒性、抗旱性、抗盐碱性和耐热性，故光合作用会影响甘草品质，并间接对甘草品质进行调控。

3.3 光伏电站光照变化对沙打旺生长的影响

3.3.1 研究方法

3.3.1.1 试验设计

试验区位于亿利生态光伏区三期固定式光伏电站内，该区域为植被恢复专用实验区，根据实际地表及其情况，对地表进行平整，之后统一均匀覆盖红黏土，保证下垫面基质一致。种植方式为种子穴播，株行距 50cm×100cm，其他条件一致，无光伏电板遮挡区域为对照区。考虑到组间差异与边缘效应，统一选取阵列中某列电板，将板前沿、板后沿、板下、对照分别命名为 A、B、C、CK（图 3-39）。

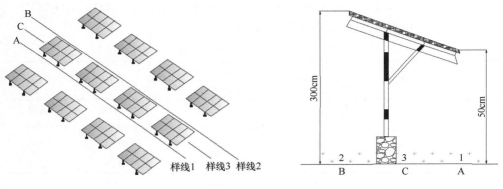

图 3-39 样线布设及取样示意图

3.3.1.2 指标及测定方法

1）光伏电站各位置遮阴时间的统计方法

试验期为植物生长期（2018 年 7～9 月做了部分预试验，本文数据采集于 2019年 5～9 月），所以各位置的遮阴时间均为逐月统计，采用人工蹲守计时法，在外业试验时选取晴朗无云的一天，以 07：00～19：00 为观测时间段，观察板前沿、板后沿、板下各位置的遮阴情况并记录，最后根据 5 个月各位置的遮阴时间求出平均值，并将各位置进行遮阴时间的顺序排列，为探究沙打旺在光伏电板各位置的适应性奠定基础。

2）沙打旺生长形态的测定指标及方法

生长形态选取株高、叶片性状及地上生物量，叶片性状有叶长、叶片厚度、单叶干重、单叶面积及比叶面积。

株高是指沙打旺茎秆底端到其直立状态下的叶片之间的距离，选择卷尺测量法（cm）测量；叶宽、叶长及叶片厚度选用游标卡尺测量法（mm）测量。

单叶面积是将上述叶片置于一张固定的、已知面积的黑色硬纸片（参照物）上，在固定的高度进行拍照，用 Photoshop 软件处理，计算公式如下：

$$S_{\text{leaf}} = \frac{N_{\text{leaf}}}{N_{\text{reference}}} \cdot S_{\text{reference}}$$

式中，S_{leaf} 为叶片实际面积；N_{leaf} 为叶片像素点；$N_{\text{reference}}$ 为参照物像素点；$S_{\text{reference}}$ 为参照物面积。

单叶干重是将上述叶片带回实验室，置于 85℃ 的烘箱内烘干，用实验室天平多次测量直至恒重（g）；

比叶面积计算公式如下：

$$比叶面积 = \frac{单叶面积}{单叶干重}$$

在样线 1、2、3 上，分别布设 3 个 50cm×50cm 的草本样方，将样方内的沙打旺齐地刈割，用天平称取鲜重后放于 85℃ 的烘箱内烘干至恒重，再称取其干重，并计算干鲜比。

3）沙打旺生理指标的测定及方法

代谢能力的高低直接影响植物的生长发育，本研究通过采集样品叶片对其叶绿素含量、可溶性糖含量、可溶性蛋白含量、丙二醛含量、超氧化物歧化酶活性及过氧化物酶活性进行测定，探究光伏电板遮阴效应对其生理代谢的影响与作用。

以下实验所用叶片均需选用去掉中脉且干净无泥土的叶片（史树德等，2016）。

（1）叶绿素含量。采用 80% 丙酮提取法，646nm、663nm 波长下记录吸光度值。其计算公式如下：

$$C_{\text{a}} = 12.21A_{663} - 2.81A_{646}$$

$$C_{\text{b}} = 20.13A_{646} - 5.03A_{663}$$

$$C_{\text{T}} = C_{\text{a}} + C_{\text{b}}$$

$$叶绿素a含量(\text{mg} \cdot \text{g}^{-1}) = \frac{C_{\text{a}} \times V \times N}{W \times 1000}$$

$$叶绿素b含量(\text{mg} \cdot \text{g}^{-1}) = \frac{C_{\text{b}} \times V \times N}{W \times 1000}$$

$$总叶绿素氧含量(\text{mg} \cdot \text{g}^{-1}) = \frac{C_{\text{T}} \times V \times N}{W \times 1000}$$

式中，C_{a}、C_{b} 为叶绿素 a、b 的浓度（ml/L）；A_{663}、A_{646} 为吸光度值；V 为提取液

体积（ml）；N 为稀释倍数；W 为样品称取克数（g）。

（2）可溶性糖采用蒽酮比色法。在 620nm 波长下进行吸光度测定与记录，计算公式如下：

$$样品含糖量(\%) = \frac{C \times V_{总} \times D}{W \times V_{测} \times 10^6} \times 100\%$$

式中，C 为根据标曲计算出的糖含量（μg）；$V_{总}$ 为提取液总体积（ml）；$V_{测}$ 为测定所用体积（ml）；D 为稀释倍数；W 为样品称取重量（g）。

（3）可溶性蛋白采用考马斯亮蓝法。在 595nm 波长下测定吸光度并记录，计算公式如下：

$$样品蛋白质含量(mg \cdot g^{-1}FW) = C \times V_T / (V_S \times FW \times 1000)$$

式中，C 为根据标曲计算出的蛋白质含量（μg）；V_T 为提取液总体积（ml）；V_S 为测定所用体积（ml）；FW 为样品称取重量（g）。

（4）丙二醛（MDA）含量采用硫代巴比妥酸法。测定波长为 532nm、600nm、450nm，计算公式如下：

$$MDA浓度(μmol \cdot L^{-1}) = 6.45(A_{532} - A_{600}) - 0.56A_{450}$$

$$MDA含量(μmol \cdot L^{-1}) = \frac{MDA浓度(μmol \cdot L^{-1}) \times 提取液体积(ml)}{样品鲜重(g) \times 1000}$$

（5）超氧化物歧化酶（SOD）活性采用氮蓝四唑（NBT）法。在波长为 560nm 进行吸光度测定，计算公式如下：

$$SOD活性(U \cdot g^{-1}FW) = \frac{(A_0 - A_S) \times V_T}{A_0 \times 0.5 \times FW \times V_1}$$

式中，A_0 为照光对照管的吸光度值；A_S 为样品管的吸光度值；V_T 为样液总体积（ml）；V_1 为测定时所用体积（ml）；FW 为样品重量（g）。

（6）过氧化物酶（POD）活性采用愈创木酚法。采用紫外分光光度计动力学测量，每 30s 读数一次，计算公式如下：

$$POD活性(U \cdot g^{-1} \cdot min^{-1}) = \frac{\Delta A_{470} \times V_T}{W \times V_S \times 0.01 \times t}$$

式中，ΔA_{470} 为反应时间内吸光度的变化；W 为称取叶片克数（g）；V_T 为提取酶液总体积（ml）；V_S 为测定所用体积（ml）；t 为反应时间（min）。

茎叶的 N、P 含量的测定采用 H_2SO_4-H_2O_2 消煮法，再分别用凯氏定氮法及钒钼黄比色法计算二者含量，并计算粗蛋白（CP）含量与 N∶P 值。

3.3.2 生长期光伏电板各位置遮阴时间

由表 3-22 可知，通过在试验样地人工蹲守计时发现，沙打旺在生长季（5～9

月期间），7：00～19：00 时间段内，板前沿 A、板后沿 B、板下 C 的遮阴时间在各月均规律地呈现出 A<B<C，对照 CK 无遮阴。除对照外，板前沿 A 遮阴时间最短，均值为 1.46h，板下 C 遮阴时间最长，为 10.51h。遮阴时间的不同导致沙打旺在各位置的生长发生差异。

表 3-22　光伏电板各位置累计遮阴时间　　　　　（单位：h）

时间	A	B	C	CK
5 月	3.00	9.00	9.40	0
6 月	2.35	9.10	10.20	0
7 月	2.00	9.30	10.40	0
8 月	0.33	10.26	11.35	0
9 月	0.92	11.00	12.00	0
平均值	1.46	9.49	10.51	0

3.3.3　光伏电板对沙打旺生长特性的影响

3.3.3.1　沙打旺株高动态变化特征

由表 3-23 可知，各位置 5～9 月的株高变化均表现为 C>A>B>CK。5 月最大值与最小值分别为 18.92cm、10.60cm，最小值 CK 比板前沿 A、板后沿 B、板下 C 分别减小了 31.70%、23.19% 及 43.97%，最大值 C 比 A 和 B 的株高分别增加了 21.91%、37.10%，最大值 C 与其他位置存在显著差异，最小值 CK 的株高显著低于其他位置，A 与 B 无显著差异。6 月最大值和最小值分别为 27.67cm、21.17cm，最小值 CK 比 A、B、C 分别减小了 15.99%、8.87% 及 23.49%，最大值 C 比 A 和 B 的株高分别增加了 9.80% 与 19.11%，最大值 C 与 A 差异较显著，与 B 和 CK 差异显著，CK 显著低于 A 和 C。7 月最大值和最小值分别为 48.75cm、26.00cm，最大值 C 比 A、B 及 CK 的株高分别增加了 19.13%、46.62% 及 87.50%，且最大值 C 显著高于 B 和 CK，最小值 CK 显著低于 A 和 C。8 月最大值和最小值分别为 61.33cm、30.67cm，最小值 CK 分别比其他位置减小了 16.44%、40.44% 及

表 3-23　光伏电板各位置沙打旺株高差异　　　　　（单位：cm）

时间	A	B	C	CK
5 月	15.52±1.15b	13.80±1.31b	18.92±2.13a	10.60±1.22c
6 月	25.20±1.18ab	23.23±0.87bc	27.67±2.63a	21.17±1.81c
7 月	40.92±6.88ab	33.25±0.50bc	48.75±4.77a	26.00±1.98c
8 月	52.67±4.04b	43.67±6.51c	61.33±4.04a	30.67±3.06d
9 月	57.36±7.23ab	50.12±0.32b	65.28±4.90a	37.13±2.73c

注：同行不同小写字母表示光伏电板不同位置之间差异显著（$P<0.05$），下同。

49.99%，4 个位置差异很大。9 月最大值和最小值分别为 65.28cm、37.13cm，最小值 CK 分别比其他位置减小了 35.26%、25.92% 及 43.12%，且 C 显著低于 A、B 及 CK，A 与 B、C 差异较显著。在季节动态变化方面，5～9 月各位置沙打旺株高均在逐渐增加，但是板前沿 A、板后沿 B、板下 C 的增加幅度远远大于对照 CK，说明光伏电板干扰在一定程度上促进了沙打旺株高的增加。

3.3.3.2　沙打旺叶片性状变化特征

由表 3-24 可知，5 月和 6 月沙打旺叶片长度变化表现为 CK>B>C>A，此时 CK 叶片最长，5 月达到 2.04cm，比 A、B、C 分别增加了 39.73%、10.87% 及 31.61%，CK 与各位置差异显著，但 A 与 C 无显著差异；6 月 CK 叶片长度达到 2.21cm，比 A、B、C 分别增加了 38.13%、10.50% 及 28.49%，最大值 CK 显著高于 A，与 B、C 差异较显著，最小值 A 与 C 差异较显著。7 月和 8 月叶片长度最大值为 C，分别达到 2.37cm 和 2.57cm，最小值为 CK，分别为 1.85cm 和 1.05cm，具体表现为 C>B>A>CK，7 月 A、B、C 叶片长度分别较 CK 增加了 1.62%、23.78% 及 28.11%，CK 和 A 显著低于 B 和 C，8 月 A、B、C 叶片长度分别较 CK 增加了 55.24%、85.71% 及 144.76%，各位置差异很大。9 月叶片长度表现为 C 最长，CK 次之，C 比 CK 增加了 33.75%，C 显著高于 A、B 及 CK。

表 3-24　光伏电板各位置沙打旺叶片长度差异　　　　　　（单位：cm）

时间	A	B	C	CK
5 月	1.46±0.07c	1.84±0.09b	1.55±0.08c	2.04±0.06a
6 月	1.60±0.10c	2.00±0.1ab	1.72±0.19bc	2.21±0.25a
7 月	1.88±0.05b	2.29±0.18a	2.37±0.31a	1.85±0.09b
8 月	1.63±0.13c	1.95±0.13b	2.57±0.23a	1.05±0.05d
9 月	1.57±0.12b	1.57±0.12b	2.14±.014a	1.60±0.06b

由表 3-25 可知，5～9 月沙打旺叶片厚度呈现一致的变化趋势，具体表现为 CK>A>B>C，CK 的叶片最厚，板下的叶片最薄，也就是说沙打旺叶片厚度随着光伏电板遮阴时间的延长而变薄，光照时间越长的位置其叶片越厚。5 月 CK 沙打旺叶片厚度比 A、B、C 分别增加了 4.55%、21.05% 及 53.33%，最小值 C 比 A、B 减小了 31.82% 及 21.05%，且 CK 显著高于 B 和 C，与 A 差异较显著。6 月 CK 沙打旺叶片厚度比 A、B、C 分别增加了 19.05%、31.58% 及 78.57%，最小值 C 比 A、B 分别减小了 33.33% 及 26.32%，且 CK 与 B、C 之间存在显著性差异，与 A 差异较显著；C 与 A 差异显著、与 B 差异较显著。7 月 CK 沙打旺叶片厚度比 A、B、C 分别增加了 10.00%、37.50% 及 57.14%，最小值 C 比 A、B 分别减小了 30.00% 及 12.50%，最大值 CK 显著高于最小值 C 及 B，与 A 差异较显著。8 月 CK 沙打

旺叶片厚度比 A、B、C 分别增加了 1.18%、66.65% 及 136.08%，最小值 C 比 A、B 分别减小了 57.14% 及 29.41%，且 CK 与 B、C 存在显著性差异。9 月 CK 沙打旺叶片厚度比 A、B、C 分别增加了 18.75%、40.74% 及 46.15%，最小值 C 比 A、B 分别减小了 18.75% 及 3.70%，且 CK 与 B、C 差异显著，与 A 差异较显著；C 与 B 无显著差异，与 A 差异较显著。从时间尺度上看，A 的沙打旺叶片厚度以 8 月为拐点，先减小后增大，B、C 的叶片厚度在 5～8 月一直是减小趋势，9 月又出现增加趋势，CK 的叶片厚度基本呈现不断增加趋势，也就是说，电板遮阴位置的沙打旺叶片在高温状态下保持较小的叶片厚度，而未遮阴区域的沙打旺一直保持较大的叶片厚度。

表 3-25　光伏电板各位置沙打旺叶片厚度差异　　　（单位：mm）

时间	A	B	C	CK
5 月	0.22±0.02ab	0.19±0.02b	0.15±0.01c	0.23±0.02a
6 月	0.21±0.03ab	0.19±0.04bc	0.14±0.03c	0.25±0.03a
7 月	0.20±0.01ab	0.16±0.03bc	0.14±0.04c	0.22±0.02a
8 月	0.28±0.03a	0.17±0.02b	0.12±0.03b	0.28±0.04a
9 月	0.32±0.05ab	0.27±0.02b	0.26±0.01b	0.38±0.06a

由表 3-26 可知，5～6 月沙打旺单叶干重表现为 CK>B>A>C。5 月最大值和最小值分别为 7.33mg、3.33mg，CK 比 A、B、C 的单叶干重分别增加了 46.60%、29.28% 及 120.12%，CK 与各位置差异显著，C 与各位置差异显著，A 与 B 无显著差异。6 月最大值和最小值分别为 10.33mg、4.67mg，CK 比 A、B、C 的单叶干重分别增加了 54.87%、34.68% 及 121.20%，且 CK 与 C 有显著差异，与 A、B 差异较显著。7 月 A、B、C 的单叶干重均大于 CK，但各位置无显著差异。8 月 A、B、C 的单叶干重均小于 CK，CK 最大值达到 7.00mg，但各位置无显著差异。9 月最小值为 B，其单叶干重为 3.33mg，最大值为 CK 和 C，达到 5.67mg，最大值比最小值增加了 70.27%，且 CK 和 C 显著大于 B。

表 3-26　光伏电板各位置沙打旺单叶干重差异　　　（单位：mg）

时间	A	B	C	CK
5 月	5.00±1.00b	5.67±0.58b	3.33±0.58c	7.33±0.58a
6 月	6.67±2.08ab	7.67±2.08ab	4.67±2.08b	10.33±1.16a
7 月	6.67±0.58a	6.67±1.53a	6.67±0.58a	6.00±1.00a
8 月	5.33±1.53a	5.33±0.58a	6.33±0.58a	7.00±2.00a
9 月	4.33±0.058ab	3.33±0.058b	5.67±1.53a	5.67±0.058a

通过表 3-27 可以得知，5 月沙打旺单叶面积最大值为 0.94cm^2，最小值为 0.55cm^2，呈 CK>B>A>C 变化趋势，CK 的沙打旺单叶面积分别比 A、B、C 增加

了 67.86%、17.50%、70.91%，B 比 A、C 增加了 42.86%、45.45%，A 比 C 增加了 1.82%，CK 显著高于其他位置。6 月沙打旺单叶面积最大值为 1.44cm^2，最小值为 0.79cm^2，CK 的沙打旺单叶面积较 A、B、C 分别增加了 82.28%、11.63%、83.44%，B 比 A、C 分别增加了 63.29%、64.33%，CK 显著高于 A、C，与 B 无显著差异。7 月沙打旺单叶面积最大值是 1.42cm^2，最小值为 0.89cm^2，由大到小呈 C>B>CK>A 的变化趋势，CK 的沙打旺单叶面积比 B、C 减少了 24.09%、26.76%，比 A 增加了 16.85%，CK 与 B、C 存在显著性差异。8 月沙打旺单叶面积最大值为 1.40cm^2，最小值为 0.68cm^2，具体表现为 C>B>A>CK，CK 的沙打旺单叶面积比 A、B、C 分别减少了 16.05%、24.44%、51.43%，CK 与 C 存在显著性差异。9 月沙打旺单叶面积最大值为 1.08cm^2，最小值为 0.73cm^2，具体表现为 C>CK>A>B，CK 的沙打旺单叶面积分别比 A、B 增加了 8.12%、9.59%，比 C 减少了 25.93%，CK 显著低于 C，C 与其他位置存在显著性差异。

表 3-27　光伏电板各位置沙打旺单叶面积差异　　（单位：cm^2）

时间	A	B	C	CK
5 月	0.56±0.04c	0.80±0.05b	0.55±0.05c	0.94±0.03a
6 月	0.79±0.04b	1.29±0.16a	0.79±0.12b	1.44±0.25a
7 月	0.89±0.17b	1.37±0.12a	1.42±0.18a	1.04±0.11b
8 月	0.81±0.11b	0.90±0.02b	1.40±0.22a	0.68±0.06b
9 月	0.74±0.09b	0.73±0.06b	1.08±0.07a	0.80±0.02b

　　根据表 3-28 可知，5 月沙打旺比叶面积最大值为 169.18cm^2·g^{-1}，最小值为 114.96cm^2·g^{-1}，由大到小呈 C>B>CK>A 的趋势，CK 的沙打旺比叶面积分别比 B、C 减少了 8.50%、23.51%，较 A 增加了 12.57%，C 较 A、B 分别增加了 47.16%及 19.62%，CK 与 A、C 存在较显著差异。6 月沙打旺比叶面积最大值为 188.45cm^2·g^{-1}，最小值为 125.67cm^2·g^{-1}，具体表现为 C>B>CK>A，CK 的沙打旺比叶面积分别比 B、C 减少了 19.75%、26.31%，比 A 增加了 10.50%，C 较 A、B 分别增加了 49.96%、8.91%。7 月沙打旺比叶面积最大值为 213.54cm^2·g^{-1}，最小值为 133.20cm^2·g^{-1}，呈 C>B>CK>A 变化规律，CK 的沙打旺比叶面积分别比 B、C 减少了 17.61%、18.39%，较 A 增加了 30.83%，CK 与 A、B、C 差异较显著。8 月沙打旺比叶面积最大值为 220.24cm^2·g^{-1}，最小值为 102.14cm^2·g^{-1}，由大到小为 C>B>A>CK；CK 的沙打旺比叶面积较 A、B、C 分别减少了 34.93%、39.92%、53.62%，CK 以及 C 与各位置存在显著性差异。9 月沙打旺比叶面积最大值为 221.32cm^2·g^{-1}，最小值为 143.07cm^2·g^{-1}，具体表现为 B>C>A>CK，CK 的沙打旺比叶面积分别比 A、B、C 减少了 17.87%、35.36%及 28.98%。

表 3-28 光伏电板各位置沙打旺比叶面积差异 （单位：$cm^2 \cdot g^{-1}$）

时间	A	B	C	CK
5 月	114.96±22.57b	141.43±12.42ab	169.18±31.26a	129.41±15.59ab
6 月	125.67±31.13a	173.03±24.67a	188.45±80.29a	138.86±10.048a
7 月	133.20±15.58b	211.52±45.04a	213.54±16.37a	174.27±11.91ab
8 月	156.96±23.19b	170.01±19.68b	220.24±23.31a	102.14±27.30c
9 月	174.20±41.05a	221.32±32.96a	201.46±58.63a	143.07±17.97a

3.3.3.3 生长季沙打旺地上生物量

由表 3-29 可知，沙打旺地上生物量鲜重 A>C>B>CK，也就是说光伏电板各遮阴位置的沙打旺地上生物量鲜重均大于未遮阴区域，最大值与最小值分别为 $116.00g \cdot cm^{-2}$、$27.51g \cdot cm^{-2}$，最大值 A 的地上生物量鲜重分别比其他位置增加了 124.89%、75.49%及 321.66%，最小值 CK 分别比 B、C 减少了 46.67%、58.38%，且最大值 A 显著高于 B、C、CK；最小值 CK 显著低于 A 和 C，与 B 有较显著差异。地上生物量干重 A>C>B>CK，最大值与最小值分别为 $36.58g \cdot cm^{-2}$、$7.48g \cdot cm^{-2}$，最大值 A 的地上生物量干重分别比其他位置增加了 130.35%、98.37%及 389.04%，最小值 CK 分别比 B、C 减少了 52.90%、59.44%，且最大值 A 显著高于其他位置，但 B、C、CK 之间并无显著差异。各位置地上生物量的干鲜比表现为 A>B>C>CK，最小值 CK 为 27.18%，分别比 A、B、C 减小了 13.33%、11.75%及 2.65%，A、B 干鲜比显著大于 C 与 CK。

表 3-29 光伏电板各位置沙打旺地上生物量鲜重、干重及干鲜比差异

电板位置	地上生物量鲜重/（$g \cdot cm^{-2}$）	地上生物量干重/（$g \cdot cm^{-2}$）	干鲜比/%
A	116.00±34.54a	36.58±11.72a	31.36±10.24a
B	51.58±3.87bc	15.88±1.02b	30.80±0.56a
C	66.10±7.68b	18.44±1.98b	27.92±0.41b
CK	27.51±2.87c	7.48±0.81b	27.18±0.31b

注：同列不同小写字母表示光伏电板不同位置之间差异显著（$P<0.05$）。

3.3.4 光伏电板对沙打旺生理特征的影响

3.3.4.1 沙打旺叶片光合色素响应特征

由图 3-40 可知，5～9 月沙打旺叶绿素 a 在 A、B、C 的含量均大于 CK，也就是说，光伏电板的遮阴使得沙打旺叶绿素 a 含量有所增加，具体各月发展趋势如下。5 月 A>B>C>CK，最大值和最小值分别为 $0.95mg \cdot g^{-1}$、$0.81mg \cdot g^{-1}$，A、B、C 叶绿素 a 含量分别较 CK 增加了 16.97%、11.37%、5.39%，其中 A 增幅最大，

但各位置无显著差异，也就是说，光伏电板遮阴在此时对各位置沙打旺叶绿素 a 没有明显影响。6 月 C>B>A>CK，最大值和最小值分别为 1.12mg·g^{-1} 和 0.66mg·g^{-1}，A、B、C 叶绿素 a 含量分别比 CK 增加了 23.30%、60.41%及 70.51%，其中增幅最大的为遮阴时间最长的 C，B 与 C 显著高于 CK。7 月 C>A>B>CK，最大值和最小值分别为 1.17mg·g^{-1} 和 0.87mg·g^{-1}，A、B、C 的叶绿素 a 含量分别比 CK 增加了 26.13%、12.97%及 34.52%，遮阴时间最长的 C 比 A 和 B 含量分别增加了 6.65%、19.08%，且 A、C 与 CK 存在显著性差异，B 与 CK 差异较显著。8 月 C>B>A>CK，最大值和最小值分别为 1.37mg·g^{-1} 和 0.88mg·g^{-1}，A、B、C 叶绿素 a 含量分别比 CK 增加了 45.38%、54.99%、56.09%，CK 显著低于其他位置。9 月 C>B>A>CK，最大值和最小值分别为 1.29mg·g^{-1} 和 0.83mg·g^{-1}，A、B、C 叶绿素 a 含量分别比 CK 增加了 20.74%、44.14%、55.59%，CK 显著低于 B、C。总体来说，5~9 月沙打旺叶绿素 a 含量变化趋势一致表现为光伏电板遮阴位置大于未遮阴 CK 处，说明遮阴有利于沙打旺叶绿素 a 的积累，且叶绿素 a 含量在 8 月达到顶峰之后开始下降。

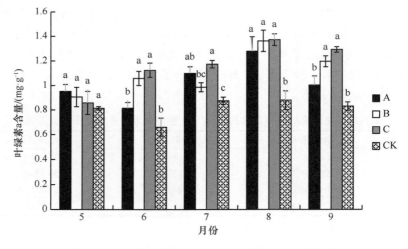

图 3-40　光伏电板各位置沙打旺叶绿素 a 含量差异

根据图 3-41 得知，5~9 月沙打旺叶绿素 b 含量的最小值是在未遮阴 CK 处，具体各月发展趋势如下。5 月 B>A>C>CK，最大值和最小值分别为 0.20mg·g^{-1}、0.16mg·g^{-1}，CK 叶绿素 b 含量分别比 A、B、C 减少了 14.83%、17.78%、13.79%，其中 B 增幅最大，但各位置无显著差异。6 月 C>B>A>CK，最大值和最小值分别为 0.29mg·g^{-1} 和 0.15mg·g^{-1}，CK 叶绿素 b 含量分别比 A、B、C 减少了 26.53%、40.62%及 47.79%，其中增幅最大的为遮阴时间最长的 C，CK 显著低于 B 和 C，与 A 差异较显著。7 月 C>A>B>CK，最大值和最小值分别为 0.34mg·g^{-1}、0.23mg·g^{-1}，

CK 叶绿素 b 含量分别比 A、B、C 减少了 18.17%、13.20%、32.61%，遮阴时间最长的 C 较 A 和 B 分别增加了 21.44%、28.79%，且 CK 与 C 存在显著性差异，与 A、B 差异较显著。8 月 C>A>B>CK，最大值和最小值分别为 0.35mg·g^{-1}、0.16mg·g^{-1}，CK 叶绿素 b 含量分别比 A、B、C 减少了 48.63%、47.39%及 53.48%，CK 显著低于其他位置。9 月表现为 C>B>A>CK，最大值为 0.32mg·g^{-1}，最小值为 0.15mg·g^{-1}，CK 叶绿素 b 含量分别比 A、B、C 减少了 36.46%、45.68%及 53.92%，CK 显著低于其他各位置，C 显著高于 A 且与 B 差异较显著。总体来说，5~9 月沙打旺叶绿素 b 含量变化趋势一致表现为光伏电板遮阴位置大于未遮阴 CK 处，说明遮阴有利于沙打旺叶绿素 b 的积累，且叶绿素 b 含量在 8 月达到顶峰之后开始下降。

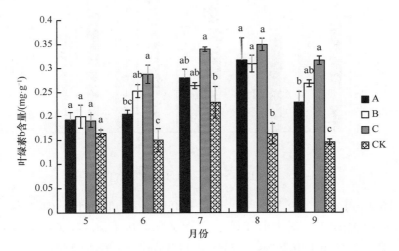

图 3-41　光伏电板各位置沙打旺叶绿素 b 含量差异

由图 3-42 可知，5~9 月 A、B、C 沙打旺总叶绿素含量均大于未遮阴 CK，具体各月发展趋势如下。5 月 A>B>C>CK，最大值和最小值分别为 1.14mg·g^{-1} 和 0.98mg·g^{-1}，CK 总叶绿素含量分别比 A、B、C 减少了 14.56%、11.57%、6.69%，其中，A 增幅最大，但各位置无显著差异。6 月 C>B>A>CK，最大值和最小值分别为 1.41mg·g^{-1}、0.81mg·g^{-1}，CK 总叶绿素含量分别比 A、B、C 减少了 20.43%、38.23%及 42.66%，其中，增幅最大的为遮阴时间最长的 C，CK 显著低于 B 和 C，与 A 差异较显著。7 月 C>A>B>CK，最大值和最小值分别为 1.72mg·g^{-1}、1.04mg·g^{-1}，CK 总叶绿素含量分别比 A、B、C 减少了 20.20%、11.85%、27.22%，遮阴时间最长的 C 比 A、B 分别增加了 9.65%、21.13%，且 CK 与 A、C 存在显著性差异，与 B 差异较显著。8 月 C>B>A>CK，最大值和最小值分别为 1.72mg·g^{-1} 和 1.04mg·g^{-1}，CK 总叶绿素含量分别比 A、B、C 减少了 34.68%、37.68%及 39.50%，

CK 显著低于其他位置。9 月 C>B>A>CK，最大值和最小值分别为 1.61mg·g^{-1} 和 0.97mg·g^{-1}，CK 总叶绿素含量分别比 A、B、C 减少了 20.77%、33.38% 及 39.31%，CK 显著低于其他各位置，C 显著高于 A、与 B 差异较显著。总体来说，5～9 月沙打旺总叶绿素含量变化趋势一致表现为光伏电板遮阴位置大于未遮阴的对照处，说明遮阴有利于沙打旺总叶绿素的积累，且总叶绿素含量在 8 月达到顶峰之后开始下降。

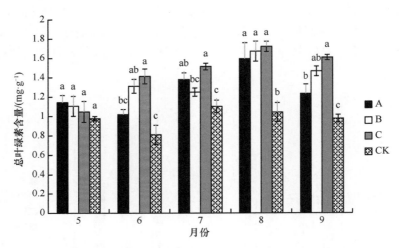

图 3-42　光伏电板各位置沙打旺总叶绿素含量差异

由图 3-43 可知，5～9 月 A、B、C 沙打旺叶绿素 a/b 均小于 CK，具体表现如下。5 月 CK>A>B>C，最大值和最小值分别为 4.98 和 4.47，CK 叶绿素 a/b 分别比 A、B、C 增加了 0.20%、7.73% 及 11.38%，其中 C 降幅最大，但各位置无显著差异。6 月 CK>B>A>C，最大值和最小值分别为 4.49 和 3.93，CK 叶绿素 a/b 分别比 A、B、C 增加了 12.63%、7.19% 及 14.24%，其中降幅最大的为遮阴时间最长的 C，但各位置无显著差异。7 月 CK>A>B>C，最大值和最小值分别为 4.01 和 3.45，CK 叶绿素 a/b 分别比 A、B、C 增加了 1.38%、7.37% 及 16.10%，遮阴时间最长的 C 分别比 A 和 B 降低了 12.68%、7.52%，但各位置无显著差异。8 月 CK>B>A>C，最大值和最小值分别为 5.49 和 3.93，CK 叶绿素 a/b 分别比 A、B、C 增加了 32.87%、24.77% 及 39.53%，CK 显著高于其他位置。9 月 CK>B>A>C，最大值和最小值分别为 5.70 和 4.09，CK 叶绿素 a/b 分别比 A、B、C 增加了 29.48%、27.80% 及 39.25%，CK 显著高于 A、B、C。总体来说，5～9 月沙打旺叶绿素 a/b 变化趋势一致表现为光伏电板遮阴位置小于未遮阴 CK 处，说明光伏电板遮阴迫使沙打旺通过降低叶绿素 a/b 来捕获更多的光量子，从而适应低光环境。

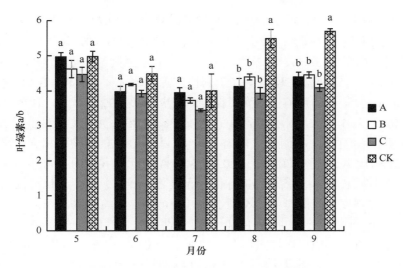

图 3-43 光伏电板各位置沙打旺叶绿素 a/b 差异

3.3.4.2 沙打旺叶片渗透物质变化特征

由图 3-44 可知，5～9 月沙打旺叶片可溶性糖含量最大值为 CK，且都表现为 CK>A>B>C。5 月最大值为 2.03%，最小值 C 的可溶性糖含量比 CK 减少了 71.10%，分别比 A、B 减少了 60.23%、21.14%；B 比 A、CK 分别减少了 49.56%、63.35%，A 比 CK 减少了 27.35%，各位置无显著差异。6 月最大值为 4.17%；最小值 C 的可溶性糖含量比 CK 减少了 36.86%，比 A、B 分别减少了 10.09%、9.43%；B 比

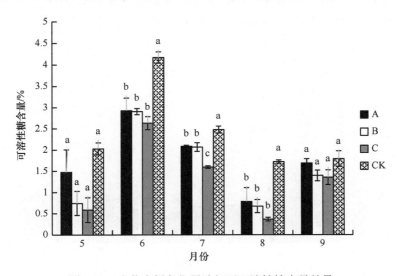

图 3-44 光伏电板各位置沙打旺可溶性糖含量差异

A、CK 分别减少了 0.73%、30.28%；A 比 CK 减少了 29.77%；CK 显著高于其他位置。7 月最大值为 2.48%；最小值 C 的可溶性糖含量比 CK 减少了 35.64%，比 A、B 分别减少了 23.66%、22.91%；B 比 A、CK 分别减少了 0.97%、16.51%；A 比 CK 减少了 15.69%，CK 显著高于其他位置，C 显著小于 A、B。8 月最大值为 1.72%；最小值 C 的可溶性糖含量比 CK 减少了 78.89%，比 A、B 分别减少了 53.94%、46.09%；B 比 A、CK 分别减少了 14.56%、60.85%；A 比 CK 减少了 54.18%，CK 显著高于其他位置。9 月最大值为 1.79%；最小值 C 的可溶性糖含量比 CK 减少了 24.57%，比 A、B 分别减少了 20.03%、3.18%；B 比 A、CK 分别减少了 17.41%、22.10%；A 比 CK 减少了 5.68%，各位置无显著差异。总之，光伏电板的遮阴效应降低了光照强度与光照时间，不利于沙打旺可溶性糖的积累。

由图 3-45 可知，5～9 月沙打旺叶片可溶性蛋白含量最小值为 CK。5 月最大值为 B，比最小值 CK 的可溶性蛋白含量增加了 15.01%，比 A、C 分别增加了 3.93%、0.51%；C 比 A、CK 分别增加了 3.41%、14.43%；A 比 CK 增加了 10.66%；CK 显著低于 B、C，与 A 差异较显著。6 月最大值为 C，可溶性蛋白含量达到 13.63mg·g^{-1}，比最小值 CK 增加了 18.63%，比 A、B 分别增加了 4.11%、1.55%；B 比 A、CK 分别增加了 2.53%、16.83%；A 比 CK 增加了 13.95%，各位置无显著差异。7 月最大值为 A，比最小值 CK 的可溶性蛋白含量增加了 57.02%，比 B、C 分别增加了 25.15%、34.95%；B 比 C、CK 分别增加了 7.83%、25.46%；C 比 CK 增加了 16.35%；CK 显著低于 A，与 B、C 差异较显著。8 月最大值为 A，达到 18.17mg·g^{-1}，比最小值 CK 的可溶性蛋白含量增加了 98.01%，比 B、C 分别增加了 32.23%、35.50%；B 比 C、CK 分别增加了 2.48%、49.75%；C 比 CK 增加了 46.13%；CK 显著低于 A，与 B、C 差异较显著。9 月最大值为 A，可溶性蛋

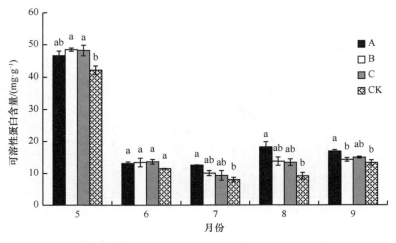

图 3-45 光伏电板各位置沙打旺可溶性蛋白含量差异

白含量达到 16.88mg/g，比最小值 CK 增加了 26.87%，比 B、C 分别增加了 18.26%、12.84%；C 比 B、CK 分别增加了 4.80%、12.43%；B 比 CK 增加了 7.28%；CK 显著低于 A，与 C 差异较显著。总之，光伏电板的遮阴效应有利于沙打旺可溶性蛋白的积累，对其细胞的持水能力有一定的提高作用。

3.3.4.3　沙打旺叶片丙二醛（MDA）含量变化

由图 3-46 可知，5 月各位置沙打旺叶片 MDA 含量 B>CK>A>C，最大值和最小值分别为 4.06nmol·g^{-1}、2.70nmol·g^{-1}；CK 比最大值减少了 15.55%，比 A、C 分别增加了 25.60%、26.92%；B 比 A、C 分别增加了 48.72%、50.28%；各位置 MDA 含量并无显著差异，说明光伏电板对沙打旺 MDA 含量没有形成明显不利影响。6 月各位置沙打旺 MDA 含量 C>A>B>CK，最大值和最小值分别为 16.62nmol·g^{-1}、5.08nmol·g^{-1}；CK 比 A、B、C 分别减少了 29.74%、15.47%、69.45%；A、B 分别比 C 减少了 56.52%、63.82%；C 的 MDA 含量明显高于其他位置，而 A、B、CK 之间无显著差异，此时 C 处受到了光伏电板的显著影响。7 月各位置沙打旺 MDA 含量 C>A>B>CK，最大值和最小值分别为 15.19nmol·g^{-1}、7.51nmol·g^{-1}，CK 比 A、B、C 分别减少了 33.65%、23.29%及 50.59%，A、B 分别比 C 减少了 25.54%、35.59%，但是各位置 MDA 含量并无显著差异。8 月各位置沙打旺 MDA 含量 C>B>A>CK，最大值和最小值分别为 17.88nmol·g^{-1}、5.21nmol·g^{-1}，CK 比 A、B、C 分别减少了 4.08%、49.50%、70.85%；A、B 分别比 C 减少了 69.61%、42.28%；C 的 MDA 含量明显高于其他位置，而 A、B、CK

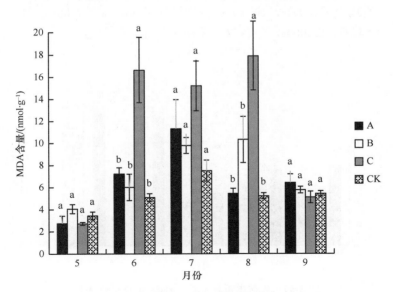

图 3-46　光伏电板各位置沙打旺 MDA 含量

之间无显著差异。9 月各位置沙打旺 MDA 含量 A>B>CK>C，最大值和最小值分别为 6.43nmol·g$^-$、5.09nmol·g^{-1}，CK 比 A、B 分别减少了 15.67%、5.91%，比 C 增加了 6.35%；A、B 分别比 C 增加了 26.11%、13.03%，各位置 MDA 含量并无显著差异。总之，光伏电板不同位置对沙打旺 MDA 含量无影响，也就是说，在光伏电板周边种植沙打旺不会对其细胞造成危害。

3.3.4.4 沙打旺叶片保护酶系统变化特征

由图 3-47 可知，5 月各位置沙打旺叶片 SOD 活性 A>B>CK>C，最大值和最小值分别为 78.53U·g^{-1} FW、43.59U·g^{-1} FW，A、B 分别比 CK 增加了 40.77%、1.89%；C 比 A、B、CK 分别减少了 44.49%、23.32% 及 21.86%；CK 较显著低于 A；C 显著低于 A。6 月各位置沙打旺 SOD 活性 A>B>C>CK，最大值和最小值分别为 74.26U·g^{-1} FW、39.60U·g^{-1} FW，A、B、C 分别比 CK 增加了 87.53%、39.49% 及 38.53%；C 比 A、B 分别减少了 26.13%、0.69%；CK 显著低于 A，与 B、C 差异较显著。7 月各位置沙打旺 SOD 活性 A>CK>B>C，最大值和最小值分别为 51.28U·g^{-1} FW、33.25U·g^{-1} FW；CK 比 A 减少了 17.17%，比 B、C 分别增加了 11.20%、27.75%；A 比 B、C 分别增加了 34.25%、54.22%，各位置并无差异。8 月各位置沙打旺 SOD 活性 B>A>CK>C，最大值和最小值分别为 136.69U·g^{-1} FW、89.00U·g^{-1} FW；CK 分别比 A、B 减少了 23.16%、25.87%，比 C 增加了 13.86%；C 比 A、B 分别减少了 32.51%、34.89%；CK 显著低于 A、B。9 月各位置沙打旺 SOD 活性 B>CK>A>C，最大值和最小值分别为 143.76U·g^{-1} FW、116.88U·g^{-1} FW；CK 比最大值减少了 5.04%，比 A、C 分别增加了 4.85%、16.80%；B 比 A、C 分别增加了 10.42%、23.00%，但各位置无显著差异。

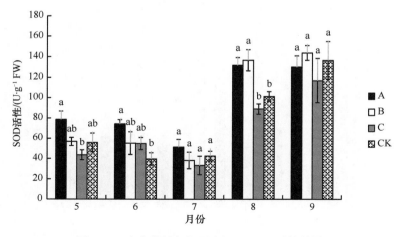

图 3-47 光伏电板各位置沙打旺 SOD 活性差异

由图 3-48 可知，5 月各位置沙打旺叶片 POD 活性 B>CK>C>A，最大值和最小值分别为 20 415.33U·g^{-1}·min^{-1}、11 390.00U·g^{-1}·min^{-1}；CK 比最大值减少了 3.97%，比 A、C 分别增加了 72.12%、17.96%；B 比 A、C 分别增加了 79.24%、22.85%；各位置无显著差异。6 月各位置沙打旺 POD 活性 C>A>B>CK，最大值和最小值分别为 37 332.67U·g^{-1}·min^{-1}、22 064.00U·g^{-1}·min^{-1}，CK 比 A、B、C 分别减少了 23.95%、6.48%、40.90%，C 比 A、B 分别增加了 28.68%、58.24%，各位置无显著差异。7 月各位置沙打旺 POD 活性 C>B>A>CK，最大值和最小值分别为 46 592.00U·g^{-1}·min^{-1}、28 290U·g^{-1}·min^{-1}，CK 比 A、B、C 分别减少了 7.09%、38.41%、39.28%；C 比 A、B 分别增加了 53.02%、1.44%；CK 显著低于 B、C。8 月各位置沙打旺 POD 活性 B>A>C>CK，最大值和最小值分别为 54 863.33U·g^{-1}·min^{-1}、28 787.33U·g^{-1}·min^{-1}；CK 比 A、B、C 分别减少了 40.92%、47.53%、33.46%；B 比 A、C 分别增加了 12.59%、26.82%；CK 显著低于 A、B，与 C 差异较显著。9 月各位置沙打旺 POD 活性 C>B>A>CK，最大值和最小值分别为 34 035.33U·g^{-1}·min^{-1}、19 451.33U·g^{-1}·min^{-1}，CK 比 A、B、C 分别减少了 27.36%、37.42%、42.85%；C 比 A、B 分别增加了 27.11%、9.51%。

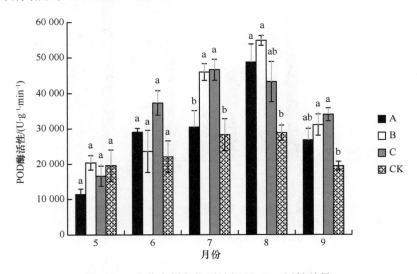

图 3-48 光伏电板各位置沙打旺 POD 活性差异

3.3.4.5 沙打旺矿质元素变化特征

由图 3-49 可知，5~9 月光伏电板不同位置沙打旺的 N 含量差异较大，但均表现为光伏电板周边大于未遮阴对照。5 月各位置 N 含量变化为 A>C>B>CK，最大值和最小值分别为 0.33%、0.16%，CK 比 A、B、C 分别减少了 50.47%、36.14%、43.62%；A 比 B、C 分别增加了 28.92%、13.83%；CK 的 N 含量显著低于其他位置。6 月各位置 N 含量变化为 B>C>A>CK，最大值和最小值分别为 3.89%、1.42%；CK 比 A、B、C 分别减少了 51.59%、63.36%、59.89%；B 比 A、C 分别增加了 32.14%、9.46%；CK 的 N 含量显著低于其他位置。7 月各位置 N 含量变化为 C>B>A>CK，最大值和最小值分别为 4.21%、0.97%；CK 比 A、B、C 分别减少了 60.51%、75.85% 及 76.92%；C 比 A、B 分别增加了 71.14%、4.64%；CK 的 N 含量显著低于其他位置，A 显著低于 B、C。8 月各位置 N 含量变化为 B>A>C>CK，最大值和最小值分别为 5.06%、3.97%；CK 比 A、B、C 分别减少了 19.66%、21.54%、10.65%；B 比 A、C 分别增加了 2.39%、13.88%，各位置无显著差异。9 月各位置 N 含量变化为 B>A>C>CK，最大值和最小值分别为 5.44%、4.27%；CK 比 A、B、C 分别减少了 11.64%、21.49% 及 10.43%；B 比 A、C 分别增加了 12.54%、14.09%；CK 的 N 含量显著低于 B，与 A、C 差异较显著。

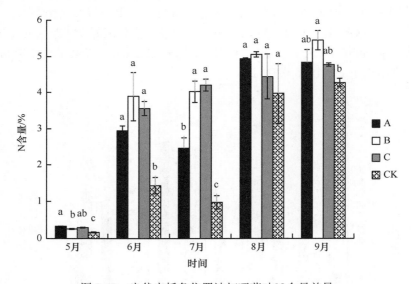

图 3-49 光伏电板各位置沙打旺茎叶 N 含量差异

由图 3-50 可知，5～9 月光伏电板不同位置沙打旺的 P 含量差异较大。5 月各位置 P 含量变化为 A>C>B>CK，最大值和最小值分别为 0.11%、0.05%；CK 比 A、B、C 分别减少了 52.13%、33.64%、35.13%；A 比 B、C 分别增加了 38.63%、35.53%；CK 的 P 含量显著低于其他位置；A 显著高于 B、C、CK。6 月各位置 P 含量变化为 B>CK>A>C，最大值和最小值分别为 0.12%、0.08%；CK 比 B 减少了 16.84%，比 A、C 分别增加了 25.40%、31.26%；B 比 A、C 分别增加了 50.80%、57.84%；CK 的 P 含量与其他位置差异较显著；B 显著高于 A、C。7 月各位置 P 含量变化为 C>B>CK>A，最大值和最小值分别为 0.16%、0.07%；CK 比 B、C 分别减少了 27.60%、52.70%，比 A 增加了 2.88%；A 比 B、C 分别减少了 29.63%、54.03%；

CK 的 P 含量与其他位置差异较显著；C 显著高于 A、B。8 月各位置 P 含量变化为 C>CK>A>B，最大值和最小值分别为 0.19%、0.13%；CK 比 C 减少了 28.24%，比 A、B 增加了 4.43%、5.98%；C 比 A、B 分别增加了 45.53%、47.68%；CK 的 P 含量与其他位置差异较显著；C 显著高于 A、B。9 月各位置 P 含量变化为 C>B>CK>A，最大值和最小值分别为 0.23%、0.16%；CK 比 B、C 分别减少了 19.01%、24.74%，比 A 增加了 5.37%；B、C 比 A 分别增加了 30.11%、40.00%；CK 的 P 含量与其他位置差异较显著，A 显著低于 B、C。

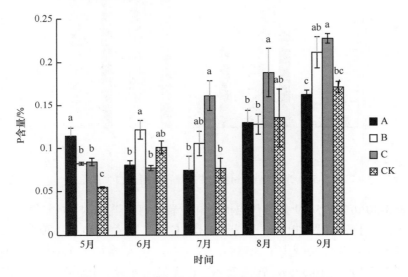

图 3-50　光伏电板各位置沙打旺茎叶 P 含量差异

如图 3-51 可知，5～9 月光伏电板各位置沙打旺茎叶粗蛋白（CP）含量差异较大，但均表现为光伏电板周边大于未遮阴对照，具体如下。5 月各位置 CP 含量 A>C>B>CK，最大值和最小值分别为 2.08%、1.03%；CK 比 A、B、C 分别减少了 50.47%、36.14%、43.62%；A 较 B、C 分别增加了 28.92%、13.83%；CK 的 CP 含量显著低于其他位置；A 显著高于 B。6 月各位置 CP 含量 B>C>A>CK，最大值和最小值分别为 24.31%、8.19%；CK 比 A、B、C 分别减少了 51.59%、63.36%、59.89%；B 比 A、C 分别增加了 32.14%、9.46%；CK 的 CP 含量显著低于其他位置。7 月各位置 CP 含量 C>B>A>CK，最大值和最小值分别为 26.29%、6.07%；CK 比 A、B、C 分别减少了 60.51%、75.85%、76.92%；C 比 A、B 分别增加了 71.14%、4.64%；CK 的 CP 含量显著低于其他位置，A 显著低于 B、C。8 月各位置 CP 含量 B>A>C>CK，最大值和最小值分别为 31.60%、24.79%；CK 比 A、B、C 分别减少了 19.66%、21.54%、10.65%；B 较 A、C 分别增加了 2.39%、13.88%。9 月各位置 CP 含量从大到小依次为 B、A、C、CK，最大值和最小值分别为 34.02%、

26.71%；CK 比 A、B、C 分别减少了 11.64%、21.49%、10.43%；B 比 A、C 分别增加了 12.54%、14.09%；CK 的 CP 含量显著低于 B，与 A、C 差异较显著。

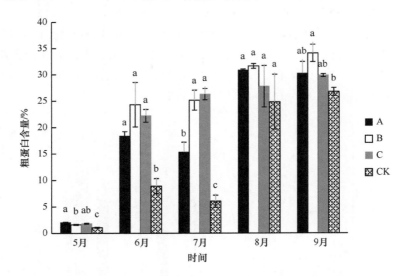

图 3-51　光伏电板各位置沙打旺茎叶粗蛋白含量差异

由表 3-30 可知，5～9 月光伏电板不同位置沙打旺茎叶 N∶P 差异较大，具体表现如下。5 月各位置茎叶 N∶P 为 C>B>CK>A，最大值和最小值分别为 3.48、2.98；CK 比 B、C 分别减少了 3.81%、12.93%，较 A 增加了 1.68%；A 比 B、C 分别减少了 5.40%、14.37%，各位置 N∶P 无显著差异，此时各位置沙打旺生长发育受到了 N 的限制。6 月各位置 N∶P 变化为 C>A>B>CK，最大值和最小值分别为 46.49、14.23；CK 比 A、B、C 分别减少了 61.29%、55.08%、69.39%；A、B 比 C 分别减少了 20.93%、31.86%；CK 的 N∶P 显著低于其他位置，C 显著高于 B，与 A 差异较显著。7 月各位置 N∶P 呈 B>A>C>CK 的规律，最大值和最小值分别为 40.46、14.08，CK 比 A、B、C 分别减少了 64.68%、65.20%、47.48%，A、C 比 B 分别减少了 1.48%、33.74%。8 月各位置 N∶P 变化为 B>A>CK>C，最大值和最小值分别为 39.99、23.90；CK 比 A、B 分别减少了 26.41%、28.78%，

表 3-30　光伏电板各位置沙打旺茎叶 N∶P 变化

时间	A	B	C	CK
5 月	2.98±0.25a	3.15±0.23a	3.48±0.06a	3.03±0.27a
6 月	36.76±0.91ab	31.68±4.52b	46.49±3.36a	14.23±2.38c
7 月	39.86±10.92a	40.46±6.08a	26.81±2.17a	14.08±4.20a
8 月	38.70±2.45a	39.99±1.71a	23.90±3.36b	28.48±3.29ab
9 月	29.83±2.22a	26.64±3.59a	21.03±0.62a	25.16±1.60a

注：同行不同小写字母表示光伏电板不同位置之间差异显著（$P<0.05$）。

比 C 增加了 19.16%；C 比 A、B 分别减少了 38.24%、40.24%；CK 的 N∶P 与其他位置差异较显著，C 显著低于 A、B。9 月各位置 N∶P 呈 A>B>CK>C 的趋势，最大值与最小值分别为 29.83、21.03；CK 比 A、B 分别减少了 15.64%、5.56%，较 C 增加了 19.64%；C 比 A、B 分别减少了 29.50%、21.06%，各位置 N∶P 无差异。

3.3.5　光伏电板干扰下沙打旺生长适应性分析

3.3.5.1　生长形态的相关性分析

由表 3-31 可知，光伏电板不同位置的遮阴时间与沙打旺的各生长形态指标之间有一定的规律可循，叶片长度（X_2）、比叶面积（X_6）分别与遮阴时间（Y）呈极显著正相关，也就是说遮阴时间越长，沙打旺叶片长度、比叶面积越大，这个结论与上述叶片长度、比叶面积在板下 C 显著大于其他位置的试验结果一致；而叶片厚度（X_3）与遮阴时间（Y）呈极显著负相关，也就是说沙打旺叶片厚度随着遮阴时间的延长而减小；单叶干重（X_4）与遮阴时间（Y）呈显著负相关；株高（X_1）与遮阴时间（Y）呈显著正相关，株高（X_1）与叶片厚度（X_3）及单叶干重（X_4）呈极显著负相关，但与生物量鲜重（X_7）呈显著正相关；叶片长度（X_2）与单叶面积（X_5）、比叶面积（X_6）均呈极显著正相关，说明不同位置沙打旺叶片长度显著影响着其叶面积与比叶面积，但与叶片厚度（X_3）呈极显著负相关；叶片厚度（X_3）与单叶干重（X_4）呈显著正相关，叶片厚度（X_3）和单叶干重（X_4）均与比叶面积（X_6）呈极显著负相关，说明沙打旺叶片变薄变轻是其比叶面积增加的必然结果，这将利于沙打旺增强对遮阴环境的适应能力；但实际上，叶片的这种变薄变大的趋势并不利于生物量鲜重的积累，但是遮阴效应促进了沙打旺茎秆的纵向发展，从而在一定程度弥补了叶片对生物量鲜重积累带来的消极影响。

表 3-31　遮阴时间与各生长指标间的相关性

	Y	X_1	X_2	X_3	X_4	X_5	X_6	X_7
Y	1							
X_1	0.599*	1						
X_2	0.832**	0.401	1					
X_3	−0.953**	−0.746**	−0.827*	1				
X_4	−0.641*	−0.829**	−0.290	0.692*	1			
X_5	0.562	−0.073	0.866**	−0.499	0.195	1		
X_6	0.927**	0.570	0.931**	0.914**	−0.584*	0.668*	1	
X_7	−0.054	0.613*	−0.322	−0.106	−0.563	−0.679*	−0.098	1

注：Y 为光伏电板遮阴时间；X_1 为株高；X_2 为叶片长度；X_3 为叶片厚度；X_4 为单叶干重；X_5 为单叶面积；X_6 为比叶面积；X_7 为生物量鲜重。
*在 0.05 水平（双侧）上显著相关，**在 0.01 水平（双侧）上显著相关。

3.3.5.2 生理指标的相关性分析

由表 3-32 可知,叶绿素 a（Chl a,X_1）、叶绿素 b（Chl b,X_2）、总叶绿素（Chl a+b,X_3）、MDA（X_7）、POD（X_9）、N（X_{10}）、P（X_{11}）及 CP（X_{12}）均与遮阴时间（Y）呈极显著正相关,说明光伏电板遮阴有利于沙打旺光合色素与矿质营养元素的增加,同时 POD 的协调起到了很好的保护作用,有效消除了自由基氧化物,为沙打旺创造了良好的生长环境。而叶绿素 a/b（Chl a/b,X_4）及 SS（单叶面积,X_5）均与遮阴时间呈极显著负相关,说明沙打旺是一种耐阴植物,遮阴不利于其可溶性糖含量的积累。叶绿素（X_1、X_2、X_3）与 N（X_{10}）呈极显著正相关关系,SP（比叶面积,X_6）与 N（X_{10}）呈显著正相关关系,说明遮阴后叶绿素与可溶性蛋白的增加会促使 N 含量的积累,同时 SS（X_5）与 N（X_{10}）呈极显著负相关关系,这是因为光合产物的减少对 N 有增加作用。

表 3-32　遮阴时间与各生理指标之间的相关性

	Y	X_1	X_2	X_3	X_4	X_5	X_6	X_7	X_8	X_9	X_{10}	X_{11}	X_{12}
Y	1												
X_1	0.84**	1											
X_2	0.824**	0.984**	1										
X_3	0.839**	0.999**	0.991**	1									
X_4	−0.743**	−0.894**	−0.939**	−0.908**	1								
X_5	−0.863**	−0.95**	−0.96**	−0.955**	0.910**	1							
X_6	0.313	0.654*	0.637*	0.652*	−0.733**	−0.621*	1						
X_7	0.741**	0.773**	0.836**	0.791**	−0.751**	−0.803**	0.281	1					
X_8	−0.277	0.042	−0.056	0.017	0.176	0.067	0.275	−0.345	1				
X_9	0.779**	0.735**	0.704*	0.729**	−0.676*	−0.727**	0.538	0.59*	0.038	1			
X_{10}	0.747**	0.829**	0.786**	0.820**	−0.72**	−0.752**	0.598*	0.49	0.24	0.840**	1		
X_{11}	0.851**	0.805**	0.816**	0.810**	−0.669**	−0.760**	0.2	0.785**	−0.273	0.62*	0.716**	1	
X_{12}	0.747**	0.829**	0.786**	0.820**	−0.72**	−0.752**	0.598*	0.49	0.24	0.840**	1**	0.716**	1

注:Y 为光伏电板遮阴时间;X_1 为 Chl a;X_2 为 Chl b;X_3 为 Chl a+b;X_4 为 Chl a/b;X_5 为 SS;X_6 为 SP;X_7 为 MDA,X_8 为 SOD;X_9 为 POD;X_{10} 为 N;X_{11} 为 P,X_{12} 为 CP。

*在 0.05 水平（双侧）上显著相关,**在 0.01 水平（双侧）上显著相关。

3.3.5.3 沙打旺隶属函数综合分析

隶属函数分析法是一种常用的针对植物耐性的研究方法,本研究参照原慧芳（2014）的隶属函数计算法对试验所测定的各指标进行计算,并以平均数作为平均隶属度,计算公式如下:

$$U_{(Xi)} = (X_i - X_{min})/(X_{max} - X_{min})$$

式中，$U_{(Xi)}$ 为隶属函数值；X_i 为指标测定值；X_{min} 为测定指标的最小值；X_{max} 为测定指标的最大值；$i = 1, 2, 3\cdots n$。

由表 3-33 可知，沙打旺在光伏电板不同位置的平均隶属度在板前沿 A 为 0.505、板后沿 B 为 0.497、板下 C 为 0.502、对照 CK 为 0.495，所以综合分析得出沙打旺耐性强弱顺序为板前沿 A>板下 C>板后沿 B>对照 CK，说明光伏电板干扰整体对沙打旺的生长发育起到的是促进作用。

表 3-33　光伏电板干扰下沙打旺总体隶属函数分析

	A	B	C	CK
PH	0.538	0.519	0.515	0.465
LL	0.505	0.402	0.605	0.507
LT	0.550	0.407	0.400	0.414
LDW	0.472	0.461	0.461	0.533
LA	0.538	0.455	0.515	0.525
SLA	0.519	0.597	0.460	0.476
Chl a	0.499	0.507	0.487	0.454
Chl b	0.553	0.500	0.467	0.473
Chl a+b	0.511	0.507	0.513	0.462
Chl a/b	0.479	0.470	0.583	0.492
SS	0.479	0.546	0.469	0.591
SP	0.437	0.556	0.564	0.551
MDA	0.553	0.580	0.444	0.512
SOD	0.549	0.480	0.574	0.517
POD	0.410	0.448	0.419	0.457
N	0.472	0.487	0.563	0.570
P	0.503	0.519	0.502	0.424
平均隶属度	0.505	0.497	0.502	0.495
耐性排序	1	3	2	4

注：PH 为株高，LL 为叶片长度，LT 为叶片厚度，LDW 为单叶干重，LA 为单叶面积，SLA 为比叶面积。

4 光伏电站对土壤性质的作用

4.1 光伏电站对土壤粒度特征的影响

4.1.1 光伏电站土壤粒度特征研究

4.1.1.1 研究方法

在独贵塔拉镇亿利公司光伏三区西北角无人工干扰光伏电板区域，光伏电站主风向为西北风，为了了解不同方向的风进入光伏电站时对表层土壤粒度的影响，将研究方向分为三个，即迎风方向（东南向西北方向）、背风方向（西南向东北方向）及南北方向。在光伏电板阵列中选择 120m×90m 的样地，电板间隔纵向相间 9m，共计 11 排，每排 6 块光伏电板；以附近无光伏电板区域同样大小的裸沙区为对照区。在光伏电板下以 20m 为间隔，自东向西取 6 个样点，每个样点采集 3 个重复样，共 66 个样点；以两排电板间隔中点作为板间采样点，采样点布置与板下样点布设相同，样地共设 198 个样点。所选样地间距离近，且所有采样点均以五点采样法取土。将采好的土样放入已标记好的自封袋中，带回实验室进行室内试验。

样区位于库布齐沙漠中部、内蒙古鄂尔多斯高原北部的杭锦旗独贵塔拉工业区内，研究光伏板下 0～5cm 表层土壤。样区选取在项目三期，运行期 3a，由 20 块 9m×4m 的光伏板组成，光伏板向南倾角约 30°，东西两列各 10 块，行道宽 1.1m，板间距离 9m，由北向南依次排开，南北高差 2.1m，为便于比较，将光伏阵列区划分为西线、东线两列。光伏板四周均为裸沙，取样位置在每块光伏板下网格状排列 9 个点位，取样面积约为 10cm×10cm，用分层取土器采集表层 0～5cm 的沙粒，每个样品重量为 50～100g，共取样 180 个。粒度预处理和实测在内蒙古农业大学沙地生物资源保护与培育国家林业和草原局重点实验室完成。对样品进行风干、筛除杂质、去除有机质、脱盐处理后，土壤粒度测量选用英国莫尔文（Malvern）公司的 Mastersizer 3000 型激光粒度分析仪，适用于样本粒度相对较大或粒度分布范围极广的 HydroLV 型大容量样品池，标准范围 0.01～3500μm，精确度优于 0.6%，可重复性优于 0.5% 变量，重复性优于 1% 变量，每个样品均重复测量 3 次。测定的粒径（D）利用对数转化法将实际土壤粒径转换为有利于计算 Φ 值，见公式：

$$\Phi = -\log_2 D$$

根据上述公式计算土壤粒度特征参数，包括平均粒径（d_0）、标准偏差（σ_0）、偏度（sk）和峰态值（K_s）：

$$d_0 = \frac{1}{3}\left(\Phi_{16} + \Phi_{50} + \Phi_{84}\right)$$

$$\sigma_0 = \frac{\left(\Phi_{84} - \Phi_{16}\right)}{4} + \frac{\Phi_{95} - \Phi_5}{6.6}$$

$$sk = \frac{\Phi_{16} + \Phi_{84} - 2\Phi_{50}}{2\left(\Phi_{84} - \Phi_{16}\right)} + \frac{\Phi_5 + \Phi_{95} - 2\Phi_{50}}{2\left(\Phi_{95} - \Phi_5\right)}$$

$$K_s = \frac{\Phi_{95} - \Phi_5}{2.44\left(\Phi_{75} - \Phi_{25}\right)}$$

4.1.1.2　光伏电板下不同位置土壤粒度特征

1）光伏电站表土土壤粒度组成

由表 4-1 可知，样区光伏电板下方、两排光伏电板间及裸沙区土壤粒度组成均表现为以细沙、中沙为主（0.5～0.1mm），平均含量分别为 73.38% 和 23.86%。在所有样品中，细沙和中沙合计在 95% 以上的颗粒占样品总数的 97.71%。对沙粒进一步分析后发现，电板下方极细沙平均含量显著高于电板间与裸沙区（$P<0.05$）；电板间极细沙含量低于裸沙区，差异不显著（$P<0.05$）。细沙粒平均百分含量依次为裸沙区>板下>板间，其中光伏电板下方细沙平均含量显著高于光伏电板间细沙平均含量（$P<0.05$），裸沙区细沙平均含量高于板下与板间。中沙平均百分含量依次为板间>板下>裸沙区，其中板间中沙含量最高。板下、板间、裸沙区中沙平均百分含量彼此间差异不显著（$P>0.05$）。

表 4-1　库布齐沙漠光伏电站表土土壤粒度组成　　　　（单位：%）

样点	极细沙（50～100μm）	细沙（100～250μm）	中沙（250～500μm）
板下	2.76±1.80 b	73.38±5.25 a	23.86±6.03 a
板间	1.83±1.10 a	73.23±4.22 b	24.90±4.98 a
裸沙区	1.97±1.28 a	75.62±4.05 ab	22.41±4.92 a

注：表中小写字母表示各样地类型间颗粒含量在 $P<0.05$ 置信水平上具有显著差异。

2）光伏板下表层土壤粒级分布

由图 4-1 可以看出，样区粒级分布主要集中于细沙，且样品的细沙组分均高于 50%；中沙+粗沙砾石样品的组分集中于 25%～37.5%，且含量均未超过 50%；极细沙+粉沙黏土含量最低，含量均未超过 12.5%。

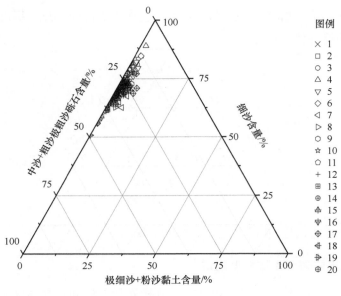

图 4-1　粒度分布三角图

从表 4-2 可以看出，不同光伏板下各样品点均不含砾石、极粗沙和黏土；粗沙含量极低，且只有 9 块板含有，集中在光伏板 13～19 号，最高含量为 0.26%；粉沙含量高于粗沙含量，分布区域较为均匀，但最大含量也仅为 4.28%。不同光伏板下各组分含量集中于细沙+中沙+极细沙，其中细沙含量占绝对优势，各点区间结果为 0.72%～89.06%；中沙含量相对较低，各点区间结果为 8.95%～48.87%；极细沙在三者之中含量最少，各点区间结果为 0.02%～4.31%。

表 4-2　不同光伏板下样品粒级分布　　　　　（单位：%）

光伏板编号	粗沙	中沙	细沙	极细沙	粉沙
1	0	17.32～29.15	0.72～80.53	0.66～2.14	0
2	0	19.62～29.09	70.61～78.06	0.28～2.31	0
3	0	16.31～32.59	66.16～81.09	0.30～2.59	0
4	0～0.06	8.95～37.51	62.39～89.06	0.02～2.11	0
5	0	14.62～23.48	75.53～83.44	0.98～3.72	0～1.75
6	0	12.99～33.31	66.26～84.74	0.23～2.26	0
7	0～0.3	24.31～33.94	62.57～75.05	0.62～2.28	0～4.28
8	0～0.05	19.25～39.14	60.68～77.26	0.16～3.48	0～1.91
9	0	22.62～32.58	66.11～72.73	0.71～2.58	0～2.05
10	0	18.31～34.01	65.73～80.27	0.17～2.19	0
11	0	23.37～30.64	68.22～75.23	0.52～2.35	0～1.78
12	0	23.81～35.53	64.12～74.51	0.34～2.65	0

续表

光伏板编号	粗沙	中沙	细沙	极细沙	粉沙
13	0～0.11	25.61～37.09	61.70～71.55	0.53～2.77	0～1.41
14	0～0.02	24.06～36.03	63.67～75.58	0.29～0.81	0
15	0～0.22	23.90～37.80	61.26～72.64	0.65～3.45	0～2.11
16	0～0.14	23.14～41.22	58.25～73.84	0.37～3.56	0～1.16
17	0～0.08	18.51～43.83	55.89～77.16	0.19～4.31	0～3.78
18	0	19.88～34.92	64.45～77.59	0.61～2.15	0
19	0～0.26	24.41～48.87	50.77～72.43	0.08～2.58	0～3.01
20	0	22.08～43.76	56.18～77.02	0.04～1.82	0

3）不同位置所需起沙势能 C-M 图解

粒度参数 C-M 图可以有效地表征地表松散物质的搬运-沉积特征，是描述沙尘暴发生地表条件的重要指标。Φ_1 是指一个样品的累计粒度分布百分数达到 1% 时所对应的粒径，表明土壤粒度粗粒组分的情况，可代表搬运的最大动能。Md 是指一个样品的累计粒度分布百分数达到 50% 时所对应的粒径，中值粒径比平均粒径更适合用于描述样品粒度的典型特征。根据表 4-3、表 4-4 所示数据，将 Φ_1 和中值粒径 Md 绘制不同光伏板下相同点位均值 C-M 散点图（图 4-2），以及不同光伏板下各点位均值 C-M 散点图（图 4-3）。Φ_1 和中值粒径越小，越靠近 C-M 散点图的左下方，越易成为沙尘暴尘源物质的提供者。

表 4-3　不同光伏板下相同点位均值 C-M　　　　（单位：μm）

参数	点位 1	点位 2	点位 3	点位 4	点位 5	点位 6	点位 7	点位 8	点位 9
C=1%	94.02	89.24	94.37	93.20	82.40	93.15	87.10	96.01	88.29
M=50%	202.38	204.17	202.87	206.74	205.43	205.82	198.92	204.95	198.69

表 4-4　不同光伏板下各点位均值 C-M　　　　（单位：μm）

光伏板编号	C=1%	M=50%	光伏板编号	C=1%	M=50%
1	96.88	197.21	11	82.95	200.98
2	99.20	199.92	12	100.83	207.91
3	97.63	198.95	13	90.95	209.15
4	100.78	192.72	14	105.48	210.77
5	86.72	187.93	15	70.82	207.87
6	101.73	203.95	16	90.16	205.01
7	73.54	204.68	17	73.59	201.62
8	93.47	208.98	18	98.04	203.55
9	81.33	203.14	19	75.79	206.83
10	100.24	205.18	20	97.15	210.21

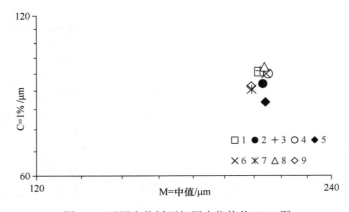

图 4-2　不同光伏板下相同点位均值 C-M 图

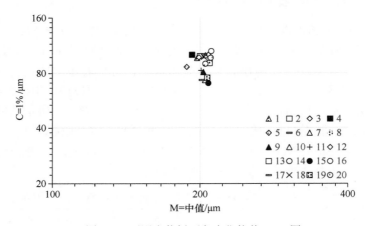

图 4-3　不同光伏板下各点位均值 C-M 图

　　如图 4-2 所示，就不同光伏板下相同点位均值 C-M 散点图而言，点位 5 最接近图形的左下方，其次为点位 7，点位 8 最接近 C-M 图的右上方；点位 3 的图上区域较点位 8 稍微靠左下，位于点位 1 的水平右侧；点位 6 和点位 4 在近水平左侧。由此可以推断，点位 5 和点位 7 表层土壤移动所需的动能相对较小，也更易成为沙尘暴的尘缘，其次为点位 9，而点位 8 则需要相对较大的动力才能使其表面发生变化。

　　从图 4-3 可以看出，不同光伏板下各点位均值差异明显，光伏板 15 最接近图形的左下方，其次为光伏板 7；光伏板 14 最接近 C-M 图的右上方；光伏板 12 的图上区域较光伏板 14 稍微靠左下，位于光伏板 18、光伏板 3、光伏板 6、光伏板 4 的水平右侧，光伏板 20 的近水平左侧。由此可以推断，光伏板 15 和光伏板 7 板下表层土壤移动所需的动能相对较小，也更易成为沙尘暴的尘缘，其次为光伏板 17，而光伏板 14 板下土壤则需要相对较大的动力才能使其表面发生变化。

4）粒度特征

通过上文所述公式计算得出各样品点平均粒径（MZ）、分选系数（Sd）、峰度（Kg），为避免地面扰动给样区全域比较带来不合理性，以相对面积较小的单个光伏板为单位，以期降低扰动因素的影响。取各光伏板下9个样品点作为一个集合，求得各项指标变异系数（表4-5），以表征各板板内的变异程度，并根据实际计算结果，结合光伏阵列实地排列情况，将全部20块光伏板分为东线、西线两组，由北向南依次排列，并编号1～10列，把西线所有值转负，以便于体现两组的突出差异，统一区间量后，进行图表的组合归一化处理，得到图4-4。

表 4-5　不同光伏板土壤表层各点位颗粒粒度参数变异系数

光伏板编号	平均粒径	分选系数	峰度	光伏板编号	平均粒径	分选系数	峰度
1	0.0237	0.0307	0.0639	11	0.0173	0.0482	0.0962
2	0.0205	0.0389	0.0792	12	0.0276	0.0482	0.0981
3	0.0253	0.0559	0.1121	13	0.0271	0.0435	0.1107
4	0.0447	0.0458	0.0953	14	0.0165	0.0431	0.0852
5	0.0168	0.0399	0.0788	15	0.0281	0.0306	0.0598
6	0.0357	0.0544	0.1072	16	0.0366	0.0472	0.0957
7	0.0161	0.0823	0.1575	17	0.0474	0.0725	0.1450
8	0.0341	0.0625	0.1253	18	0.0263	0.0182	0.0349
9	0.0203	0.0376	0.0742	19	0.0440	0.0491	0.0982
10	0.0307	0.0586	0.1196	20	0.0363	0.0511	0.1030

由图4-4可以看出，从平均粒径、分选系数、峰度三者的变异性来看，峰度的变异系数相对较大，变异程度高，95%的光伏板下数据峰度变异系数大于0.05，数值分布的陡峭性差异明显；平均粒径的变异系数最小，变异程度低，各光伏板下数据平均粒径变异系数均小于0.05，表明粒径在各粒级的分布差异性较低，集中分布在统一粒级内。分选系数的变异系数变化规律与峰度的变异系数变化规律，分东、西两线来看，极为相似：以东线为例，均为先缓慢增大、后缓慢减少、又小幅升高、再骤降骤增的过程；以西线为例，均为先增大、后减小、再增大、再减小、又增大、又减小的过程，变化频率较高。

以变异系数单一数据类型为切入点分析，平均粒径方面，东线和西线有较为相似的变化趋势，由北向南均为先增大、后减小、再增大的曲线，且东线变异系数的增幅与降幅程度较西线更为明显，东线的变异系数整体大于西线变异系数，东线变异系数的最大值和最小值与西线变异系数的最大值和最小值在空间分布上呈现以纵坐标中点位置为中心的近似中心对称图形。分选系数和峰度方面，东线变异系数和西线变异系数的极大值出现在同一列，极小值均出现在极大值列偏南方向，并以纵坐标列 8 和列 9 中点为中心，呈中心对称。

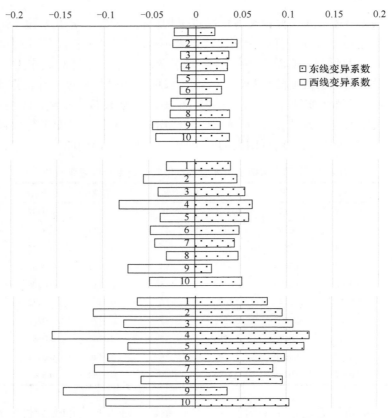

图 4-4　不同光伏板下土壤表层各点位颗粒粒度参数变异系数

5）空间分异规律

分析光伏板下各点位值分布规律：平均值的计算方面，以光伏板下 9 个点位为单位，分东、西两线，分别计算光伏板下相同点位的平均值，整合两条线上相同点位所有光伏板的值，得出 9 个点位中各个点位的平均值并进行比较；极值的计算方面，以光伏板下 9 个点位为频率点，分东、西两线，以每块光伏板为单位，比较得出极大值和极小值出现在光伏板下各点的情况，两条线分别整合后得出极大值和极小值在光伏板下各点的频率分布图。

由图 4-5A 可知，光伏板下各点位极值频率在东线极大值表现为点位 7 出现 4 次，点位 2 和 9 各出现 2 次，点位 3 和 8 各出现 1 次；极小值表现为点位 2 和 6 出现 4 次，点位 3 和 5 出现 1 次。在西线极大值表现为点位 6 出现 4 次，点位 9 出现 3 次，点位 3 和 4 分别出现 2 次和 1 次；极小值表现为点位 4 出现 5 次，点位 8 出现 2 次，点位 1、2、7 各出现 1 次。

　　图 4-5B 光伏电板矩形内均值方面，东线光伏板下在点位 7、9 和点位 8 形成南线最大，平均粒径 2.3084～2.3354φ，均值 2.3209φ；点位 4、5 和点位 6 形成中线最小，平均粒径 2.2303～2.2852φ，均值 2.2649φ；点位 1、3 和点位 2 形成北线居中，平均粒径 2.2882～2.3043φ，均值 2.2952φ。西线光伏板下点位 6、9 和点位 3 形成东线最大，平均粒径 2.3349～2.3521φ，均值 2.3440φ；点位 2、5 和点位 8 形成中线较小，平均粒径 2.2828～2.3167φ，均值 2.3015φ；点位 1、7 和点位 4 形成西线居中，平均粒径 2.2761～2.3274φ，均值 2.3053φ；光伏板下区域，均值分布由西线向东线呈对勾状，勾部不明显。

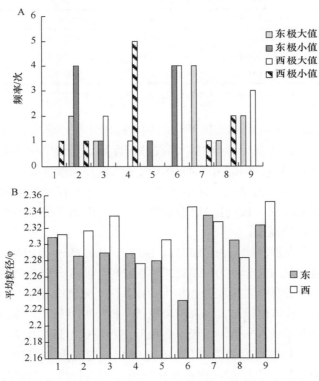

图 4-5　光伏板下各点位极值频率（A）和平均粒径（B）

　　极值方面，东线光伏板下各点位极值频率为极大值 40%出现在点位 7，70%出现在板前沿部分，极小值 40%出现在点位 2，40%出现在点位 6，全部集中于光伏板下区域东北方向；西线光伏板下各点位极值频率为极大值 90%集中在光伏板下区域东线，极小值 70%集中于光伏板下区域西线，全部集中于光伏板下区域中线和西线。

4.1.1.3 土壤粒度参数

1）光伏电站表土粒度参数

由表 4-6 可知，裸沙区表层沉积物平均粒径 2.0680～2.3981φ，均值为 2.2303φ，属细沙范围。表层沉积物在光伏电板下属细沙范围，平均粒径 2.0188～2.5022φ，均值为 2.2539φ；在两排光伏电板间也属细沙范围，平均粒径 2.0432～2.4249φ，均值为 2.2209φ。板下与板间平均粒径差异较大（$P<0.05$），而裸沙区与板下区域、板间区域平均粒径差异均不显著（$P>0.05$）。

表 4-6 库布齐沙漠光伏电站表层土壤粒度参数

样点	平均粒径（d_0）	偏态（SK）	标准偏差（σ_0）	峰值（Kg）
板下	2.25±0.10 b	−0.03±0.09	0.05±0.10	0.93±0.04
板间	2.22±0.084 a	−0.01±0.09	0.49±0.17	0.94±0.01
裸沙区	2.23±0.08 ab	−0.02±0.01	0.46±0.02	0.94±0.01

注：表中同列不同小写字母表示各样地类型间差颗粒含量在 $P<0.05$ 置信水平上具有显著差异。

按福克-沃德（Folk-Ward）图解法的划分标准，裸沙区表层沉积物标准偏差为 0.4319～0.5322，均值为 0.4628，颗粒分选性好。光伏电板下表层沉积物标准偏差为 0.3996～0.5674，均值为 0.4749。板下区域较裸沙区表层沉积物标准偏差范围扩大，标准偏差均值变大，两排光伏电板间表层沉积物标准偏差为 0.4231～0.5192，均值为 0.4656。板间区域较裸沙区表层沉积物标准偏差范围缩小，较板下区域标准偏差均值减小。

表层沉积物在裸沙区均值为−0.0251，偏度为−0.0378～−0.0168，近对称；光伏电板下和两排电板间均值分别为−0.0322、−0.0249，偏度分别为−0.0440～0.0010、−0.0370～0.0266，近对称且颗粒分布集中。裸沙区、光伏电板下与光伏电板间沉积物均为负偏，颗粒整体稍粗。大致表现为光伏电板下偏度最小，裸沙区与两排光伏偏度电板间变化规律基本一致。由板下到板间沉积物偏度逐渐增大。

裸沙区表层沉积物峰度值为 0.9281～0.9548，均值为 0.9427，频率分布曲线峰态尖窄程度为中等。表层沉积物在光伏电板下和两排电板间峰度值均值分别为 0.9251、0.9400，峰度值范围分别为 0.6779～0.9496、0.9229～0.9540。曲线尖窄程度仍属中等，但光伏电板下方沉积物峰度值变化较大，裸沙区沉积物峰态变化程度略大于板间。由板下到板间沉积物偏态具有变大的趋势。

2）不同立地条件下光伏电站土壤粒度参数

由图 4-6 可知，光伏电站在板间、基座、板下的平均粒径大小为甘草光伏区（2.29φ）＞秸秆光伏区（2.27φ）＞裸沙丘光伏区（2.21φ），其中甘草光伏区的土壤颗粒分布较裸沙、秸秆光伏区集中，在裸沙光伏区，基座周围的平均粒径相比板间、板下位置最小，其值为 1.31φ，这是由于沙区光伏电站风蚀所导致；当铺设秸秆和种植甘草后，对板间的土壤颗粒起到很好的改良作用。由表 4-7 可知，3 种立地类型的光伏区的主要土壤颗粒依然是沙粒，但在光伏电板不同位置铺设秸秆后，对平均粒径有明显的增加，因为秸秆的铺设降低了地表沙粒的启动风速，并且有效地拦截了细粒物质的位移，减缓了基座周围的掏蚀程度。种植甘草后，土壤的细粒物质得以保存和恢复而使土壤结构细化，对土壤粒度组成的改良具有较为积极的促进作用。

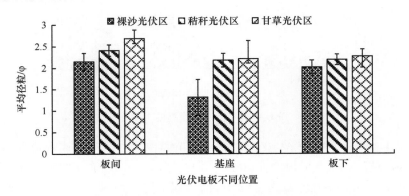

图 4-6　光伏电板不同立地类型的土壤平均粒径

表 4-7　生态光伏电站不同立地类型粒径分配

类型	位置	粉沙（4~8φ）/%	极细沙（3~4φ）/%	细沙（2~3φ）/%	中沙（1~2φ）/%
裸沙 光伏区	板间	—	2.75±0.92	74.23±2.49	22.76±3.66
	基座	—	1.95±0.73	69.41±1.88	28.63±2.61
	板下	—	3.12±0.85	78.46±2.27	18.32±3.25
秸秆 光伏区	板间	—	3.94±0.31	78.46±0.46	17.60±0.62
	基座	—	2.24±1.36	87.45±1.62	11.33±2.62
	板下	—	4.46±1.75	82.21±4.69	14.31±2.33
甘草 光伏区	板间	3.64±2.14	4.52±1.03	73.50±2.44	17.91±3.46
	基座	1.96±1.63	2.90±0.38	77.18±2.89	17.30±3.61
	板下	3.18±1.79	5.08±0.78	76.59±1.13	14.87±2.66

由图 4-7 可知，在裸沙光伏区、秸秆光伏区和甘草光伏区，土壤颗粒的分布都比较集中，按照福克-沃德的分选等级标准，其分选性土壤的标准偏差<0.35，土壤的颗粒组成集中，在甘草光伏区，板间的土壤出现了粉沙，土壤的标准偏差比裸沙光伏区和秸秆光伏区大；裸沙丘光伏区和秸秆光伏区土壤颗粒分选性极好，甘草光伏区的土壤颗粒分选性好。由此可见，在裸沙光伏电板和秸秆光伏区不同

位置土壤颗粒集中，正是由于光伏电板的阻拦，造成土壤颗粒的分布不均匀；种植甘草可以提高土壤颗粒的细化程度，提高土壤的抗风蚀能力。

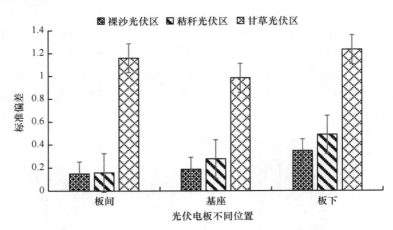

图 4-7　光伏电板不同立地类型的土壤标准偏差

由图 4-8 可知，裸沙光伏区沉积物偏度范围在−0.23～0.15，均值为−0.190，属于负偏，秸秆光伏区的偏度在−0.29～0.13，均值为−0.207，属于负偏，甘草光伏区的偏度在−0.08～0.02，均值为−0.067，属于接近对称，可以看出，裸沙光伏区和秸秆光伏区的颗粒整体偏粗，其中裸沙光伏区表现为基座的颗粒最粗，而秸秆光伏区的板下颗粒最粗；甘草光伏区在各位置的偏度相比其他两种都有减小，其中板间区域变化最为明显，正是由于板间大量种植甘草使得土壤细粒物质的增多导致的。

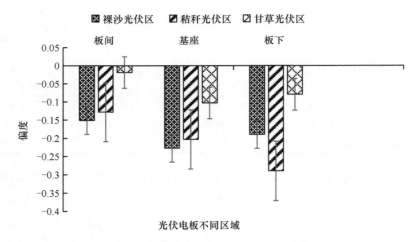

图 4-8　光伏电板不同立地类型的土壤偏度

　　峰态是土壤颗粒粒度分布在平均粒度两侧集中程度的参数，表示频率曲线尾部展开度与中部展开度的比率，可对土壤颗粒频率分布曲线峰形的宽窄、陡缓程度进行定量的衡量，峰态尖窄程度越强，表明样品粒度分布越集中，也说明至少有一部分颗粒物是未经环境改造而直接进入环境的。由图 4-9 可知，按照福克-沃德等级标准，裸沙光伏区的颗粒峰度值为 0.86～1.24，均值为 1.12，频率分布曲线的宽窄程度属于尖窄；在秸秆光伏区的颗粒峰度值为 0.81～0.94，均值为 0.87，频率分布曲线的宽窄程度为宽平；甘草光伏区的颗粒峰度值为 0.71～0.85，均值为 0.79，频率分布曲线的宽窄程度为宽平。在裸沙区光伏区，基座的尖窄程度最高，明显高于板间、板下位置，在基座位置有明显的粒径级别。

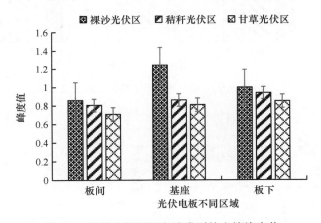

图 4-9　光伏电板不同立地类型的土壤峰度值

　　研究不同立地条件下光伏区土壤分形维数，结果见图 4-10，裸沙光伏区、秸秆光伏区和甘草光伏区的分形维数依次增大，这是由于分形维数与黏粒、粉粒呈正相关关系，与沙粒呈负相关关系。种植甘草后，土壤的细颗粒成分逐渐增加，分形维数相比裸沙光伏区和秸秆光伏区在各处位置都有了明显增加，其中在裸沙光伏区基座位置分形维数为 0.287，这是由于光伏设施长期受到风蚀造成的，其位置所含沙粒颗粒最多。而在秸秆光伏区，分形维数整体的变化趋势与裸沙光伏区相同，但由于秸秆的拦截效果，土壤颗粒不容易被风蚀。

4.1.1.4　沉积物频率分布曲线

　　由图 4-11 可知，裸沙区、光伏电板下与两排光伏电板间区域沉积物颗粒频率分布曲线均为单峰型，并且波动较小，颗粒总体分选性较好。可以看出，三个区域的颗粒分布范围相同，但光伏电板下与两排光伏电板间峰值降低、偏离正态分布且颗粒累积频率曲线变缓，对照从 1.0588φ 变为 $0.506～30.8783\varphi$，且颗粒分布较为接近。由频率分布曲线中光伏电板下与两排光伏电板间各粒级颗粒百分含量及裸沙的差值可知，板下极细沙含量较裸沙区升高，细沙含量降低，中沙含量升高；板间极细沙、细沙含量较裸沙区降低，中沙含量升高。

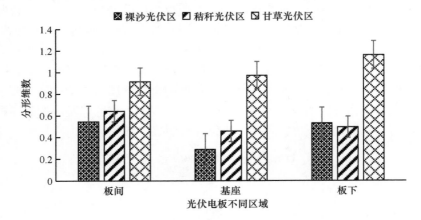

图 4-10　光伏电板不同立地类型的土壤分形维数

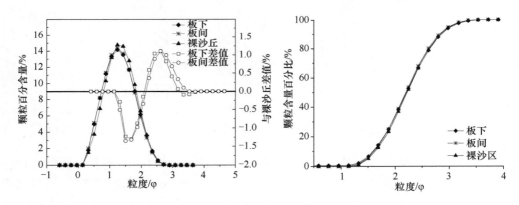

图 4-11　不同样地表层沉积物频率分布曲线

4.1.1.5　光伏电站不同方向表土粒度特征

由图 4-12 可以看出，迎风方向电板区域的极细沙含量呈现起伏波动，而裸沙区的波动则不明显，总体表现为先降低、后升高的趋势。裸沙区和电板区域在背风方向极细沙含量先升后降，但电板区域峰值提前，且明显高于裸沙区。北向南方向电板区域极细沙含量波动较大，总体呈升高趋势。裸沙区极细沙含量表现为先升高、后迅速降低、再缓慢升高，波动频率明显下降。迎风方向电板区域细沙含量波动幅度大于裸沙区，粒度范围也明显更广。细沙含量在两个区域波动幅度大致相同，但裸沙区峰值较电板区域上升 0.78%，最低值较电板区域降低 3.68%。北向南方向电板区域与裸沙区细沙含量同时在第二点达到最高后出现骤降，但电板区域在骤降后出现快速升高，而裸沙区则是有规律地波动。由于电板区域与裸沙区细沙、中沙含量在95%以上，故在迎风方向、背风方向及北向南方向的中沙含量基本与细沙含量趋势相反。

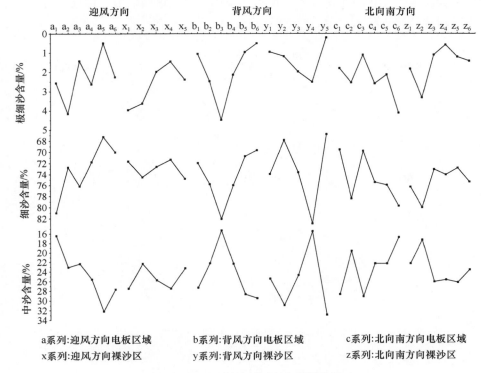

图 4-12　不同样地不同方向颗粒含量

由图 4-13 可知，集沙仪中的沙物质随高度增加平均粒径减小，极值增大并集中于 2.0～2.5，以中沙和细沙为主。平均粒径在 0～5cm 内随高度升高明显下降；在流动沙地 5～10cm 内下降幅度较小，在阵列上风向边缘观测点 A 增大，下风向边缘观测点 B 先快速增大再逐渐稳定；在 10～15cm 内点 A 的平均粒径变化与流动沙地一致，点 B 先降低后增大；15～30cm 内均表现为降低趋势。受电板阻挡作用，挟沙风在阵列内风速和气流托举力降低，大颗粒沙物质无法输送到高处，导致阵列内平均粒径减小。

4.1.2　沙区光伏电站气固两相流地表土壤机械组成分布特征

土壤机械组成是土壤的基本物理性质，机械组成的分布情况主要由成土母质决定，同时因为地表附着物的改变而受到影响。土壤机械组成可以反映出土壤颗粒的粗细程度及组成比例，是反映土壤结构的直观指标，对土壤孔隙度、土壤空气、土壤水分和土壤热量的流动产生直接的影响，进而影响着土壤当中物质的转化和养分运移。土壤机械组成是评价土壤质量的一个重要指标。本小节以土壤机械组成为指标，分析单个电板不同位置（电板前沿、电板后沿、电板下方）的土壤机械组成分选结果。

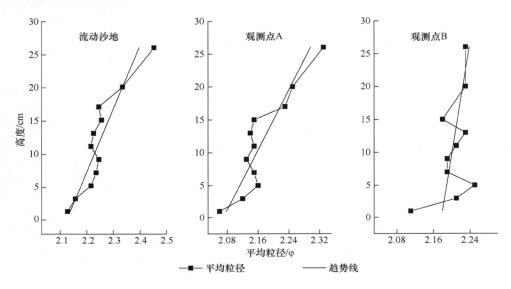

图 4-13　沙物质粒径垂向分布特征

4.1.2.1　研究方法

　　地表土壤粒径的测定取样点同风场、风沙输移测试点。输沙试验结束后于取样点采用自制分层取土器对地表 0～5cm 层的土样进行采集，每个观测点位取 3 次，混合均匀后带回实验室，按照不同的土壤粒径分级标准对土壤机械组成进行划分。本试验采用莫尔文（Malvern）公司的 Mastersizer 3000 型土壤粒度分析仪对样品进行化验，该仪器测量范围 0.01～3500μm，测量误差为±2%。试验根据样地情况将土壤粒径划分为粗沙（0.5～1.0mm）、中沙（0.25～0.5mm）、细沙（0.1～0.25mm）和极细沙（0.05～0.1mm）四个径级。

4.1.2.2　电板不同位置土壤机械组成分布情况

1）电板前沿土壤机械组成分析

　　光伏电板前沿各观测点土壤粒径体积百分含量不同，如图 4-14 所示，对不同位置含量进行对比分析。极细沙体积百分含量范围 2.01%～5.10%，分布规律为

A_{5q}（5.10%）>A_{4q}（3.51%）>A_{3q}（2.75%）>A_{1q}（2.34%）>A_{2q}（2.01%）>旷野观测点 CK（0.95%）。A_{1q}～A_{5q} 较 CK 分别增加 146.23%、111.58%、189.47%、269.47%、436.84%；变化范围为 146.23%～436.84%，平均增幅为 230.74%。

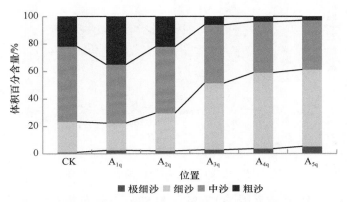

图 4-14 电板前沿土壤粒径构成线示意图

细沙体积百分含量范围 19.59%～55.43%，分布规律为 A_{4q}（55.43%）>A_{5q}（55.26%）>A_{3q}（48.61%）>A_{2q}（27.48%）>旷野观测点 CK（22.32%）>A_{1q}（19.59%）。A_{1q}～A_{5q} 较 CK 分别增加−12.23%、23.12%、117.79%、148.34%、147.58%。

中沙体积百分含量范围 35.41%～48.10%，分布规律为旷野观测点 CK（54.55%）>A_{2q}（48.10%）>A_{3q}（42.43%）>A_{1q}（41.78%）>A_{4q}（37.10%）>A_{5q}（35.41%）。A_{1q}～A_{5q} 较 CK 分别减少 23.41%、11.82%、22.22%、31.99%、35.09%；平均降幅为 24.91%。

粗沙体积百分含量范围 2.83%～34.52%，分布规律为 A_{1q}（34.52%）>A_{2q}（22.18%）>旷野观测点 CK（21.95%）>A_{3q}（6.21%）>A_{4q}（3.96%）>A_{5q}（2.83%）。A_{1q}、A_{2q} 较 CK 分别增加 57.25%、1.05%，A_{3q}、A_{4q} 及 A_{5q} 较 CK 分别减少 71.71%、81.96%、87.11%。

2）电板后沿土壤机械组成分析

光伏电板后沿各观测点土壤粒径体积百分含量不同，如图 4-15 所示，对不同位置含量进行对比分析。极细沙体积百分含量范围 2.13%～5.17%，分布规律为 A_{3h}（5.17%）>A_{5h}（4.92%）>A_{1h}（4.52%）>A_{4h}（2.31%）>A_{2h}（2.13%）>旷野观测点 CK（0.95%）。A_{1h}～A_{5h} 较 CK 分别增加 375.59%、124.21%、444.21%、143.16%、417.89%；变化范围为 124.21%～444.21%，平均增幅为 301.05%。

细沙体积百分含量范围 36.89%～59.65%，分布规律为 A_{5h}（59.65%）>A_{3h}（58.66%）>A_{4h}（54.27%）>A_{2h}（46.88%）>A_{1h}（36.89%）>旷野观测点 CK（22.32%）。A_{1h} 至 A_{5h} 较 CK 分别增加 65.28%、110.04%、162.81%、143.15%、167.25%；变

化范围为 65.28%～167.25%，平均增幅为 129.70%。

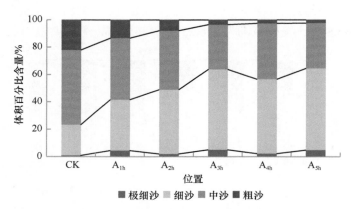

图 4-15 电板后沿土壤粒径构成线示意图

中沙体积百分含量范围 32.74%～44.82%，分布规律为旷野观测点 CK（54.55%）>A_{1h}（44.82%）>A_{2h}（43.17%）>A_{4h}（40.90%）>A_{5h}（33.05%）>A_{3h}（32.74%）。A_{1h}～A_{5h} 较 CK 分别减少 17.84%、20.86%、39.98%、25.02%、39.41%；平均降幅为 28.62%。

粗沙体积百分含量范围 2.38%～13.29%，分布规律为 CK（21.95%）>A_{1h}（34.52%）>A_{2h}（22.18%）>A_{3h}（6.21%）>A_{4h}（3.96%）>A_{5h}（2.83%）。A_{1h}～A_{5h} 较 CK 分别减少 39.86%、64.37%、84.37%、88.56%、89.16%；变化范围为 39.89%～89.16%，平均增幅为 73.27%。

3）电板下方土壤机械组成分析

光伏电板下方各观测点土壤粒径体积百分含量不同，如图 4-16 所示，对不同位置含量进行对比分析。极细沙体积百分含量范围 2.66%～4.87%，分布规律为 A_{5x}（6.90%）>A_{3x}（5.12%）>A_{4x}（4.87%）>A_{1x}（2.66%）>A_{2x}（2.66%）>旷野观测点 CK（0.95%）。A_{1x}～A_{5x} 较 CK 分别增加 354.74%、180.00%、438.95%、412.63%、626.32%；变化范围为 180.00%～626.32%，平均增幅为 402.53%。

细沙体积百分含量范围 38.75%～63.48%，分布规律为 A_{5x}（63.48%）>A_{3x}（63.34%）>A_{4x}（62.82%）>A_{2x}（60.51%）>A_{1x}（38.75%）>旷野观测点 CK（22.32%）。A_{1x}～A_{5x} 较 CK 分别增加 73.61%、171.10%、183.78%、181.45%、184.41%；变化范围为 73.61%～184.41%，平均增幅为 158.87%。

中沙体积百分含量范围 28.70%～38.64%，分布规律为旷野观测点 CK（54.55%）>A_{1x}（38.64%）>A_{2x}（35.57%）>A_{4x}（31.28%）>A_{3x}（30.36%）>A_{5x}（28.70%）。A_{1x}～A_{5x} 较 CK 分别减少 29.17%、34.79%、44.34%、42.66%、47.39%；平均降幅为 39.67%。

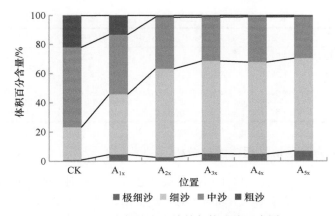

图 4-16 电板下方土壤粒径构成线示意图

粗沙体积百分含量范围 0.92%～12.43%，分布规律为旷野观测点 CK（21.95%）>A$_{1x}$（12.43%）>A$_{2x}$（1.26%）>A$_{3x}$（1.17%）>A$_{4x}$（1.02%）>A$_{5x}$（0.92%）。A$_{1x}$～A$_{5x}$ 较 CK 分别减少 43.37%、94.26%、94.67%、95.35%、95.81%；变化范围为 43.37%～95.81%，平均增幅为 84.69%。

4.1.2.3 光伏电场内土壤机械组成分选规律

1）电板前沿处土壤机械组成统计分析

表 4-8 为电板前沿土壤颗粒的描述性统计特征。根据 K-S 非参数检验结果，各粒级均呈正态分布（$P>\alpha=0.05$），最大值范围为 5.10%～55.43%，最小值范围为 2.01%～35.41%。各粒级均值分布规律为细沙>中沙>粗沙>极细沙；变异系数分布规律为粗沙>细沙>极细沙>中沙，各粒级差异较大，粗沙可达 89.27%。

表 4-8 电板前沿土壤颗粒的描述性统计特征

粒级/mm	平均值/%	最大值/%	最小值/%	标准差/%	变异系数/%	K-S
极细沙（0.05～0.1）	3.14	5.10	2.01	1.10	35.00	0.962
细沙（0.1～0.25）	41.27	55.43	19.59	14.90	36.10	0.859
中沙（0.25～0.5）	40.96	48.10	35.41	4.46	10.89	0.996
粗沙（0.5～1）	13.94	34.52	2.83	12.44	89.27	0.720

2）电板后沿处土壤机械组成统计分析

表 4-9 为电板后沿各粒级土壤颗粒的描述性统计特征。根据 K-S 非参数检验结果，各粒级均呈正态分布（$P>\alpha=0.05$），最大值范围为 5.17%～59.65%，最小值范围为 2.13%～36.89%。各粒级均值分布规律为细沙>中沙>粗沙>极细沙；变异系数分布规律为粗沙>极细沙>细沙>中沙，各粒级差异较大，粗沙可达 71.07%。

表 4-9   电板后沿土壤颗粒的描述性统计特征

粒级/mm	平均值/%	最大值/%	最小值/%	标准差/%	变异系数/%	K-S
极细沙（0.05~0.1）	3.81	5.17	2.13	1.32	34.54	0.810
细沙（0.1~0.25）	51.27	59.65	36.89	8.48	16.55	0.963
中沙（0.25~0.5）	38.94	44.82	32.74	5.09	13.07	0.914
粗沙（0.5~1）	5.87	13.29	2.38	4.17	71.07	0.761

3）电板下方土壤机械组成统计分析

表 4-10 为电板下方各粒级土壤颗粒的描述性统计特征。根据 K-S 非参数检验结果，各粒级均呈正态分布（$P > \alpha = 0.05$），最大值范围为 4.87%~63.48%，最小值范围为 0.92%~38.75%。各粒级均值分布规律为细沙>中沙>极细沙>粗沙；变异系数分布规律为粗沙>极细沙>细沙>中沙，各粒级差异较大，粗沙可达 135.02%。

表 4-10   电板下方土壤颗粒的描述性统计特征

粒级/mm	平均值/%	最大值/%	最小值/%	标准差/%	变异系数/%	K-S
极细沙（0.05~0.1）	4.77	4.87	2.66	1.37	28.60	0.980
细沙（0.1~0.25）	57.78	63.48	38.75	9.57	16.57	0.398
中沙（0.25~0.5）	32.91	38.64	28.70	3.65	11.11	0.901
粗沙（0.5~1）	3.36	12.43	0.92	4.54	135.02	0.239

4.1.2.4   光伏电场不同位置土壤机械组成变化情况

1）A 样线土壤机械组成变化情况分析

图 4-17 为光伏阵列行道处 A 样线上土壤粒径构成示意图。极细沙体积百分含量范围 0.17%~6.09%，分布规律为 A_2（6.09%）>A_4（4.62%）>A_1（2.68%）>A_3（2.59%）>旷野观测点 CK（0.95%）>A_5（0.17%）。A_1~A_5 较 CK 分别增加 182.11%、541.05%、172.63%、386.32%、−82.11%。

细沙体积百分含量范围 20.90%~43.80%，分布规律为 A_4（43.80%）>A_5（37.86%）>A_3（35.08%）>旷野观测点 CK（22.32%）>A_2（21.02%）>A_1（20.09%）。A_1、A_2 较 CK 分别减少 6.36%、5.82%，A_3、A_4 及 A_5 较 CK 分别增加了 57.17%、96.24%、69.62%。

中沙体积百分含量范围 28.70%~38.64%，分布规律为旷野观测点 CK（54.55%）>A_1（38.64%）>A_2（35.57%）>A_4（31.28%）>A_3（30.36%）>A_5（28.70%）。A_1~A_5 较 CK 分别减少 19.41%、23.61%、19.43%、26.03%、0.31%，平均降幅为 17.76%。

粗沙体积百分含量范围 7.59%~31.44%，分布规律为 A_1（31.44%）>A_2

（30.08%）>旷野观测点 CK（21.95%）>A3（18.18%）>A₄（11.18%）>A₅（7.59%）。
A₁、A₂ 较 CK 分别增加 43.23%、37.04%，A₃、A₄ 及 A₅ 较 CK 分别降低 17.18%、
49.07%、65.42%。

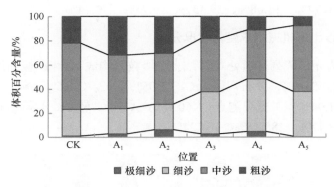

图 4-17 A 样线行道处土壤粒径构成示意图

2）B 样线土壤机械组成变化情况分析

图 4-18 为光伏阵列行道处 B 样线上土壤粒径构成示意图。极细沙体积百分含
量范围 0.73%～4.88%，分布规律为 B₄（4.88%）>B₃（4.13%）>B₁（1.34%）>B₅
（1.18%）>旷野观测点 CK（0.95%）>B₂（0.73%）。B₁～B₅ 较 CK 分别增加 41.05%、
−23.16%、19.43%、26.03%、0.31%。

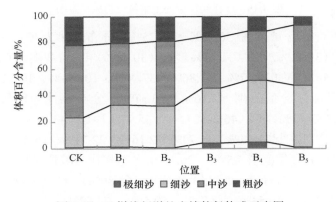

图 4-18 B 样线行道处土壤粒径构成示意图

细沙体积百分含量范围 31.20%～46.60%，分布规律为 B₄（46.60%）>B₅
（46.57%）>B₃（41.23%）>B₁（31.28%）>B₂（31.20%）>旷野观测点 CK（22.32%）。
B₁～B₅ 较 CK 分别增加 40.14%、39.78%、84.72%、108.78%、108.65%。

中沙体积百分含量范围 37.38%～48.98%，分布规律为旷野观测点 CK
（54.55%）>B₂（48.98%）>B₁（46.64%）>B₅（45.74%）>B₃（38.80%）>B₄（37.38%）。

B_1～B_5 较 CK 分别减少 14.50%、10.21%、28.87%、31.48%、16.15%。

粗沙体积百分含量范围 6.51%～20.47%，分布规律为旷野观测点 CK（21.95%）>B_1（20.47%）>B_2（18.86）>B_3（15.49）>B_4（11.03）>B_5（6.51%）。B_1～B_5 较 CK 分别减少 6.74%、14.08%、29.43%、49.75%、70.34%。

3）C 样线土壤机械组成变化情况分析

图 4-19 为光伏阵列行道处 C 样线上土壤粒径构成示意图。极细沙体积百分含量范围 1.94%～5.05%，分布规律为 C_1（5.05%）>C_4（3.66%）>C_2（3.49%）>C_3（1.99%）>C_5(1.94%)>旷野观测点 CK(0.95%)。C_1～C_5 较 CK 分别增加了 431.58%、267.37%、109.47%、285.26%、104.21%。

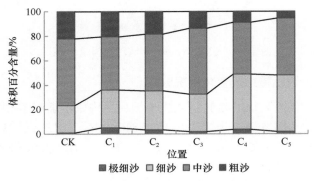

图 4-19　C 样线行道处土壤粒径构成示意图

细沙体积百分含量范围 30.78%～46.25%，分布规律为 C_5（46.25%）>C_4（45.29%）>C_2（32.11%）>C_1（31.13%）>C_3（30.78%）>旷野观测点 CK（22.32%）。C_1～C_5 较 CK 分别增加 39.47%、43.86%、37.90%、102.91%、107.21%。

中沙体积百分含量范围 42.16%～53.37%，分布规律为旷野观测点 CK（54.55%）>C_3（53.37%）>C_5（46.24%）>C_2（45.97%）>C_1（43.03%）>C_4（42.16%）。C_1～C_5 较 CK 分别减少 21.12%、15.73%、2.16%、22.71%、15.23%。

粗沙体积百分含量范围 5.57%～20.37%，分布规律为旷野观测点 CK（21.95%）>C_1（20.37%）>C_2（18.32）>C_3（13.65）>C_4（8.89%）>C_5（5.57%）。C_1～C_5 较 CK 分别减少 7.20%、16.54%、37.81%、59.50%、74.62%。

4）D 样线土壤机械组成变化情况分析

图 4-20 为光伏阵列行道处 D 样线土壤粒径构成示意图。极细沙体积百分含量范围 0.94%～6.31%，分布规律为 D_2（6.31%）>D_3（2.11%）>D_4（1.52%）>D_5（1.49%）>旷野观测点 CK（0.95%）>D_1(0.94%)。D_1～D_5 较 CK 分别增加了-1.05%、564.21%、122.11%、60.00%、56.84%。

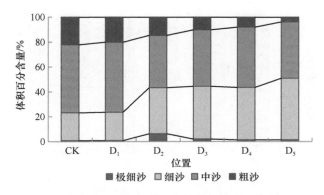

图 4-20 D 样线行道处土壤粒径构成示意图

细沙体积百分含量范围 22.78%～49.59%，分布规律为 D_5（46.59%）>D_3（42.50%）>D_4（42.19%）>D_2（36.73%）>D_1（22.78%）>旷野观测点 CK（22.32%）。D_1～D_5 较 CK 分别增加 2.06%、64.56%、90.41%、89.02%、122.18%。

中沙体积百分含量范围 41.53%～56.21%，分布规律为 D_1（56.21%）>旷野观测点 CK（54.55%）>D_4（48.39%）>D_3（45.29%）>D_5（45.19%）>D_2（41.53%）。D_1～D_5 较 CK 分别减少–3.04%、23.87%、16.98、11.29%、17.16%。

粗沙体积百分含量范围 3.72%～19.93%，分布规律为旷野观测点 CK（21.95%）>D_1（19.93%）>D_2（14.36%）>D_3（10.09%）>D_4（7.89%）>D_5（3.72%）。D_1～D_5 较 CK 分别减少 9.20%、34.58%、54.03%、64.05%、83.05%。

5）E 样线土壤机械组成变化情况分析

图 4-21 为光伏阵列行道处 E 样线上土壤粒径构成示意图。极细沙体积百分含量范围 1.21%～5.40%，分布规律为 E_1（5.40%）>E_2（3.67%）>E_4（3.41%）>E_3（2.15%）>E_5（1.21%）>旷野观测点 CK（0.95%）。E_1～E_5 较 CK 分别增加了 468.42%、286.32%、126.32%、258.95%、27.37%。

细沙体积百分含量范围 45.62%～50.47%，分布规律为 E_5（50.47%）>E_2（48.17%）>E_1（47.28%）>E_4（46.32%）>E_3（45.62%）>旷野观测点 CK（22.32%）。E_1～E_5 较 CK 分别增加了 111.83%、115.82%、104.39%、107.53%、126.12%。

中沙体积百分含量范围 36.17%～44.88%，分布规律为旷野观测点 CK（54.55%）>E_5（44.88%）>E_3（43.62%）>E_4（42.76%）>E_2（37.35%）>E_1（36.17%）。E_1～E_5 较 CK 分别减少了 33.69%、31.53%、20.04%、21.61%、17.73%。

粗沙体积百分含量范围 3.54%～11.04%，分布规律为旷野观测点 CK（21.95%）>E_1（11.04%）>E_2（10.66%）>E_3（8.61%）>E_4（7.08%）>E_5（3.45%）。E_1 至 E_5 较 CK 分别减少了 49.70%、51.44%、60.77%、67.74%、84.28%。

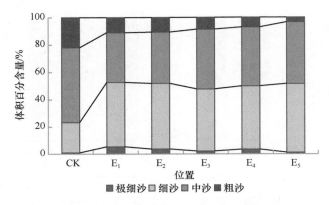

图 4-21　E 样线行道处土壤粒径构成示意图

对电场阵列行道处的土壤机械组成变化情况进行统计可以发现（表 4-11），由样线 A 至样线 E 极细沙变幅呈波动性，无明显规律；细沙、中沙及粗沙逐渐增加，说明光伏阵列由西向东土壤细粒化程度加深的同时，其变化也更加剧烈。由于极细沙自身体积百分含量较小，变幅无变化规律。

表 4-11　电场阵列内部不同位置土壤机械组成变幅对比

粒级/mm	土壤机械组成平均变幅/%				
	样线 A	样线 B	样线 C	样线 D	样线 E
极细沙（0.05～0.1）	240.00	158.11	239.58	160.42	233.47
细沙（0.1～0.25）	42.17	76.42	66.27	73.65	113.14
中沙（0.25～0.5）	17.76	20.24	15.39	13.25	24.92
粗沙（0.5～1）	10.28	34.07	39.13	48.98	62.79

4.1.2.5　光伏电场场区行道处土壤机械组成分析

1）电场行道处粗沙分布规律

由图 4-22 可知，光伏阵列空间内形成了相对整齐、与光伏板布设方向趋于平行的土壤粗沙等值线图，电场内部粗沙含量由北向南呈逐渐减小趋势。等值线密度由西北向东南逐渐变小，说明粗沙含量的变化由急变缓。这是由于过境风由光伏阵列边缘区域进入到电场内部过程中受到电板的影响，对风沙流产生了分选作用。粒度较粗的沙粒受到气流的影响，主要分布在电场阵列的北端。

2）电场行道处中沙分布规律

由图 4-23 可知，光伏阵列空间内土壤中沙体积百分含量在以西北到东南对角中轴线为中心的区域内较大，在西南和东北两个对角区域较小。中沙体积百分含

量在 B_3、B_4 两点形成了一大一小两个降低的涡旋，在 C_3、D_1、D_4 点形成了体积百分含量增大的涡旋。此外，土壤中沙粒级体积百分含量的等值线密度表现为阵列边缘地带较为密集、中心区域较为疏松的现象，说明电场边缘地带中沙含量变化较为剧烈，中心地带变化较为平缓。

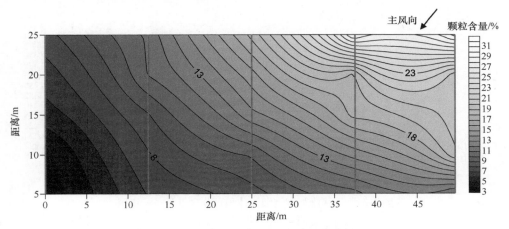

图 4-22　光伏阵列行道粗沙体积百分含量分布示意图
红色线条代表光伏电板

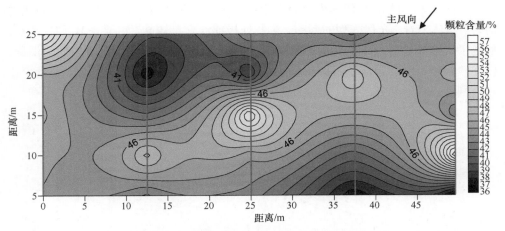

图 4-23　光伏阵列行道中沙体积百分含量分布示意图
红色线条代表光伏电板

3）电场行道处细沙分布规律

由图 4-24 可知，光伏阵列空间内土壤细沙体积百分含量在光伏阵列整体呈现由北向南逐渐增加的趋势，这与粗沙含量的分布基本呈互补关系。等值线密度由北向南逐渐降低，其中以东北角变化最为剧烈。过境风由光伏阵列边缘区域进入到电场内部过程中，粗沙粒受到气流的影响，主要分布在电场阵列的北端，细沙与粗沙呈现出明显的互补关系。

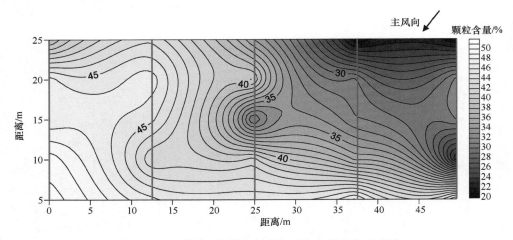

图 4-24　光伏阵列行道细沙体积百分含量分布示意图

红色线条代表光伏电板

4）电场行道处极细沙分布规律

由图 4-25 可知，光伏阵列空间内土壤极细沙体积百分含量在电场中分布相对均匀。整体来看，光伏阵列的西南、东北处极细沙含量较高，主要是 B_4、D_2 两点，形成了极细沙含量增大的涡旋；而 B_2 和 D_4 两处则形成了极细沙含量较低的涡旋。极细沙体积百分含量等值线图中，等值线密度较大，说明区域内极细沙含量变化较为剧烈。

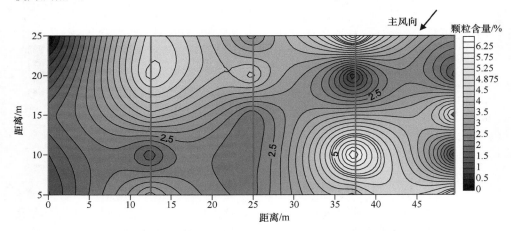

图 4-25　光伏阵列行道极细沙体积百分含量分布示意图

红色线条代表光伏电板

4.1.2.6 土壤机械分选规律及其机械组成变异分析

表4-12为电场阵列行道处各样线上观测点土壤粒径体积百分含量描述性统计特征。根据光伏列行道处各样线K-S非参数检验结果，各粒级土壤粒径均呈正态分布（$P>\alpha=0.05$），利用实验数据进行常规统计分析。

表 4-12　电场不同位置土壤粒径体积百分含量描述性统计

空间位置	粒级/mm	平均值/%	最大值/%	最小值/%	标准差/%	变异系数/%	K-S
样线 A	极细沙	3.23	6.19	0.17	2.01	62.21	0.990
	细沙	31.73	43.80	20.90	9.24	29.10	0.913
	中沙	44.86	54.38	40.35	4.96	11.05	0.519
	粗沙	19.69	31.44	7.59	9.67	49.08	0.951
样线 B	极细沙	2.45	4.88	0.73	1.70	69.52	0.684
	细沙	39.38	46.60	31.20	6.92	17.59	0.908
	中沙	43.51	48.98	37.38	4.57	10.51	0.863
	粗沙	14.47	20.47	6.51	5.13	35.44	0.997
样线 C	极细沙	3.23	5.05	1.94	1.16	36.06	0.956
	细沙	37.11	46.25	31.13	7.09	19.10	0.625
	中沙	46.15	53.37	42.16	3.95	8.25	0.787
	粗沙	13.36	20.37	5.57	5.56	41.61	0.995
样线 D	极细沙	2.47	6.31	0.94	1.95	78.96	0.514
	细沙	38.76	49.59	22.78	8.97	23.15	0.947
	中沙	47.32	56.21	41.53	4.95	10.45	0.929
	粗沙	11.20	19.93	3.72	5.56	49.61	0.999
样线 E	极细沙	3.17	5.40	1.21	1.43	45.00	0.998
	细沙	47.57	50.47	45.62	1.69	3.54	0.998
	中沙	40.96	44.88	36.17	3.51	8.57	0.837
	粗沙	8.17	11.04	3.45	2.76	33.79	0.994

由表可知，不同粒级在行道处样线 A 最大值范围 6.19%～54.38%，最小值范围 0.17%～40.35%；各粒级变异系数分布规律为极细沙>粗沙>细沙>中沙，均值分布规律为中沙>细沙>粗沙>极细沙。样线 B 最大值范围 4.88%～48.98%，最小值范围 0.73%～37.38%；各粒级变异系数分布规律为极细沙>粗沙>细沙>中沙，均值分布规律为中沙>细沙>粗沙>极细沙。样线 C 最大值范围 5.05%～53.37%，最小值范围 1.94%～42.16%；各粒级变异系数分布规律为粗沙>极细沙>细沙>中沙，均值分布规律为中沙>细沙>粗沙>极细沙。样线 D 最大值范围 6.31%～56.21%，最小值范围 0.94%～41.35%；各粒级变异系数分布规律为极细沙>粗沙>细沙>中沙，均值分布规律为中沙>细沙>粗沙>极细沙。样线 E 最大值范围 5.40%～50.47%，

最小值范围 1.21%~45.62%；各粒级变异系数分布规律为极细沙>粗沙>中沙>细沙，均值分布规律为细沙>中沙>粗沙>极细沙。

由表 4-13 可知，电场内不同空间位置的土壤粒径按照极细沙、细沙、中沙和粗沙的粒级划分，分别能够以指数模型、高斯模型、球状模型和高斯模型拟合为变异函数，决定系数 R^2 分别为 0.896、0.998、0.557 和 0.909，除中沙拟合决定系数较低外，其他粒径拟合决定系数均高于 0.89。各高度模拟函数的块金值（C_0）表现为细沙>粗沙>中沙>极细沙，基台值表现与块金值相同，说明细沙的变异性最大，且非随机原因引起的变异最大。除细沙外，各粒级的块金效应[$C_0/$（C_0+C）]小于 25%，说明电场阵列行道处的上述粒径具有强烈的自相关性。各粒级土壤颗粒变程范围为 7.53~25.58m，具有较好的连续性。综合对电场阵列土壤粒径变异系数变化的分析，假设光伏电板与变异情况关系密切，随机因素致使的土壤粒径分布不均占比较小。

表 4-13　电场行道处土壤粒径半方差函数模型参数

高度/cm	最优模型	块金值（C_0）	基台值（C_0+C）	块金效应[$C_0/$（C_0+C）]/%	变程（A）/m	决定系数（R^2）	残差（RSS）
极细沙	指数模型	0.373	3.101	12.03	8.07	0.896	0.012
细沙	高斯模型	16.900	49.250	34.31	20.25	0.998	0.026
中沙	球状模型	0.590	24.010	2.46	7.53	0.557	6.560
粗沙	高斯模型	3.100	47.200	6.57	25.58	0.909	58.500

电场不同位置土壤机械组成分布表现为由样线 A 至样线 E 极细沙变幅呈波动性，无明显规律。在 A_1、A_2 两个观测点粗沙体积百分含量呈增加趋势，之后呈降低趋势，说明光伏阵列由西向东土壤呈现先粗粒化之后逐渐细粒化的变化趋势。电场不同位置的土壤机械组成统计结果显示极细沙和粗沙两种粒级在电场阵列尺度上变化幅度较大。电场内土壤机械组成变异分析结果显示各土壤粒级分别拟合为指数模型、球状模型和高斯模型的变异函数，且具有较好的连续性。

4.1.3　光伏电场表层土壤颗粒空间异质特征

机械组成作为重要的物理性质，是影响土壤风蚀的主要因素之一。基于此，本研究选取乌兰布和沙漠东北缘一个典型光伏电站，采用自制分层取土器采集站内表层土壤，利用激光粒度仪衍射技术测定土壤粒径组成，结合经典统计和地统计学方法，分析了光伏电站内土壤颗粒空间异质性特征，总结出乌兰布和沙漠东北缘地区光伏电站表层土壤粒径分布规律，旨在探讨光伏电站对地表粒度特征的影响，进而为沙漠地区的光伏电站基座风蚀沙埋等治理工作提供理论指导和借鉴。

4.1.3.1　研究方法

试验区选择乌兰布和沙漠光伏产业生态治理园区内一建站 1 年的典型光伏电场，光伏电场规格为 100m×300m。于 2015 年 4 月末进行土壤样品采集：电站内光伏阵列共计由 30 行光伏电板组成，在电站内自北向南方向的第 1、6、12、18、24、30 行按 40m 间距共计采取了 6 行电板不同位置土壤样品，每行电板自西向东按 20m 等间距设置 5 个分点，分别计为 a、b、c、d、e、f，采用自制分层取土器采集样表层 0～5cm 土样，同时在电站外上风向旷野处随机取样作为对照，每个采样点土壤样品采集重复 3 次后均匀混合带回实验室。

4.1.3.2　土壤颗粒体积百分含量的描述性统计特征

变异系数（CV）表示随机变量离散程度，即土壤颗粒分布空间变异程度大小，一般分为弱变异性（CV<10%）、中等变异性（10%<CV<100%）和强变异性（CV>100%）。对不同粒径颗粒体积百分含量均值进行经典统计学分析，如表 4-14 所示。光伏电站内土壤表层颗粒直径范围在 0.05～1mm 的 4 种粒级总含量达到 99.95%，电站外旷野区域 0.05～1mm 的 4 种粒级总含量达到 99.87%，极粗沙与粉沙含量极少可以忽略。电站外旷野裸沙丘区域地表土壤颗粒组成中，0.25～0.1mm 的细沙与 0.5～0.25mm 的中沙平均含量分别为 38.93% 和 47.46%，而电站区域内的细沙颗粒平均含量达到 46.99%，中沙颗粒达到 40.72%，电站内细沙含量增加的同时中沙含量发生下降，0.1～0.05mm 的极细沙与 1～0.5mm 的粗沙含量仅占 3.32% 和 8.92%。4 种颗粒的变异程度均表现为中等变异，就变异程度而言，粗沙>极细沙>中沙>细沙。在 5% 的置信水平下，K-S 检验结果显示 4 种粒经颗粒体积百分含量均服从正态分布，为下一步半方差函数的计算排除了可能存在的比例效应。

表 4-14　地表土壤颗粒体积百分含量的描述统计特征

颗粒直径/mm	位置	平均值/%	最大值/%	最小值/%	标准差/%	变异系数/%	偏度	峰度	K-S
1～0.5	电站	8.92	30.52	1.26	7.05	79.08	1.209	0.701	0.218
	旷野	11.99	15.95	7.08	4.38	36.16	−0.272	−4.257	—
0.5～0.25	电站	40.72	56.21	23.83	7.31	17.94	−0.089	−0.529	0.737
	旷野	47.46	49.18	44.45	2.04	4.30	−1.455	2.201	—
0.25～0.1	电站	46.99	72.30	17.29	12.34	26.27	−0.304	−0.547	0.613
	旷野	38.93	43.04	35.36	3.16	8.13	−0.504	1.426	—
0.1～0.05	电站	3.32	8.96	1.06	1.63	49.18	1.004	0.125	0.654
	旷野	1.49	2.65	0.70	0.88	58.53	−0.878	−0.605	—

4.1.3.3　土壤颗粒体积百分含量的空间变异特征

由表 4-15 可知，4 种颗粒半方差函数拟合结果显示决定系数 R^2 均大于 0.7，4 种颗粒在该研究区域均存在较好的半方差结构，拟合结果较好。0.1～0.05mm 的极细颗粒的最优拟合模型为高斯模型，0.25～0.1mm 的细沙颗粒和 0.5～0.25mm 的中沙颗粒、1～0.5mm 的粗沙颗粒最优模型均为指数模型。块金值（C_0）反映了随机部分引起的变异，即因为实验误差、采样尺度和系统属性本身变异特征等而引起的空间异质性；基台值（C_0+C）指系统空间内总变异。块金值与基台值的比值[$C_0/$（C_0+C）]，又称块金效应，表示随机部分引起的空间变异程度占系统总空间变异程度的比例，当块金效应<25%时，系统具有强烈的空间自相关性；块金效应为 25%～75%时，系统具有中等强度空间自相关性；块金效应>75%时，系统表现出弱空间自相关性。4 种径级颗粒的块金效应均约为 50%，表现出中等强度的空间自相关性，说明 4 种颗粒的空间变异除由结构性因素（气候、地形、母质等非人为因素）引起外，光伏电站的阵列布设、电站过境风气流等因素也对颗粒空间分布产生较大影响。

表 4-15　表层土壤颗粒的半方差函数理论模型及相关参数

颗粒直径/mm	最优模型	块金值（C_0）	基台值（C_0+C）	块金效应[$C_0/$（C_0+C）]/%	变程（A）/m	决定系数（R^2）	残差（RSS）
1～0.5	指数模型	48.5	97.01	49.99	426.3	0.734	517
0.5～0.25	指数模型	42.9	85.81	49.99	614.7	0.870	90.1
0.25～0.1	指数模型	117.6	235.3	49.97	473.7	0.756	2383
0.1～0.05	高斯模型	2.251	4.503	49.98	136.8	0.872	0.595

4.1.3.4　光伏电站不同部位土壤颗粒空间分布

结合变异函数模型及趋势效应参数，利用 Surfer8.0 软件进行空间插值分析，绘制地表颗粒空间分布格局图（图 4-26），图中颜色越浅，表示对应位置颗粒含量越多，反之颗粒含量越少。从 4 种颗粒空间分布格局图来看，各粒径颗粒含量符合大致以电站中心区域和两缘为分界线的升降趋势的空间分布状态，极细沙与粗沙的分布、细沙与中沙的分布表现出了互补的关系，以极细沙与粗沙的互补关系最为明显；0.1～0.05mm 的极细沙在光伏电站内的南北两侧区域与中心区域含量高，1～0.5mm 的粗沙则表现了相反的分布规律；0.25～0.1mm 的细沙与 0.5～0.25mm 的中沙在电站两缘部位均表现为含量较低，两缘内侧站内不同位置上，细沙含量高位置中沙含量相对较低，0.25～0.1mm 的细沙含量以电站中心区域含量最高，向南北两缘过渡逐渐下降，0.5～0.25mm 的中沙含量表现为电站中心含量最低，南北两方向到边缘过渡逐渐上升的趋势。在电站中心区域的颗粒细化程度要明显高于其他区域之外，中心区域周围土壤颗粒分布特征也存在差异，在主害风为西北风的风向下，沿中心区域向南，极细沙、细沙、粗沙颗粒闭合等值线较窄，中沙颗粒闭合等值线则较宽，说明在此部位上，中沙含量颗粒组成比较稳定，变化较为缓慢，而其他 3 种颗粒含量变化较快。

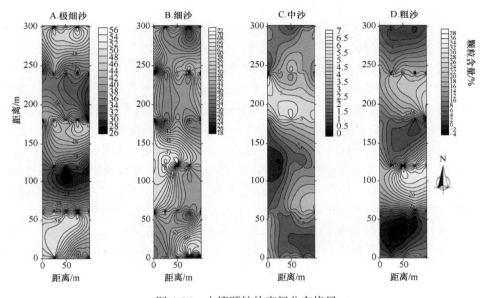

图 4-26 土壤颗粒的空间分布格局

4.2 光伏电站对土壤含水量和蒸发特性的影响

光伏电站在投产使用后，由于光伏电板的特殊结构，势必会对当地土壤水分的分布和蒸发过程产生影响，降水格局的改变及土壤水分的异质性一直受到世界各地生态学研究人员的广泛关注，土壤水分的时间变化和空间分异性可以与水文过程和生态格局产生关联性（张瑞国等，2009；姚淑霞等，2012）。光伏电站区域内土壤水分的变化规律相比电站区域外的土壤水分变化特征更为复杂，土壤水分的变化过程由于电板的影响呈现更为特殊的扰动规律。草原光伏电站区域内的植被恢复主要受土壤水分条件的制约。基于此，本研究拟采用野外观测的方法，对单次降水事件中光伏电板下各位置的降水量进行测定，明确光伏电板对降水的分配作用，并对光伏电板下的土壤水分特征、土壤蒸发量及温湿度指标进行逐日测定，最终通过相关分析及回归分析，揭示光伏电板下降水与土壤水分变化的耦合关系，以期为草原地区光伏电站的水源涵养与生态修复工作提供基础依据。

4.2.1 光伏电板下土壤水分的分异规律

4.2.1.1 研究方法

2017 年 9 月 17 日在基地南区光伏阵列随机选取独立电板作为研究区域，在电板下根据遮阴情况及降水变化情况将光伏电板下方分为 6 个区域，分别为距离光伏电板前沿 50cm 处（A）、光伏电板前沿正下方（B）、光伏电板螺栓连接处正下方（C、E），光伏电板拼接缝隙处正下方（D）光伏电板后沿正下方（F）（图 4-27）。将电站内同样进行耕翻处理但未假设电板的区域作为对照（CK）。在每个位置等间距设定 3 个重复测点，在每个测点布设雨量筒。对 9 月 17 日的单次降水事件中电板下各位置的降水量进行收集测定。并在各测点分别埋设 1 个微型蒸发仪（micro-lysimeter，ML），依据李王成等（2007）的研究成果，本试验所使用 ML 为 PVC 材质，分为内、外两环，内环直径为 8cm，外环直径 10cm，高 15cm，内环底部有纱布封底，以便于土壤进行正常水热交换。在单次降水结束后分别在每天 8：00 和 20：00 将 ML 内环取出，对其进行称重，每日称重的差值即为当日土壤蒸发量。连续称取至恒重或再次发生降水事件时结束称重。在此期间利用 HOBO 小型气象站对每个位置的大气温度、大气湿度及 0～30cm 土层（每 10cm 为 1 层）的土壤体积含水率进行连续观测。

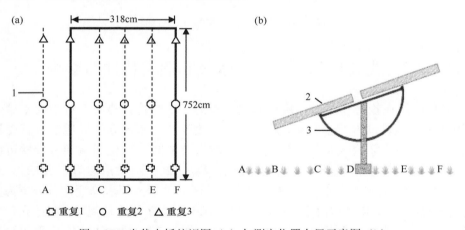

图 4-27　光伏电板俯视图（a）与测定位置布局示意图（b）
1. 样线；2. 光伏电板；3. 光伏支架。A，距离光伏电板前沿 50 cm 处；B，光伏电板前沿正下方；C、E，光伏电板螺栓连接处正下方；D，光伏电板拼接缝隙处正下方；F，光伏电板后沿正下方。下同

4.2.1.2 光伏电板对单次降水的再分配作用

观测期间野外气象数据见表 4-16。9 月 17 日单次降水事件所收集的降水量见

图 4-28，光伏电板下各区域降水量大小依次为 B>D>CK>A>F>C=E，其中位于电板前沿下方汇水处地面所得到的降水量显著大于其他位置的降水量（$P<0.05$），其次为电板正下方的 D 位置，由于光伏电板的截流作用，C 位置和 E 位置无降水。A 位置和 CK 处所获得的降水无显著性差异（$P>0.05$），电板后沿正下方的 F 位置受到电板的干扰，降水量较 CK 处有显著降低（$P<0.05$）。光伏电板前沿下方由于电板的汇水作用较未假设电板处增加了 111.33mm。D 位置收集的降水量占 B 位置的 62.79%。

表 4-16　观测期间野外气象数据

日期（月-日）	平均温度/℃	最高温度/℃	最低温度/℃	风向/°	风速/（km·h⁻¹）
9-17	15.6	23.3	7.9	286（W）	13
9-18	18.1	27.9	8.2	355（N）	13
9-19	17.8	24.7	10.8	333（NW）	15
9-20	17.1	26.4	7.8	258（W）	10
9-21	19.2	26.6	11.8	268（W）	18
9-22	12.8	20.0	5.7	256（W）	15

注：W，正西方向；N，正北方向。

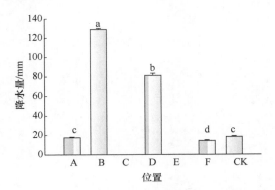

图 4-28　光伏电板下不同位置单次降水量
柱状图中不同字母代表不同位置条件间差异显著（$P<0.05$）

4.2.1.3　降水后电板下各位置土壤水分动态变化

降水结束后 5d 内光伏电板下不同位置各层土壤体积含水率变化规律见图 4-29。土壤体积含水率在 0~10cm 土层表现规律为 D>B>CK>A>F>C>E，CK 处分别占 B 位置和 D 位置的 47.61%、38.08%。该土层的体积含水率随时间的推移呈现逐渐减少的趋势，光伏电板下 B、C、D、E 4 个位置的 0~10cm 土层体积含水率在 5d 内分别下降了 9.93%、77.71%、8.65% 和 80.6%；A、F、CK 3 个位置分别下降了 61.64%、65.81% 和 61.94%。C、E 2 个位置的 0~10cm 土层体积含水率在降雨结束后的第 2 天分别下降 75.14% 和 78.43%，由于光伏电板下没有收集到降水，表层土壤体积含水率较低，导致其入渗速率加快。未架设电板的 A 位置和 CK 处的表层土壤体积含水率的下降速率相比电板下的 B、D 两位置有明显提升。在 10～20cm 土层表现规律为 B>D>C>E>CK>A>F，CK 处分别占 B 和 D 位置的 25.05%、30.27%。其中光伏电板下 B 和 D 位置的 10～20cm 土层由于前期得到充足的降水补给，导致其入渗速率较快，很快达到入渗饱和状态，其体积含水率随时间推移呈现下降趋势，其余位置在该土层体积含水率整体呈现上升趋势，但变化量较小，整体趋于平稳状态。在 20～30cm 土层表现规律为 B>C>E>D>A>CK>F，CK 处分别占 B 和 D 位置的 40.63%、97.54%。该层土壤逐日的体积含水率无明显变化规律。综上所述，光伏电板下 10～20cm 和 20～30cm 土层土壤体积含水率整体高于光伏电板外该层的土壤体积含水率。降水后 5d 内表层土壤体积含水率的变化较 10～20cm 和 20～30cm 土层含水率变化更为明显。

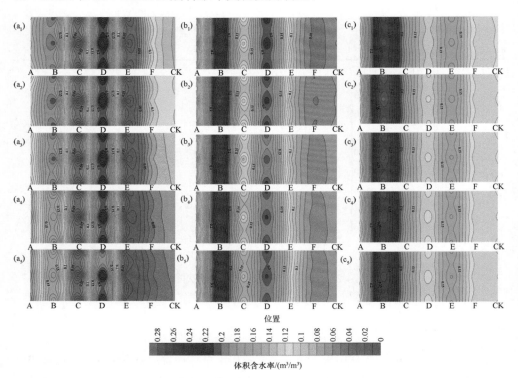

图 4-29　光伏电板下土壤含水率分布规律

（a）、（b）、（c）分别表示 0～10cm、10～20cm 和 20～30cm 土层；下标 1～5 分别表示日期 9 月 18～22 日

4.2.1.4　光伏电板下不同位置土壤含水量变化规律

对于单一植物来说，其生育期内对土壤水分的需求呈现先增加后减少的变化趋势，在植物营养生长与生殖生长共同进行时，需水量达到最大，占整个生育期

的 60%左右。图 4-30 为待测月份各土层土壤体积含水量变化规律。光伏电板下不同位置在 0～10cm 土层含水量 6 月变化规律为 D>F>B>CK>E>A>C；7 月变化规律为 D>B>CK>A>F>E>C；8 月变化规律为 B>D>A>CK>C>F>E。表层土壤水分的分布情况很大程度上受到降水的影响，光伏电板对降水形成再分配的同时对于板下表层土壤水分的空间异质性也形成了调控作用。10～20cm 土层含水量，6 月变化规律为 D>F>B>E>C>CK>A；7 月变化规律为 D>F>B>C>E>CK>A；8 月变化规律为 D>B>F>C>E>CK>A。降水结束后表层土壤入渗会使中间土层土壤水分得到补给，因此中间土层含水量的分布同样受到降水的影响。20～30cm 土层含水量，6 月变化规律为 D>F>C>E>B>C>A；7 月变化规律为 D>B>F>E>C>CK>A；8 月变化规律为 D>B>F>E>C>CK>A。土壤水分下渗的同时，电板的遮挡作用可减少板下各位置之间的土壤水分蒸发，使入渗过程持续较长时间，而未遮阴部分土壤水分蒸散作用导致水分无法和板下土壤以相同的水平进行下渗，因而深层土壤的含水量较电板下有明显减少。

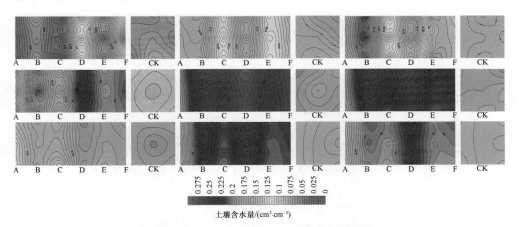

图 4-30 光伏电板下不同位置各土层土壤体积含水量

表 4-17 为各待测月份不同土层土壤含水量的变异系数，从表中可知，6 月的 0～10cm 土层含水量变异性最大，20～30cm 土层含水量变异性次之，10～20cm 土层含水量变异性最小。7 月和 8 月土壤含水量变异性从 0～30cm 呈现逐渐减小的变化趋势，由此可知表层土壤含水量相对不稳定，变异性较强，随着土层深度的增加，土壤水分会逐渐形成稳定的分布格局。

表 4-17 待测月份不同土层土壤含水量变异系数

土层深度	6 月	7 月	8 月
0～10cm	0.23	0.03	0.05
10～20cm	0.03	0.02	0.03
20～30cm	0.04	0.01	0.02

4.2.2 光伏电板下土壤水分蒸发量变化规律

图 4-31 为光伏电板下不同位置（ML）中土壤水分蒸发量的变化情况。不同位置单日平均土壤水分蒸发量在 6 月整体表现为 B>CK>D>A>C>F>E，B 位置的土壤水分蒸发量最大（达 0.19mm）；E 位置的土壤水分蒸发量最小（为 0.12mm）。电板前沿下方的样线 B 具有较高的土壤含水量，伴随长时间的太阳辐射使其土壤水分蒸发量较其他位置有明显的增加。7 月整体表现为 D>B>CK>A>F>C>E，D 位置的土壤水分蒸发量最大（达 0.33mm），E 位置的土壤水分蒸发量最小（为 0.13mm）。由图中可知，板下可以得到雨水补给的 D 位置和 B 位置的土壤水分蒸发量整体较高，板下被长期遮阴的位置土壤水分蒸发量较低。8 月整体表现为 B>D>CK>A>C>F>E，B 位置的土壤水分蒸发量最大（达 0.45mm），E 位置的土壤水分蒸发量最小（为 0.19mm）。随着月平均气温的不断升高，电板下土壤水分蒸发量呈现逐月升高的变化趋势，其中具有降水补给的 B 位置、D 位置以及正常降水且无电板遮挡的位置土壤水分蒸发量较高，电板长期遮阴的位置土壤水分蒸发量明显降低，光伏电板的布设对土壤水分蒸发量产生了较大影响，从而为光伏电板下羊草生长提供了良好的水分环境。

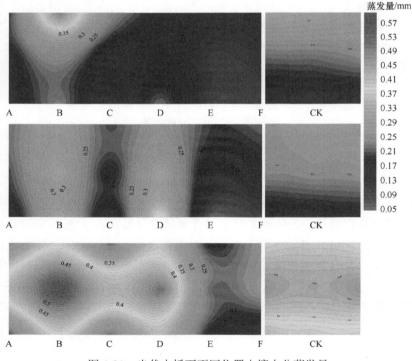

图 4-31　光伏电板下不同位置土壤水分蒸发量

　　降水结束后光伏电板下土壤水分蒸发量的变化规律见图 4-32，降水结束 4d
后微型蒸发仪的土壤质量不再发生改变。电板前沿的 A 位置与 B 位置总体累计土
壤水分蒸发量较高，其中 B 位置的累计土壤水分蒸发量达到了 5.73mm。电板下
方只有 D 位置的土壤水分蒸发量较高，光伏电板下的 C、E 和 F 位置的土壤 4d
累积水分蒸发量分别为 3.52mm、2.76mm 和 2.91mm，但均低于 CK 处的累积土壤
水分蒸发量。光伏电板有效减少了表层土壤水分蒸发量。

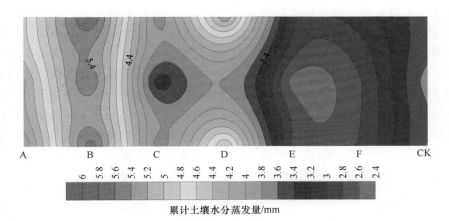

图 4-32　光伏电板下不同位置累计土壤水分蒸发量

　　光伏电板下大气温湿度的变化特征见表 4-18。不同空间位置处大气温度整体
表现为 CK>A>F>E>B>C>D，未架设电板的 CK 处大气温度较 A～F 位置的大气
温度分别高出 2.19℃、3.38℃、4.92℃、5.17℃、3.24℃和 2.98℃，电板前沿的 A
位置较电板正下方的 C 位置和 D 位置具有显著性差异（$P<0.05$），其他位置均无
显著性差异（$P>0.05$）。光伏电板下大气湿度整体表现为 B>A>D>CK>E>C>F，其
中电板前沿正下方的 B 位置大气湿度最高（77.93%），A 位置次之，二者之间无
显著性差异（$P>0.05$），电板下其他位置和 CK 大气湿度均显著低于 A、B 位置
（$P<0.05$）。电板下的低温高湿环境也促使土壤水分蒸发量低于电板外的土壤水分
蒸发量。

表 4-18　光伏电板下大气温湿度变化规律

指标	测定位置						CK
	A	B	C	D	E	F	
温度/℃	16.65±1.37ab	15.46±1.27bc	13.92±1.81c	13.67±1.73c	15.60±1.35bc	15.86±1.82bc	18.84±2.91a
湿度/%	75.58±7.90a	77.93±8.22a	55.64±4.98bc	64.25±2.79b	56.15±1.56bc	53.48±4.09c	57.77±9.3bc

　　注：数据为均值±标准差，同行不同字母表示不同位置间再 $P<0.05$ 置信水平上具有显著差异。

4.2.3 光伏电板下土壤蓄水量与降水量的关系

光伏电板下不同土层蓄水量与降水量的关系见图 4-33。0～10cm 土层的土壤蓄水量与光伏电板调控下的降水量具有较好的拟合关系，R^2＝0.7166；10～20cm 土层蓄水量与光伏电板调控下降水量的拟合度最高，R^2＝0.8292；20～30cm 土层的蓄水量与降水量的拟合程度较低，R^2＝0.3345。由表 4-19 可知，0～10cm 土层蓄水量随着时间的推移，与降水量的相关系数由 0.79 增大到 0.90，该层土壤蓄水量与降水量的相关性逐渐增强。表层土壤在降水结束后处于不稳定状态，经过垂直入渗一段时间后逐渐达到稳定状态。10～20cm 土层蓄水量与降水量的逐日关系呈现先增大后减小的趋势，其相关系数由 0.91 上升至 0.94，随后下降至 0.87，但总体对降水的响应程度较表层土壤含水率明显升高。20～30cm 土层蓄水量逐日变化不明显。光伏电板下不同位置的表层土壤蓄水量对降水具有积极的反馈，光伏电板下土壤蓄水量的分配很大程度上受到降水再分配的调控，同时板下土壤水分对于降水的反馈具有一定滞后性。

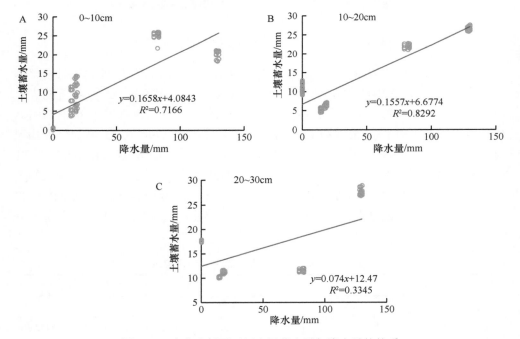

图 4-33　光伏电板下不同土层蓄水量与降水量的关系

表 4-19　降水量与逐日各层土壤蓄水量的相关关系

指标		降水量	9-18 蓄水量			9-19 蓄水量			9-20 蓄水量			9-21 蓄水量			9-22 蓄水量		
			0~10 cm	10~20 cm	20~30 cm	0~10 cm	10~20 cm	20~30 cm	0~10 cm	10~20 cm	20~30 cm	0~10 cm	10~20 cm	20~30 cm	0~10 cm	10~20 cm	20~30 cm
降水量		1															
09-18	0~10 cm	0.79**	1														
	10~20 cm	0.91**	0.60**	1													
	20~30 cm	0.57**	-0.05	0.65**	1												
09-19	0~10 cm	0.84**	0.99**	0.67**	0.03	1											
	10~20 cm	0.93**	0.63**	0.99**	0.67**	0.69**	1										
	20~30 cm	0.60**	-0.01	0.66**	0.99**	0.07	0.68**	1									
09-20	0~10 cm	0.88**	0.97**	0.76**	0.13	0.98**	0.78**	0.16	1								
	10~20 cm	0.94**	0.63**	0.98**	0.68**	0.70**	0.99**	0.69**	0.78**	1							
	20~30 cm	0.59**	-0.02	0.65**	0.99**	0.06	0.67**	0.99**	0.15	0.68**	1						
09-21	0~10 cm	0.89**	0.94**	0.83**	0.18	0.96**	0.84**	0.21	0.99**	0.83**	0.20	1					
	10~20 cm	0.91**	0.57**	0.99**	0.70**	0.65**	0.99**	0.70**	0.74**	0.99**	0.70**	0.80**	1				
	20~30 cm	0.57**	-0.04	0.64**	0.98**	0.04	0.66**	0.99**	0.13	0.67**	0.99**	0.18	0.69**	1			
09-22	0~10 cm	0.90**	0.92**	0.85**	0.22	0.95**	0.86**	0.24	0.98**	0.86**	0.23	0.99**	0.83**	0.21	1		
	10~20 cm	0.87**	0.51**	0.99**	0.72**	0.58**	0.98**	0.72**	0.68**	0.98**	0.72**	0.75**	0.99**	0.71**	0.78**	1	
	20~30 cm	0.57**	-0.05	0.64**	0.99**	0.03	0.66**	0.99**	0.12	0.67**	0.99**	0.17	0.69**	0.99**	0.21	0.71**	1

注：*表示 $P<0.05$；**表示 $P<0.01$；0~10 cm、10~20 cm 和 20~30 cm 分别表示土层；9-18 表示日期 9 月 18 日，其余类推；表 4-20 同。

4.2.4 光伏电板下土壤水分蒸发量与降水量及土壤含水率的关系

降水后 4d 光伏电板下的累积土壤水分蒸发量与降水量的关系见图 4-34。光伏电板下累计土壤蒸发量与降水量拟合程度较高，R^2 为 0.7716。降水结束后，光伏电板下各层土壤初始体积含水率与逐日土壤水分蒸发量的相关关系见表 4-20：降水后 4d 内土壤水分蒸发量与 0~10cm 土层初始体积含水率的相关系数由 0.393 上升至 0.721；降水后 4d 内土壤水分蒸发量与 10~20cm 土层初始体积含水率的相关系数由 0.355 上升至 0.787；降水后 4d 内土壤水分蒸发量与 20~30cm 土层初始体积含水率的相关系数由 0.356 上升至 0.501，0~10cm 和 10~20cm 土层的体积含水率与土壤水分蒸发量的相关性大于 20~30cm 土层体积含水率与土壤水分蒸发量的相关性。

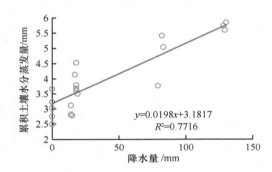

图 4-34 光伏电板下累积土壤水分蒸发量与降水量的关系

表 4-20 降水结束后各土层初始体积含水率与逐日土壤水分蒸发量的相关关系

土层、日期	初始土壤体积含水率			土壤水分蒸发量			
	0~10 cm	10~20 cm	20~30 cm	9-18	9-19	9-20	9-21
0~10 cm	1						
10~20 cm	0.602**	1					
20~30 cm	−0.045	0.653**	1				
9-18	0.393	0.355	0.356	1			
9-19	0.620**	0.655**	0.454*	0.672**	1		
9-20	0.617**	0.680**	0.494*	0.601**	0.978**	1	
9-21	0.721**	0.787**	0.501*	0.567**	0.944**	0.965**	1

4.3 光伏电站不同恢复措施对土壤养分含量的影响

对于荒漠化的防治，主要是通过工程措施和生物措施等治理方法。工程措施主要是以防护林和相对密集的模状设施设立沙障；生物措施主要是选择沙生植物进行播种、培育，以防沙漠化进一步扩散和恶化（赵勇，2016；移小勇等，2007）。植被恢复作为治理荒漠化的必要措施，可以通过其根系与土壤进行物质能量交换，对周围环境因子产生重要影响（柏延芳，2008），且植被是土壤形成的重要因素（朱志诚，1993）。通过土壤与植被之间的相互作用来改善土壤结构，提高土壤使用效率和土壤质量，使生态环境得到改善（鲍雅静等，2006）。甘草（*Glycyrrhiza uralensis*）为豆科多年生草本植物，主要生长在荒漠半荒漠地区，其适应性极强，具有良好的抗寒、耐热、耐旱、抗盐碱等特性（叶丽娜等，2020），对土壤要求不高，且根系发达，根状茎呈网状在地下纵横交错；随着种植年限的增加，在种植3年以后距母株3～4m处可长出新的植株，形成株丛，能够防风固沙（王玉庆等，2004），改良土壤，绿化荒漠，维持生态平衡，是干旱、半干旱地区的重要自然资源（徐小涛等，2001）。土壤养分指标是评价土壤自然肥力的重要因素之一（张星杰等，2009），能为植物生长发育提供必需的营养元素，其含量的大小对作物的生长有着重要影响。鉴于此，本研究分析光伏电站内各位置在不同植被恢复措施下的土壤有机碳、速效养分、全效养分含量的变化特征，探讨不同深度间土壤化学性质的变化规律及差异性，揭示光伏电站内不同植被恢复措施下的土壤化学特征。

4.3.1 研究方法

采样时间为2020年7月上旬，采样位置为光伏阵列板间和板下（图4-35）。在植株下挖掘1个土壤剖面，用环刀采集0～5cm、5～10cm、10～20cm和20～30cm土层深度土壤样品，测定土壤容重、含水率、孔隙度和含水率等指标；用自封袋采集表土（结皮或0～0.5cm覆土）、0～5cm、5～10cm、10～20cm和20～30cm土层深度土壤样品约500g，测定土壤有机质、氮、磷和钾等指标；在同一排光伏电板设置3个重复，对照选取电站外无植被的流动沙地。

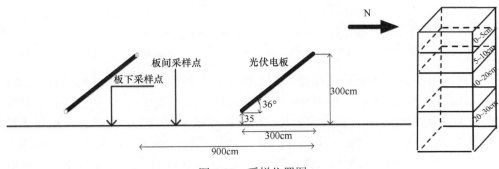

图4-35 采样位置图

4.3.2　不同恢复措施土壤有机质含量差异

　　土壤有机质作为土壤的重要组成物质，可以改善土壤物理、化学性质，并促进植物生长，是评价土壤肥力和质量的重要指标。对比图 4-36 中不同恢复措施板间土壤有机质含量发现，甘草措施下表土层的有机质含量为 12.64g·kg⁻¹，0~5cm土层有机质含量为 4.25g·kg⁻¹，5~10cm 土层有机质含量为 3.95g·kg⁻¹，显著大于其他措施和对照（$P<0.05$），各措施间显著性不相关（$P<0.05$）。10~20cm 土层有机质含量大小为羊草>芦苇>油蒿>甘草>花棒>对照，各措施间均无显著关系（$P>0.05$）；20~30cm 土层羊草措施下的有机质含量显著大于其他措施（$P>0.05$），为 2.14g·kg⁻¹。土壤有机质含量均值在 0~30cm 土层中整体趋势为甘草（4.70g·kg⁻¹）>花棒（2.77g·kg⁻¹）>羊草（2.41g·kg⁻¹）>芦苇（1.56g·kg⁻¹）>油蒿（1.43g·kg⁻¹）>对照（1.38g·kg⁻¹）。

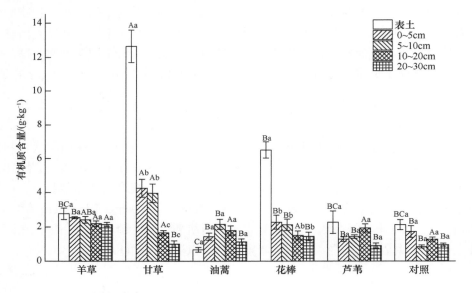

图 4-36　不同恢复措施板间土壤有机质含量
不同大写字母表示相同土层不同措施之间的差异，不同小写字母表示相同措施不同土层之间的差异；下同

　　对比图 4-37 中不同恢复措施板下土壤有机质含量发现，甘草措施下表土层的有机质含量为 3.29g·kg⁻¹，0~5cm 土层有机质含量为 2.29g·kg⁻¹，5~10cm 土层有机质含量为 1.96g·kg⁻¹，显著大于其他措施和对照（$P<0.05$），各措施间无显著相关性（$P<0.05$）。10~20cm 土层有机质含量大小为羊草>芦苇>油蒿>甘草>花棒>对照，各措施间均无显著相关性（$P>0.05$）；20~30cm 土层羊草措施下的有机质含量显著大于其他措施（$P>0.05$），为 2.85g·kg⁻¹。土壤有机质含量均值在 0~30cm

土层中整体趋势为甘草（2.62g·kg⁻¹）>羊草（2.45g·kg⁻¹）>花棒（2.16g·kg⁻¹）>油蒿（1.54g·kg⁻¹）=对照（1.54g·kg⁻¹）>芦苇（0.59g·kg⁻¹）。

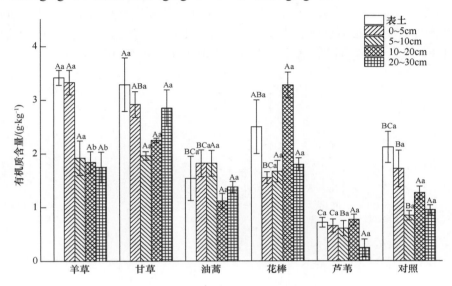

图4-37　不同恢复措施板下土壤有机质含量

各位置土壤有机质含量在不同土层间具有明显差异。羊草措施下有机质含量随土层加深而减少，表土层（3.42g·kg⁻¹）至 20~30cm（1.75g·kg⁻¹）土层下降了48.77%，表土层和 0~5cm 土层有机质含量显著大于 5~30cm 土层（$P<0.05$）；甘草措施下有机质含量随土层加深先减后增，表土层（3.29g·kg⁻¹）至 5~10cm（1.96g·kg⁻¹）土层下降了 40.41%，不同土层间有机质含量不显著（$P>0.05$）；油蒿措施下有机质含量在0~5cm 和 5~10cm 土层出现最大值（1.82g·kg⁻¹），在 10~20cm土层出现最小值（1.12g·kg⁻¹），减少了 38.62%，土层间差异性不显著（$P>0.05$）；花棒措施下有机质含量在 10~20cm 土层出现最大值（3.28g·kg⁻¹），在 0~5cm 土层出现最小值（1.55g·kg⁻¹），减少了 52.88%，土层间差异性不显著（$P>0.05$）；芦苇措施下有机质含量在 10~20cm 土层出现最大值（0.76g·kg⁻¹），在 20~30cm 土层出现最小值（0.24g·kg⁻¹），减少了 67.85%，土层间差异性不显著（$P>0.05$）；

相同植被措施在不同位置的有机质含量存在差异（图4-38）。羊草措施下 0~30cm 土层在板间和板下的有机质含量分别为 2.41g·kg⁻¹、2.45g·kg⁻¹，其中表土层和 0~5cm 土层均表现为板间<板下，5~30cm 土层均表现为板间>板下。甘草措施下 0~30cm 土层在板间和板下的有机质含量分别为 4.70g·kg⁻¹、2.65g·kg⁻¹，其中 0~10cm 土层均表现为板间>板下，10~30cm 土层均表现为板间<板下。油蒿措施下 0~30cm 土层在板间和板下的有机质含量分别为 1.43g·kg⁻¹、1.54g·kg⁻¹，

其中表土、0～5cm 和 20～30cm 土层均表现为板间<板下，5～20cm 土层均表现为板间>板下。花棒措施下 0～30cm 土层在板间和板下的有机质含量分别为 2.77g·kg^{-1}、2.16g·kg^{-1}，其中表土层和 0～10cm 土层均表现为板间>板下，10～30cm 土层均表现为板间<板下。芦苇措施下 0～30cm 土层在板间和板下的有机质含量分别为 1.56g·kg^{-1}、0.59g·kg^{-1}，各土层土壤有机质含量均表现为板间>板下。

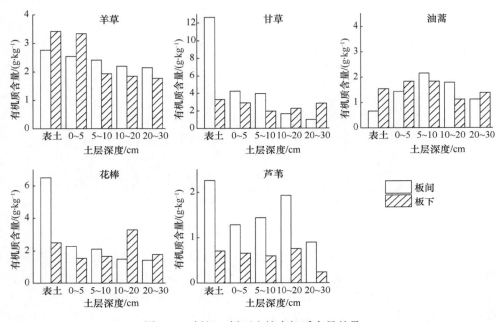

图 4-38　板间、板下土壤有机质含量差异

4.3.3　不同恢复措施土壤氮元素含量差异

土壤碱解氮是土壤中能够直接被植被吸收利用的氮素形式，也是衡量土壤供氮能力、反映土壤氮素有效性的重要指标，图 4-39 为不同恢复措施板间土壤碱解氮含量变化规律。表土层碱解氮含量在羊草（24.62mg·kg^{-1}）、甘草（28.42mg·kg^{-1}）、花棒（29.52mg·kg^{-1}）措施下显著大于油蒿、芦苇和对照组（$P<0.05$）；0～5cm 土层碱解氮含量大小规律为羊草>芦苇>花棒>油蒿>甘草>对照，其他措施间的碱解氮含量差异性不显著（$P>0.05$）；5～10cm 土层碱解氮含量在花棒措施下（15.58mg·kg^{-1}）显著大于甘草、芦苇和对照（$P<0.05$），羊草（13.35mg·kg^{-1}）和油蒿（13.06mg·kg^{-1}）措施下显著大于芦苇和对照（$P<0.05$），其他措施间的碱解氮含量差异性不显著（$P>0.05$）；10～20cm 土层碱解氮含量在羊草措施下（11.42mg·kg^{-1}）显著大于芦苇、甘草、油蒿措施和对照（$P<0.05$），其他措施间的

碱解氮含量差异性不显著（$P>0.05$）；20～30cm 土层碱解氮含量大小规律为花棒>羊草>甘草>芦苇>油蒿>对照，其中羊草、甘草、花棒和芦苇措施显著大于油蒿和对照（$P<0.05$），其他措施间的碱解氮含量差异性不显著（$P>0.05$）；0～30cm 土层碱解氮含量均值大小规律为花棒（16.15mg·kg^{-1}）>羊草（15.46mg·kg^{-1}）>甘草（13.64mg·kg^{-1}）>芦苇（12.37mg·kg^{-1}）>油蒿（10.31mg·kg^{-1}）>对照（2.56mg·kg^{-1}）。

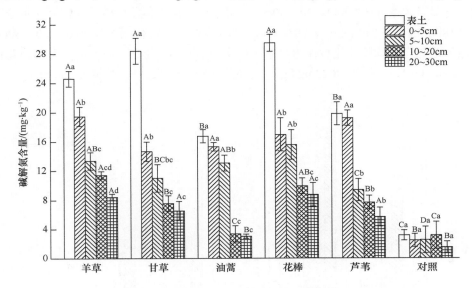

图 4-39　不同恢复措施板间土壤碱解氮含量

随着土层加深，碱解氮含量出现差异，整体都趋于随土层加深而减少。羊草措施下从表土层（24.62mg·kg^{-1}）至 20～30cm（8.45mg·kg^{-1}）土层降低了 65.68%，其余土层间含量变化不显著（$P>0.05$）；甘草措施下从表土层（28.42mg·kg^{-1}）至 20～30cm（6.55mg·kg^{-1}）土层降低了 76.42%，其余土层间含量变化不显著（$P>0.05$）；油蒿措施下从表土层（16.79mg·kg^{-1}）至 20～30cm（3.03mg·kg^{-1}）土层降低了 81.95%，5～10cm 土层的碱解氮含量与其余土层差异性显著（$P<0.05$），其余土层间含量变化不显著（$P>0.05$）；花棒措施下从表土层（29.52mg·kg^{-1}）至 20～30cm（8.75mg·kg^{-1}）土层降低了 70.36%，表土层的碱解氮含量与其余土层差异性显著（$P<0.05$），其余土层间含量变化不显著（$P>0.05$）；芦苇措施下从表土层（19.85mg·kg^{-1}）至 20～30cm（5.68mg·kg^{-1}）土层降低了 71.39%，其余土层间含量变化不显著（$P>0.05$）。

图 4-40 为不同恢复措施板下土壤碱解氮含量变化规律。表土层甘草措施碱解氮含量为 25.08mg·kg^{-1}，显著大于油蒿、芦苇措施和对照（$P<0.05$），其他措施间均无显著关系（$P>0.05$）；0～5cm 土层甘草措施碱解氮含量为 24.22mg·kg^{-1}，显著大于其他措施和对照（$P<0.05$），羊草、芦苇、花棒措施碱解氮含量分别为 15.98mg·kg^{-1}、

13.25mg·kg^{-1}、12.38mg·kg^{-1}，均显著大于油蒿措施和对照（$P<0.05$），其他措施间均无显著关系（$P>0.05$）；5～10cm 土层甘草和羊草措施碱解氮含量分别为14.65mg·kg^{-1}、13.18mg·kg^{-1}，均显著大于油蒿、芦苇措施和对照（$P<0.05$），其他措施间均无显著关系（$P>0.05$）；10～20cm 土层甘草和花棒措施碱解氮含量分别为11.01mg·kg^{-1}、10.62mg·kg^{-1}，显著大于油蒿、芦苇措施和对照（$P<0.05$），其他措施间均无显著关系（$P>0.05$）；20～30cm 土层羊草、花棒和甘草措施碱解氮含量分别为7.18mg·kg^{-1}、6.84mg·kg^{-1}、4.91mg·kg^{-1}，均显著大于芦苇措施（$P<0.05$）。0～30cm土层碱解氮含量均值变化规律为甘草（15.97mg·kg^{-1}）>羊草（13.06mg·kg^{-1}）>花棒（12.23mg·kg^{-1}）>芦苇（8.22mg·kg^{-1}）>油蒿（7.57mg·kg^{-1}）>对照（2.56mg·kg^{-1}）。

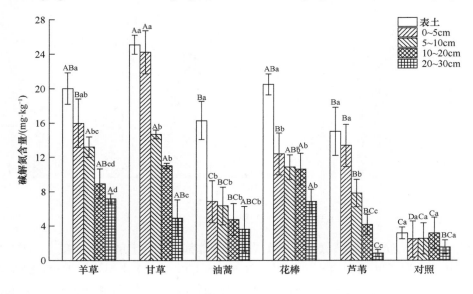

图 4-40　不同恢复措施板下土壤碱解氮含量

　　相同恢复措施在不同位置的碱解氮含量存在差异（图 4-41）。羊草措施下 0～30cm 土层在板间和板下的碱解氮含量分别为 15.46mg·kg^{-1}、13.06mg·kg^{-1}，各土层土壤碱解氮含量均表现为板间>板下。甘草措施下 0～30cm 土层在板间和板下的碱解氮含量分别为 13.64mg·kg^{-1}、15.97mg·kg^{-1}，其中表土层和 20～30cm 土层均表现为板间>板下，5～20cm 土层均表现为板间<板下。油蒿措施下 0～30cm 土层在板间和板下的碱解氮含量分别为 10.31mg·kg^{-1}、7.57mg·kg^{-1}，其中表土层和 0～10cm 土层均表现为板间>板下，10～30cm 土层均表现为板间<板下。花棒措施下 0～30cm 土层在板间和板下的碱解氮含量分别为 16.15mg·kg^{-1}、12.23mg·kg^{-1}，其中表土、0～10cm 和 20～30cm 土层均表现为板间>板下，10～20cm 土层均表现为板间<板下。芦苇措施下 0～30cm 土层在板间和板下的碱解氮含量分别为

12.37mg·kg^{-1}、8.22mg·kg^{-1}，各土层土壤碱解氮含量均表现为板间>板下。

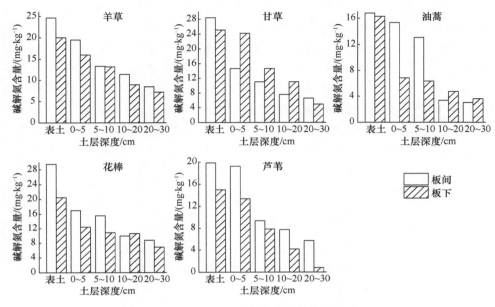

图 4-41　板间、板下土壤碱解氮含量差异

　　图 4-42 为不同恢复措施板间土壤全氮含量变化规律。表土层全氮含量在甘草（0.24g·kg^{-1}）、花棒（0.23g·kg^{-1}）措施下显著大于其他措施和对照组（$P<0.05$），其他措施间的全氮含量差异性不显著（$P>0.05$）；0～5cm 土层全氮含量在羊草、甘草和花棒措施下均为 0.07g·kg^{-1}，显著大于其他措施和对照组（$P<0.05$），其他措施间的全氮含量差异性不显著（$P>0.05$）；5～10cm 土层全氮含量在芦苇措施下（0.02g·kg^{-1}）显著小于其他措施和对照（$P<0.05$），其他措施间的全氮含量差异性不显著（$P>0.05$）；10～20cm 土层全氮含量大小规律为芦苇=羊草=甘草=花棒=对照>油蒿，各措施间全氮含量差异性不显著（$P>0.05$）；20～30cm 土层全氮含量在羊草措施下为 0.06g·kg^{-1}，显著大于甘草、花棒和对照组（$P<0.05$），油蒿和芦苇显著大于甘草、花棒和对照组（$P<0.05$），其他措施间的全氮含量差异性不显著（$P>0.05$）；0～30cm 土层全氮含量均值大小规律为花棒（0.09g·kg^{-1}）=羊草（0.09g·kg^{-1}）>甘草（0.06g·kg^{-1}）>油蒿（0.05g·kg^{-1}）=芦苇（0.05g·kg^{-1}）=对照（0.05g·kg^{-1}）。

　　随着土层加深，全氮含量出现差异，羊草措施下全氮含量在 0～5cm 土层最大（0.07g·kg^{-1}），20～30cm 土层最小（0.05g·kg^{-1}），降低 28.57%，其余土层间含量变化不显著（$P>0.05$）；甘草措施下从表土层（0.23g·kg^{-1}）至 20～30cm（0.02g·kg^{-1}）土层降低了 91.30%，且全氮含量在表土层显著大于 0～30cm 土层

（*P*<0.05），0～5cm、5～10cm 和 10～20cm 土层间差异性不显著（*P*>0.05），但显著大于 20～30cm 土层（*P*<0.05）；油蒿措施下表土、0～5cm 和 20～30cm 土层全氮含量相同且最大（0.05g·kg⁻¹），显著大于 5～10cm 和 10～20cm 土层（*P*<0.05）。花棒措施下全氮含量随着土层深度的加深均表现为减少趋势，花棒措施从表土层（0.24g·kg⁻¹）到 20～30cm 土层（0.02g·kg⁻¹）降幅达 91.67%，且 5～10cm 和 10～20cm 土层间全氮含量无显著相关性（*P*>0.05），其他土层间有显著相关性（*P*<0.05）。芦苇措施下表土层和 10～20cm 土层含量最大（0.06g·kg⁻¹），5～10cm 最小（0.02g·kg⁻¹），降低了 66.67%，且全氮含量在表土层和 10～20cm 土层大于其他土层（*P*<0.05），在 0～5cm 和 20～30cm 土层大于 5～10cm 土层（*P*<0.05）。

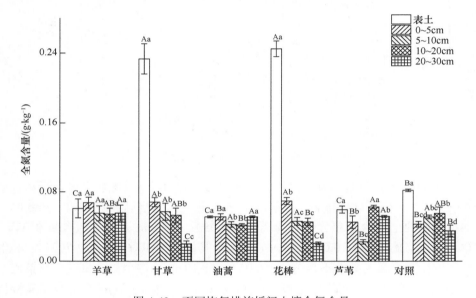

图 4-42　不同恢复措施板间土壤全氮含量

图 4-43 为不同恢复措施板下土壤全氮含量变化规律。表土层全氮含量在羊草（0.17g·kg⁻¹）措施下显著大于其他措施和对照组（*P*<0.05），其他措施间的全氮含量差异性不显著（*P*>0.05）；甘草措施下显著大于油蒿、花棒、芦苇和对照（*P*<0.05），油蒿、花棒和芦苇措施间差异性不显著（*P*>0.05）；0～5cm 土层全氮含量在甘草措施下（0.09g·kg⁻¹）显著大于其他措施和对照组（*P*<0.05），羊草和芦苇措施下大于油蒿、花棒和对照（*P*<0.05）；5～10cm 土层全氮含量在羊草措施下（0.09g·kg⁻¹）显著大于其他措施和对照（*P*<0.05），甘草和芦苇措施下显著大于油蒿和花棒（*P*<0.05），其他措施间的全氮含量差异性不显著（*P*>0.05）；10～20cm 土层全氮含量在羊草措施下显著大于其他措施和对照（*P*<0.05），在甘草措施下显著大于油蒿、花棒和芦苇（*P*<0.05），芦苇措施显著大于油蒿和花棒（*P*<0.05），芦苇与花

棒措施之间差异性不显著（$P>0.05$）；20～30cm 土层全氮含量在羊草措施下为 0.06g·kg^{-1}，显著大于其他措施和对照组（$P<0.05$），其他措施间的全氮含量差异性不显著（$P>0.05$）；0～30cm 土层全氮含量均值大小规律为羊草（0.09g·kg^{-1}）>甘草（0.07g·kg^{-1}）>芦苇（0.06g·kg^{-1}）>对照（0.05g·kg^{-1}）>油蒿（0.04g·kg^{-1}）>花棒（0.04g·kg^{-1}）。

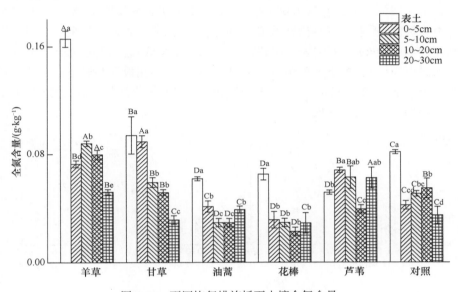

图 4-43　不同恢复措施板下土壤全氮含量

随土层加深，全氮含量出现差异，羊草措施下全氮含量从表土层（0.17g·kg^{-1}）至 20～30cm（0.05g·kg^{-1}）土层降低了 80.00%，各土层间差异性显著（$P>0.05$）；甘草措施下随土层加深全氮含量减小，由表土层（0.09g·kg^{-1}）至 20～30cm（0.03g·kg^{-1}）土层降低了 66.67%，表土层与 0～20cm 土层差异性不显著（$P>0.05$），其余土层间均有显著性差异（$P<0.05$）；油蒿措施下随土层加深全氮含量先减后增，表土层达最大（0.06g·kg^{-1}），5～20cm 土层最小（0.03g·kg^{-1}），降低了 50.00%，且全氮含量在表土层大于其他土层（$P<0.05$），在 0～5cm 和 20～30cm 土层大于 5～10cm 和 10～20cm（$P<0.05$），各土层间差异性显著（$P<0.05$）；花棒措施下从表土层（0.07g·kg^{-1}）至 10～20cm（0.02g·kg^{-1}）土层降低了 71.43%，且全氮含量在表土层显著大于其他土层（$P<0.05$），各土层间差异性显著（$P<0.05$）；芦苇措施下从 0～5cm 土层（0.07g·kg^{-1}）至 10～20cm（0.04g·kg^{-1}）土层降低了 42.86%，且全氮含量在表土、0～5cm 和 10～20cm 土层差异性显著（$P<0.05$），其余土层间也有显著差异（$P<0.05$）。

相同恢复措施在不同位置的全氮含量存在差异（图 4-44）。羊草措施下 0～

30cm 土层在板间和板下的全氮含量分别为 0.06g·kg^{-1}、0.09g·kg^{-1}，其中表土层和 0～20cm 土层均表现为板间<板下，20～30cm 土层均表现为板间>板下；甘草措施下 0～30cm 土层在板间和板下的全氮含量分别为 0.09g·kg^{-1}、0.07g·kg^{-1}，其中表土层表现为板间>板下，0～5cm 和 20～30cm 土层均表现为板间<板下，5～10cm 和 10～20cm 土层均表现为板间=板下；油蒿措施下 0～30cm 土层在板间和板下的全氮含量分别为 0.05g·kg^{-1}、0.04g·kg^{-1}，其中表土层表现为板间<板下，其余土层均表现为板间>板下；花棒措施下 0～30cm 土层在板间和板下的全氮含量分别为 0.09g·kg^{-1}、0.04g·kg^{-1}，其中表土层和 0～20cm 土层均表现为板间>板下，20～30cm 土层均表现为板间<板下；芦苇措施下 0～30cm 土层在板间和板下的全氮含量分别为 0.05g·kg^{-1}、0.06g·kg^{-1}，其中表土层和 10～20cm 土层均表现为板间>板下，其他土层均表现为板间<板下。

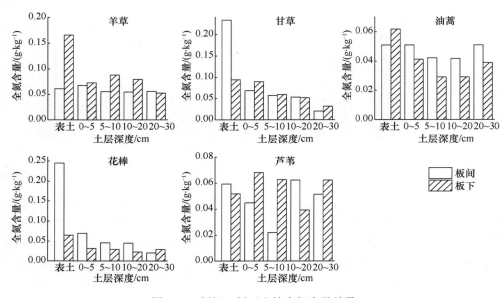

图 4-44　板间、板下土壤全氮含量差异

4.3.4　不同恢复措施土壤磷元素含量差异

速效磷含量是决定植物生长和土壤生产力的重要因素之一，它的主要作用是促进作物体内营养物质的运输、转化和积累等生理合成与代谢。图 4-45 所示为不同恢复措施板间土壤速效磷含量变化规律。表土层速效磷含量在花棒（15.12mg·kg^{-1}）措施下显著大于油蒿、芦苇和对照组（$P<0.05$），在甘草和羊草措施下显著大于芦苇和对照（$P<0.05$），其他措施间的速效磷含量差异性不显著（$P>0.05$）；0～5cm 土层速效磷含量在花棒措施下（16.53mg·kg^{-1}）显著大于羊草和对照（$P<0.05$），

其他措施间的速效磷含量差异性不显著（P>0.05）；5～10cm 土层速效磷含量在花棒措施下（19.30mg·kg⁻¹）显著大于其他措施和对照（P<0.05），其他措施间的速效磷含量差异性不显著（P>0.05）；10～20cm 土层速效磷含量在花棒措施下（17.23mg·kg⁻¹）显著大于其他措施和对照（P<0.05），芦苇措施下显著大于羊草、甘草、油蒿和对照（P<0.05），其他措施间的速效磷含量差异性不显著（P>0.05）；20～30cm 土层速效磷含量在花棒措施下（16.80mg·kg⁻¹）显著大于其他措施和对照（P<0.05），芦苇措施下显著大于羊草、甘草、油蒿和对照（P<0.05），其他措施间的速效磷含量差异性不显著（P>0.05）；0～30cm 土层速效磷含量均值大小规律为花棒（17.00mg·kg⁻¹）>甘草（13.61mg·kg⁻¹）>芦苇（13.08mg·kg⁻¹）>油蒿（13.04mg·kg⁻¹）>羊草（12.81mg·kg⁻¹）>对照（10.81mg·kg⁻¹）。

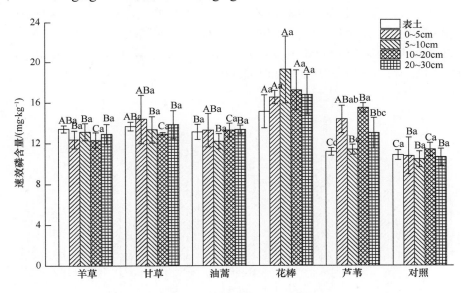

图 4-45　不同恢复措施板间土壤速效磷含量

土壤速效磷含量在不同土层深度下存在不同的差异。羊草措施下速效磷含量在表土层最大（13.39mg·kg⁻¹），在 10～20cm 土层最小（12.30mg·kg⁻¹），降低了8.14%，不同土层间差异性不显著（P>0.05）；甘草措施下在 0～5cm 土层最大（14.36mg·kg⁻¹），在 10～20cm 土层最小（12.89mg·kg⁻¹），减少了 10.24%，不同土层间差异性不显著（P>0.05）；油蒿措施下在 20～30cm 土层最大（13.33%），在 5～10cm 土层最小（为 12.19mg·kg⁻¹），减少了 8.55%，不同土层间差异性不显著（P>0.05）；花棒措施下在 5～10cm 土层最大（19.30mg·kg⁻¹），在表土层最小（15.12mg·kg⁻¹），减少了 21.66%，不同土层间差异性不显著（P>0.05）；芦苇措施下在 10～20cm 土层最大（15.50mg·kg⁻¹），在表土层最小（11.16mg·kg⁻¹），减少了

28.19%，10～20cm 土层含量显著大于其他土层（$P<0.05$），0～5cm 土层含量显著大于表土层和5～10cm（$P<0.05$），其他土层间差异性不显著（$P>0.05$）。

图 4-46 为不同恢复措施板下土壤速效磷含量变化规律。表土层变化规律为芦苇>花棒>甘草>羊草>油蒿>对照，芦苇措施下含量最大（13.28mg·kg⁻¹），不同措施间含量差异性不显著（$P>0.05$）；0～5cm 土层变化规律为甘草>花棒>羊草>油蒿>芦苇>对照，甘草措施下含量最大（14.38mg·kg⁻¹），不同措施间含量差异性不显著（$P>0.05$）；5～10cm 土层变化规律为花棒>甘草=油蒿>芦苇>羊草>对照，花棒措施下含量最大（14.85mg·kg⁻¹），不同措施间含量差异性不显著（$P>0.05$）；10～20cm 土层变化规律为芦苇>油蒿>羊草>花棒>甘草>对照，芦苇措施下含量最大（13.93mg·kg⁻¹），不同措施间含量差异性不显著（$P>0.05$）；20～30cm 土层变化规律为羊草>花棒>甘草>油蒿>芦苇>对照，羊草措施下含量最大（13.49mg·kg⁻¹），不同措施间含量差异性不显著（$P>0.05$）；0～30cm 土层速效磷含量均值大小规律为花棒（13.89mg·kg⁻¹）>甘草（13.51mg·kg⁻¹）>芦苇（13.26mg·kg⁻¹）>羊草（13.12mg·kg⁻¹）>油蒿（12.71mg·kg⁻¹）>对照（10.81mg·kg⁻¹）。

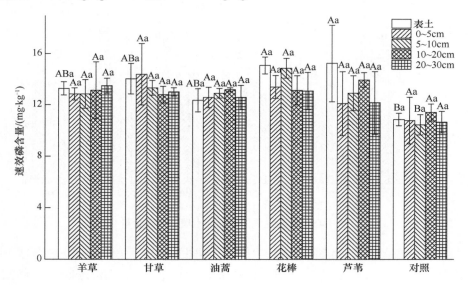

图 4-46　不同恢复措施板下土壤速效磷含量

随着土层深度的增加，各土层间的土壤速效磷含量存在不同程度的差异。羊草措施下 20～30cm 土层速效磷含量最大（13.49mg·kg⁻¹），0～5cm 和 5～10cm 土层含量相同且最小（12.80mg·kg⁻¹），降幅达 5.11%；甘草措施下 0～5cm 土层速效磷含量最大（14.38mg·kg⁻¹），10～20cm 土层含量最小（12.79mg·kg⁻¹），降幅达 11.06%；油蒿措施下速效磷含量随着土层深度的增加表现为先增大后降低趋势，

10～20cm 土层含量最大（13.17mg·kg^{-1}），表土层含量最小（12.35mg·kg^{-1}），降幅达 6.23%；花棒措施下表土层速效磷含量最大（15.07mg·kg^{-1}），20～30cm 土层速效磷含量最小（13.06mg·kg^{-1}），降幅达 13.34%；芦苇措施下表土层速效磷含量最大（15.23mg·kg^{-1}），20～30cm 速效磷含量最小（12.14mg·kg^{-1}），降幅达 20.29%，且各措施的不同土层间土壤速效磷含量均无显著关系（$P > 0.05$）。

相同恢复措施在不同位置的速效磷含量存在差异（图 4-47）。羊草措施下 0～30cm 土层在板间和板下的速效磷含量分别为 12.81mg·kg^{-1}、13.12mg·kg^{-1}，其中表土层和 5～10cm 土层均表现为板间>板下，其他土层均表现为板间<板下；甘草措施下 0～30cm 土层在板间和板下的速效磷含量分别为 13.61mg·kg^{-1}、13.51mg·kg^{-1}，其中表土层和 0～5cm 土层表现为板间<板下，5～10cm 土层表现为板间=板下，10～20cm 和 20～30cm 土层表现为板间>板下；油蒿措施下 0～30cm 土层在板间和板下的速效磷含量分别为 13.04mg·kg^{-1}、12.71mg·kg^{-1}，其中表土层和 5～10cm 土层表现为板间<板下，其余土层均表现为板间>板下；花棒措施下 0～30cm 土层在板间和板下的速效磷含量分别为 17.00mg·kg^{-1}、13.89mg·kg^{-1}，各土层均表现为板间>板下；芦苇措施下 0～30cm 土层在板间和板下的速效磷含量分别为 13.08mg·kg^{-1}、13.26mg·kg^{-1}，其中表土层和 5～10cm 土层均表现为板间<板下，其他土层均表现为板间>板下。

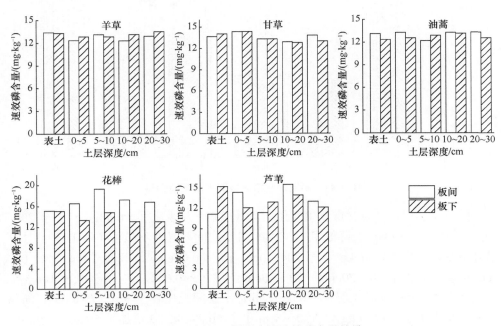

图 4-47　板间、板下土壤速效磷含量差异

　　图 4-48 为不同恢复措施板间土壤全磷含量变化规律。表土层全磷含量在羊草
（0.38g·kg⁻¹）、花棒（0.29g·kg⁻¹）和芦苇（0.28g·kg⁻¹）措施下显著大于甘草和油蒿
措施（$P<0.05$）；在 0～5cm 土层，羊草（0.35g·kg⁻¹）措施下显著大于甘草、芦苇
和对照组（$P<0.05$），甘草措施显著小于花棒、油蒿和芦苇措施（$P<0.05$），其他措
施间差异性不显著（$P>0.05$）；在 5～10cm 土层，羊草（0.33g·kg⁻¹）措施下显著大
于甘草措施（$P<0.05$），其他措施间差异性不显著（$P>0.05$）；在 10～20cm 土层，
羊草（0.32g·kg⁻¹）措施下显著大于甘草、油蒿和芦苇措施（$P<0.05$），其他措施间
差异性不显著（$P>0.05$）；在 20～30cm 土层，羊草（0.31g·kg⁻¹）措施下显著大于
其他措施（$P<0.05$），甘草措施下显著小于油蒿、花棒和芦苇措施（$P<0.05$），花棒
措施显著大于油蒿措施（$P<0.05$），其他措施间差异性不显著（$P>0.05$）；0～30cm
土层全磷含量均值分布规律为羊草（0.34g·kg⁻¹）>对照（0.28g·kg⁻¹）>花棒（0.25g·kg⁻¹）
>芦苇（0.23g·kg⁻¹）>油蒿（0.20g·kg⁻¹）>甘草（0.10g·kg⁻¹）。

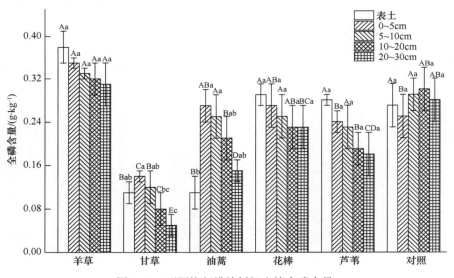

图 4-48　不同恢复措施板间土壤全磷含量

　　随土层加深，全磷含量发生变化。羊草措施下从表土层（0.38g·kg⁻¹）至 20～
30cm 土层（0.31g·kg⁻¹）降低了 18.42%，各土层间差异性不显著（$P>0.05$）；甘草
措施下从表土层（0.14g·kg⁻¹）至 20～30cm 土层（0.05g·kg⁻¹）降低了 64.29%，0～
5cm 土层显著大于 10～20cm 和 20～30cm 土层（$P<0.05$），表土层和 5～10cm 土
层显著大于 20～30cm 土层（$P<0.05$），其他土层间无显著性差异（$P>0.05$）；油蒿
措施下从表土层（0.11g·kg⁻¹）至 0～5cm 土层（0.27g·kg⁻¹）增加了 59.26%，在 0～
5cm、5～10cm 土层显著大于表土层，其他措施之间差异性不显著（$P>0.05$）；花
棒措施下从表土层（0.29g·kg⁻¹）至 20～30cm 土层（0.23g·kg⁻¹）降低了 20.69%，

其他土层差异性不显著（*P*>0.05）；芦苇措施下从表土（0.28g·kg⁻¹）至20～30cm 土层（0.18g·kg⁻¹）降低了35.71%，并在各土层间均无显著性差异（*P*>0.05）。

图 4-49 为不同恢复措施板下土壤全磷含量变化规律。表土层甘草措施下全磷含量为 0.12g·kg⁻¹，显著小于其他措施（*P*<0.05），其他措施间均无显著相关性（*P*>0.05）。0～5cm 土层，甘草措施下全磷含量为 0.14g·kg⁻¹，显著小于其他措施（*P*<0.05），其他措施间均无显著关系（*P*>0.05）；5～10cm 土层，甘草措施下全磷含量为 0.12g·kg⁻¹，显著小于其他措施（*P*<0.05），其他措施间均无显著关系（*P*>0.05）；10～20cm 土层，甘草措施下全磷含量为 0.11g·kg⁻¹，显著小于其他措施（*P*<0.05），其他措施间均无显著关系（*P*>0.05）；20～30cm 土层，甘草措施下全磷含量为 0.10g·kg⁻¹，显著小于其他措施（*P*<0.05），油蒿措施下全磷含量显著小于羊草、芦苇对照措施（*P*<0.05），其他措施间均无显著相关性（*P*>0.05）。0～30cm 土层全磷均值分布规律为羊草（0.32g·kg⁻¹）>芦苇（0.32g·kg⁻¹）>油蒿（0.29g·kg⁻¹）对照（0.28g·kg⁻¹）>花棒（0.27g·kg⁻¹）>甘草（0.12g·kg⁻¹）。

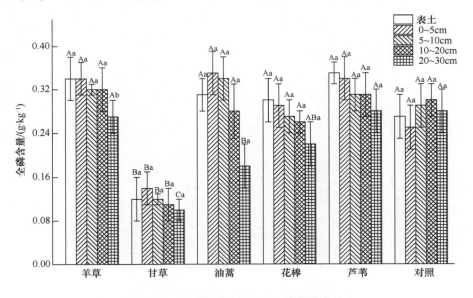

图 4-49 不同恢复措施板下土壤全磷含量

随土层加深，全磷含量发生变化，羊草措施下从表土层（0.34g·kg⁻¹）至20～30cm 土层（0.27g·kg⁻¹）降低了 20.59%，20～30cm 土层显著小于其他土层（*P*<0.05），其他土层差异性不显著（*P*>0.05）；甘草措施下从 0～5cm 土层（0.14g·kg⁻¹）至表土层（0.10g·kg⁻¹）降低了 28.57%；油蒿措施下从 0～5cm（0.31g·kg⁻¹）到表土层（0.18g·kg⁻¹）降低了 41.94%；花棒措施下从表土层（0.30g·kg⁻¹）至20～30cm 土层（0.22g·kg⁻¹）降低了 26.67%；芦苇措施下从表土层（0.35g·kg⁻¹）至 20～30cm 土层（0.8g·kg⁻¹）降低了 20.00%，在甘草、油蒿、花棒和芦苇措施各土层间均无显著性差异（$P>0.05$）。

　　不同位置相同植被措施下的土壤全磷含量不同（图 4-50）。全磷含量在羊草措施下 0～30cm 土层板间和板下分别为 0.34g·kg⁻¹、0.32g·kg⁻¹，表土、0～10cm 和 20～30cm 土层表现为板间>板下，10～20cm 土层表现为板间=板下；在甘草措施下，0～30cm 土层板间和板下分别为 0.10g·kg⁻¹、0.12g·kg⁻¹，表土层和 5～30cm 土层表现为板间>板下，0～5cm 土层表现为板间=板下；在油蒿措施下，0～30cm 土层板间和板下分别为 0.20g·kg⁻¹、0.29g·kg⁻¹，各土层均表现为板间<板下；在花棒措施下，0～30cm 土层板间和板下分别为 0.25g·kg⁻¹、0.27g·kg⁻¹，表土层和 0～20cm 土层表现为板间<板下，20～30cm 土层表现为板间>板下；在芦苇措施下，0～30cm 土层板间和板下分别为 0.23g·kg⁻¹、0.32g·kg⁻¹，各土层间表现为板间<板下。

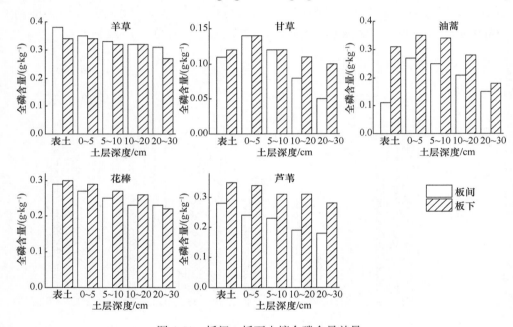

图 4-50　板间、板下土壤全磷含量差异

4.3.5　不同恢复措施土壤钾元素含量差异

　　钾是植物所必需的大量营养元素之一，而土壤中对植物最有效的钾为速效钾，土壤速效钾含量能够直观反映土壤可供植物利用的钾元素含量水平。图 4-51 为不同恢复措施板间土壤速效钾含量变化规律。速效钾含量在表土层分布规律为羊草>甘草>花棒>芦苇>油蒿>对照，各措施间差异性显著（$P<0.05$）；在 0～5cm 土层分布规律为羊草>甘草>芦苇>花棒>油蒿>对照，花棒措施和芦苇措施间差异性不显

著（P>0.05），其他措施间差异性显著（P<0.05）；在5～10cm土层分布规律为羊草>甘草>芦苇>花棒>油蒿>对照，花棒措施与芦苇措施间差异性不显著（P>0.05），其他措施间差异性显著（P<0.05）；在10～20cm土层分布规律为羊草>甘草>芦苇>花棒>油蒿>对照，各措施间差异性显著（P<0.05）；在20～30cm土层分布规律为羊草>甘草>芦苇>花棒>对照>油蒿，各措施间差异性显著（P<0.05）。0～30cm土层速效钾均值分布规律为羊草（22.63mg·kg^{-1}）>甘草（13.90mg·kg^{-1}）>芦苇（9.28mg·kg^{-1}）>花棒（7.97mg·kg^{-1}）>油蒿（5.53mg·kg^{-1}）>对照（4.45mg·kg^{-1}）。

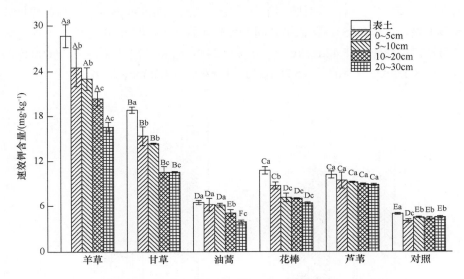

图4-51 不同恢复措施板间土壤速效钾含量

随土层加深，土壤速效钾含量逐渐降低，羊草措施下，从表土层（28.67mg·kg^{-1}）至20～30cm土层（16.55mg·kg^{-1}）降低了36.00%，0～5cm和5～10cm、10～20cm和20～30cm土层间差异性不显著（P>0.05），其他土层间差异性显著（P<0.05）；甘草措施下，从表土层（18.85mg·kg^{-1}）至20～30cm土层（10.50mg·kg^{-1}）降低了44.30%，0～5cm和5～10cm、10～20cm和20～30cm土层间差异性不显著（P>0.05），其他土层间差异性显著（P<0.05）；油蒿措施下，从表土层（6.47mg·kg^{-1}）至0～5cm土层（3.87mg·kg^{-1}）降低了40.19%，表土、0～5cm、5～10cm土层间差异性不显著（P>0.05），其他土层差异性显著（P<0.05）；花棒措施下，从表土层（10.74mg·kg^{-1}）至20～30cm土层（6.37mg·kg^{-1}）降低了40.69%，并在5～10cm、10～20cm、20～30cm土层间差异性不显著（P>0.05），其他土层差异性显著（P<0.05）；芦苇措施下，从表土层（10.16mg·kg^{-1}）至20～30cm土层（8.80mg·kg^{-1}）降低了1.32%，并在各土层间均无显著性差异（P>0.05）。

图4-52为板下各土层速效钾含量变化规律。速效钾含量在表土层分布规律为

花棒>羊草>甘草>芦苇>对照>油蒿，其中花棒（28.91mg·kg^{-1}）和羊草（28.36mg·kg^{-1}）措施间无显著差异（$P>0.05$），其他措施间差异性显著（$P<0.05$）；在 0～5cm 土层分布规律为花棒>羊草>甘草>芦苇>油蒿>对照，花棒措施下最高（28.02mg·kg^{-1}），各措施间差异性显著（$P<0.05$）；在 5～10cm 土层分布规律为花棒>羊草>甘草>芦苇>油蒿>对照，花棒措施下最高（26.02mg·kg^{-1}），各措施间差异性显著（$P<0.05$）；在 10～20cm 土层分布规律为花棒>羊草>甘草>芦苇>油蒿>对照，花棒措施下最高（22.94mg·kg^{-1}），各措施间差异性显著（$P<0.05$）；在 20～30cm 土层分布规律为羊草>花棒>甘草>芦苇>油蒿>对照，羊草措施下最高（21.89mg·kg^{-1}），与花棒措施间差异性不显著（$P>0.05$），其他措施间差异性显著（$P<0.05$）。0～30cm 土层全钾均值分布规律为花棒（25.42mg·kg^{-1}）>羊草（24.44mg·kg^{-1}）>甘草（20.06mg·kg^{-1}）>芦苇（10.85mg·kg^{-1}）>油蒿（5.20mg·kg^{-1}）>对照（4.45mg·kg^{-1}）。

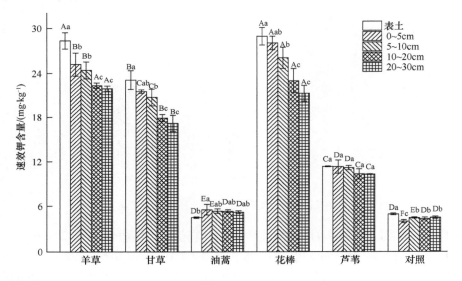

图 4-52　不同恢复措施板下土壤速效钾含量

随着土层加深，速效钾含量出现变化，羊草措施下从表土层（28.36mg·kg^{-1}）至 20～30cm 土层（21.89mg·kg^{-1}）降低了 22.81%，除表土层之外其他土层间差异性不显著（$P>0.05$）；甘草措施下从表土层（23.08mg·kg^{-1}）至 20～30cm 土层（17.16mg·kg^{-1}）降低了 25.65%，表土层与 5～10cm、10～20cm 和 20～30cm 土层间差异性显著（$P<0.05$）；油蒿措施下表土层为 4.52mg·kg^{-1}，0～5cm 土层为 5.55mg·kg^{-1}，表土层显著大于其他土层（$P<0.05$），其他土层间差异性不显著（$P>0.05$）；花棒措施下从表土层（28.91mg·kg^{-1}）至 20～30cm 土层（21.21mg·kg^{-1}）降低了 26.63%，0～5cm 土层与表土层和 5～10cm 土层差异性不显著（$P>0.05$）；芦苇措施下从表土层（11.30mg·kg^{-1}）至 20～30cm 土层（10.25mg·kg^{-1}）降低了

9.29%，并在各土层间均无显著性差异（$P>0.05$）。

不同位置相同恢复措施下的土壤速效钾含量不同（图 4-53）。速效钾含量在羊草措施下，0~30cm 土层板间和板下分别为 22.63mg·kg^{-1}、24.44mg·kg^{-1}，表土层表现为板间>板下，其他土层表现为板间<板下；在甘草措施下，0~30cm 土层板间和板下分别为 13.90mg·kg^{-1}、20.06mg·kg^{-1}，各土层均表现为板间<板下；在油蒿措施下，0~30cm 土层板间和板下分别为 5.52mg·kg^{-1}、5.20mg·kg^{-1}，表土、0~5cm 和 5~10cm 土层表现为板间>板下，其他土层表现为板间<板下；花棒措施下，0~30cm 土层板间和板下分别为 7.79mg·kg^{-1}、25.42mg·kg^{-1}，各土层均表现为板间<板下；芦苇措施下，0~30cm 土层板间和板下分别为 9.28mg·kg^{-1}、10.85mg·kg^{-1}，各土层均表现为板间<板下。

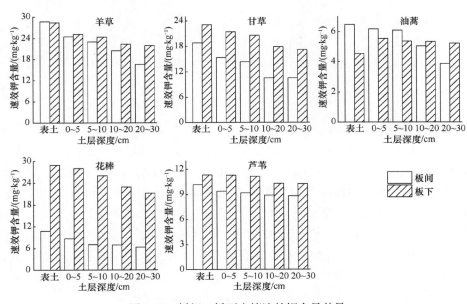

图 4-53　板间、板下土壤速效钾含量差异

图 4-54 为不同恢复措施板间土壤全钾含量变化规律。表土层羊草措施下全钾含量为 70.18g·kg^{-1}，显著大于对照（$P<0.05$），其他措施均显著低于对照（$P<0.05$）；0~5cm 土层羊草措施下全钾含量为 67.94g·kg^{-1}，显著大于对照（$P<0.05$），其他措施下均显著低于对照（$P<0.05$）；5~10cm 土层羊草措施下全钾含量为 66.38g·kg^{-1}，显著大于对照（$P<0.05$），其他措施均显著低于对照（$P<0.05$）；10~20cm 土层全钾含量表现为羊草>对照>甘草>油蒿>花棒>芦苇，甘草、油蒿、花棒和芦苇措施全钾含量均显著小于对照（$P<0.05$）；20~30cm 土层全钾含量表现为羊草>对照>甘草>芦苇>花棒>油蒿，甘草、油蒿、花棒和芦苇措施全钾含量均显著小于对照（$P<0.05$）。0~30cm 土层全钾含量均值规律为羊草（63.74g·kg^{-1}）>对照（58.80g·kg^{-1}）>甘草

（35.27g·kg⁻¹）>芦苇（26.72g·kg⁻¹）>花棒（25.98g·kg⁻¹）>油蒿（25.56g·kg⁻¹）。

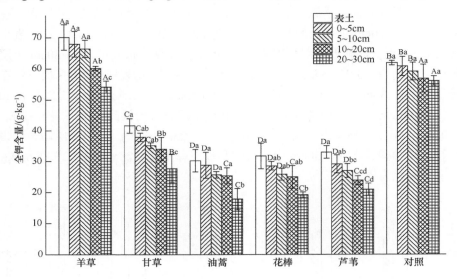

图 4-54　不同恢复措施板间土壤全钾含量

随着土层加深，全钾含量逐渐降低。羊草措施下从表土层（70.08g·kg⁻¹）至 20~30cm 土层（54.13g·kg⁻¹）降低了 29.47%，各土层之间差异性不显著（$P>0.05$）；甘草措施下从表土层（41.59g·kg⁻¹）至 20~30cm 土层（27.70g·kg⁻¹）降低了 50.14%，表土、0~5cm 和 5~10cm 土层显著大于 20~30cm 土层（$P<0.05$）；油蒿措施下从表土层（30.22g·kg⁻¹）至 20~30cm 土层（17.58g·kg⁻¹）降低了 71.90%，并且 20~30cm 土层显著小于其他土层（$P<0.05$）；花棒措施下从表土层（31.68g·kg⁻¹）至 20~30cm 土层（19.11g·kg⁻¹）降低了 65.78%，并且表土层显著大于 20~30cm 土层（$P<0.05$）；芦苇措施下从表土层（32.94g·kg⁻¹）至 20~30cm 土层（20.89g·kg⁻¹）降低了 57.68%，并且表土层显著大于 5~30cm 土层（$P<0.05$）。

图 4-55 为不同恢复措施板下土壤全钾含量变化规律。全钾含量在表土层分布规律为对照>甘草>羊草>花棒>油蒿>芦苇，其中羊草、花棒、油蒿和芦苇措施显著小于对照（$P<0.05$）；在 0~5cm 土层分布规律为甘草>对照>油蒿>羊草>花棒>芦苇，羊草、花棒、油蒿和芦苇措施显著小于对照（$P<0.05$）；在 5~10cm 土层分布规律为甘草>对照>羊草>油蒿>花棒>芦苇，羊草、花棒、油蒿和芦苇措施显著小于对照（$P<0.05$）；在 10~20cm 土层分布规律为对照>羊草>油蒿>甘草>花棒>芦苇，不同措施均显著小于对照（$P<0.05$）；在 20~30cm 土层分布规律为对照>羊草>油蒿>甘草>芦苇>花棒，不同措施均显著小于对照（$P<0.05$）。0~30cm 土层全钾均值分布规律为对照（58.80g·kg⁻¹）>甘草（48.94g·kg⁻¹）>羊草（45.78g·kg⁻¹）>油蒿（43.58g·kg⁻¹）>花棒（33.39g·kg⁻¹）>芦苇（26.14g·kg⁻¹）。

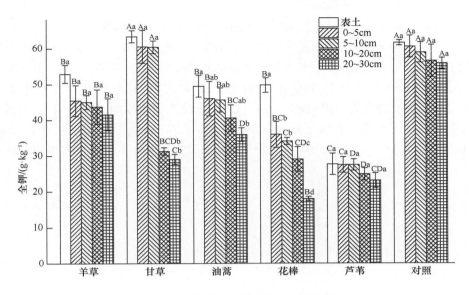

图 4-55　不同恢复措施板下土壤全钾含量

不同位置相同植被措施下的土壤全钾含量不同（图 4-56）。全钾含量在羊草措施下，0~30cm 土层板间和板下分别为 63.74g·kg^{-1}、45.78g·kg^{-1}，各土层均表现为板间>板下；在甘草措施下，0~30cm 土层板间和板下分别为 35.27g·kg^{-1}、

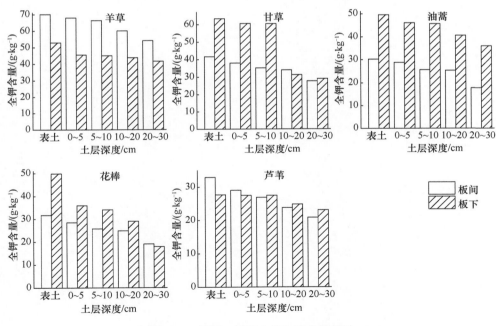

图 4-56　板间、板下土壤全钾含量差异

48.94g·kg^{-1}，在表土、0～5cm 和 5～10cm 土层表现为板间>板下，10～20cm 和 20～30cm 土层表现为板间<板下；在油蒿措施下，0～30cm 土层板间和板下分别为 25.56g·kg^{-1}、43.58g·kg^{-1}，各土层均表现为板间<板下；在花棒措施下，0～30cm 土层板间和板下分别为 25.98g·kg^{-1}、33.39g·kg^{-1}，在表土、0～5cm、5～10cm 和 10～20cm 土层表现为板间<板下，20～30cm 土层表现为板间>板下；在芦苇措施下，0～30cm 土层板间和板下分别为 26.72g·kg^{-1}、26.14g·kg^{-1}，在表土层和 0～5cm 土层表现为板间>板下，5～10cm、10～20cm 和 20～30cm 土层表现为板间<板下。

5 光伏电站对风沙流和地表蚀积的扰动

5.1 电站选择和测点布设

5.1.1 野外试验电站概况

本研究的试验样地在内蒙古自治区巴彦淖尔市磴口县乌兰布和沙漠东北缘磴口工业园区光伏产业生态治理示范基地内，基地内沙丘推平前主要以流动和半流动沙丘为主，土壤类型为风沙土，选择四周为空旷、平整裸沙地的典型独立光伏电站，地理坐标为 40°23′20″～40°23′30″N、106°54′46″～106°54′51″E。光伏电站已建成 3 年，光伏电站内光伏阵列布设规模为 100m×100m，电站内人为扰动因素较小，地貌为平整裸沙地，植被覆盖度<5%。光伏阵列电板坐北向南，与主害风（西北风）约呈 45°夹角，光伏电板规格为 5m×3m，与地面呈 30°倾斜角，电板前沿距地面 1.2m，电板后沿距地面 2.5m。

2018 年 3 月至 2019 年 1 月，在亿利生态光伏电站展开野外试验，选取光伏电站西北侧光伏电板阵列为研究区域，此区域全部为流沙地。亿利生态光伏电站由单晶硅材质的光伏电板阵列组成，东西走向，每行光伏电板由 12 块组合电板构成，东西长 120m，电板面积为 0.99m×1.95m。每一块组合板由 34 块电池板组成，全部面向正南方向架设，相邻两块光伏电板间距为 9m，板后沿距地面垂直高度为 2.7m，前沿距地面垂直高度为 0.7m，光伏阵列内零星分布有沙米植被，在阵列西侧和北侧均为裸沙区（表 5-1）。

表 5-1 野外光伏电站概况

试验区面积/m	电板面积/m	植被覆盖度/%	电板与地面夹角	相邻板间距/cm
40.8×120	0.99×1.95	5	37°	2.2

2017 年 4 月至 2018 年 4 月，分别于春、秋两个风季开展野外试验。试验电场于 2015 年 11 月开始建设，于 2016 年 2 月投产使用。电板倾斜角（与地面之间的夹角）根据季节进行调整，春、秋季节为 37°，冬季为 15°，夏季为 75°。电站周边及内部均为平整裸沙地，植被覆盖度<1%。光伏电板规格为 5m×3m，垂直投影面积为 2.4m×5m。光伏电板行间距为 10m。试验期间电板倾斜角为 37°，电板前沿距离地面 0.7m，地表后沿距地面 2.5m，电场概况如表 5-2 所示。

表 5-2　测试电场概况

试验区域面积	电板面积	电板前沿距地面高度	电板与地面夹角	行间距
50m×180m	5m×3m	0.7m	37°	10m

本研究在库布齐沙漠中段地区前后相继建设的两个光伏电站中开展实验，1#光伏电站于 2016 年年底建成，占地面积约为 5.5km²，峰值发电量 200MWp。并网后在 2017 年 3～5 月对地表进行二次机械整平工作并配置全覆盖平铺式芦苇沙障固沙措施，同时在板间廊道区域人工播撒了沙打旺、甘草、羊草、花棒、柠条和油蒿等沙生草本及半灌木植物种子。后期由于迎风侧边缘区域风沙活动依然强烈，地表土壤流失严重，对迎风侧边缘区域再次进行整平并配置沙柳方格沙障固沙措施。该电站主要用于开展稳定运营期沙区光伏电站地表形态现状调查。

2#光伏电站于 2018 年年底完成安装，占地面积约为 5.2 km²。并网后在 2019 年 3～5 月对电站内地表进行机械沙障的铺设和植被措施的配置。该电站主要用于开展光伏阵列扰动下近地表风沙运动规律野外观测试验，试验期间地表未进行机械沙障和植被措施防护。1#和 2#光伏电站光伏电板规格及布设方式一致，均由 36°最佳倾角的单晶硅电池板阵列组成，光伏电板设置方式为面向正南方，东西方向排布，南北相邻两排光伏电板间距 800cm，面板上沿距地面垂直高度 270cm，下沿距地面垂直高度 35cm。单组光伏电板由 2 排 18 列 99cm×195cm 基本光伏电板单元组成，单组光伏电板整体规格为 400cm×1800cm，地面投影宽度约为320cm。

5.1.2　测定方法

5.1.2.1　风场的测定

图 5-1 所示为电板不同位置风场分布情况。测试点沿光伏板阵列由北至南（顺主风向）布设。为了方便描述，本文定义光伏电板由北至南分别为 1 号点位、2 号点位、3 号点位、4 号点位和 5 号点位，并逐个标记为 A_1、A_2、A_3、A_4、A_5。如图 5-2 所示，分别在各光伏电板前沿、后沿及电板下方布设风速观测点，以 1 号点位为例，将电板前沿、后沿及下方分别定义为 A_{1q}、A_{1h} 和 A_{1x}，其中电板下方观测点位于光伏电板两个支架中点处。同时，在电场上风向旷野处，设置对照观测点。

HOBO 小型气象站设置 5 个高度，电板前沿、后沿分别距离地面 10cm、50cm、100cm、200cm 和 250cm，由于电板下方距离地面高度为 160cm，因此电板下方观测点高度分别距离地面 10cm、50cm、80cm、120cm 和 150cm，每组试验测定时间 10min，每隔 2s 记录一次数据。如图 5-3 所示，在西北方向的主风向下，利

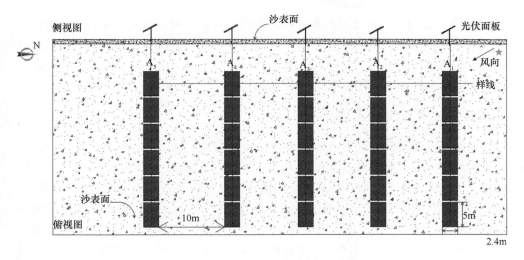

图 5-1　电板不同位置风场分布情况

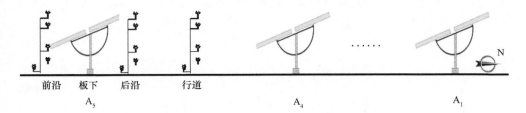

图 5-2　测点相对位置示意图

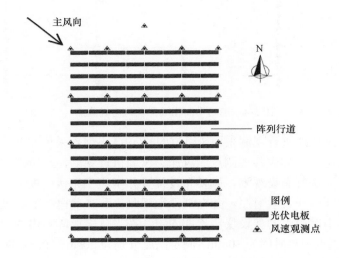

图 5-3　光伏阵列内风速仪设置示意图

用 HOBO 风速仪，沿南北方向在光伏阵列内等间距设置 5 组风速观测行，每行自西向东等间距布设 5 组测风仪，同时在光伏电站外北部旷野处设置对照风速观测点，每组风速仪的风杯高度分别距地表 10cm、20cm、100cm、200cm 和 250cm，测定时间为 10min，每隔 2s 记录一次数据。

5.1.2.2 电场不同位置风场测试

电场不同位置风速观测点均位于电场阵列的行道处。考虑到试验地区以西北风为主风向，故试验观测点分别沿 A～E 样线布设（图 5-4）。采用 HOBO 小型数采仪、三杯风速仪对电场内各观测点的风速进行分组观测。由于试验观测点较多，同时使用 5 台 HOBO 气象站对各观测点进行分组测定，并在场区外部旷野处测定风速及风向作为对照点（图中五角星处）。HOBO 小型气象站设置 5 个高度，分别距离地面 10cm、50cm、100cm、200cm 和 250cm，每组试验测定时间 10min，每隔 2s 记录一次数据。为了方便描述，定义试验阵列内光伏电板由北至南分别为 1 号点位、2 号点位、3 号点位、4 号点位和 5 号点位。以 A 样线为例，由北至南分别为 A_1、A_2、A_3、A_4、A_5。

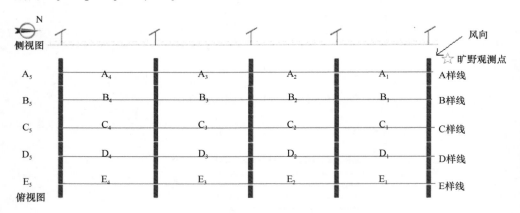

图 5-4 电场不同相对位置风速观测点

对光伏电站风速进行观测采用 8 通道的 HOBO 小型数采仪配套三杯风速仪及风向标对光伏电板阵列内各观测点的风速、风向进行观测，在所选定的光伏电板阵列内两个断面进行布设观测，风杯布设位置分别位于光伏电板下、板前沿、板间。在上风向裸沙丘设置对照，并在裸沙地观测点和光伏电板最高处架设风向标采集风向，其中对照点的架设仪器长期固定，在光伏电板阵列内的仪器作为移动测点，每组观测点观测时间为 30min，测定高度分别为 20cm、50cm、80cm、100cm、200cm，测量间隔为 5s（图 5-5）。

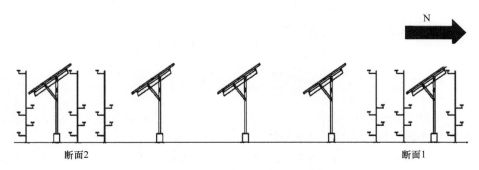

图 5-5　各测点风杯架设示意图

5.1.2.3　电场不同位置风沙输移测定

风沙输移观测点与风速观测点位置相同，集沙仪开口对准迎风方向。集沙仪高度为 50cm，每个进沙口高 2cm，分为 25 个高度，使用一台集沙仪对旷野输沙量进行测定。同时采用 HOBO 小型气象站、三杯风速仪对电场上风向旷野处风速、风向进行观测。试验时间为 20min。

风沙流结构的测定与风速的观测同步进行，如图 5-6 所示。布设的位置与风杯架设的位置相同，分别为于板下、板前沿、板间三个位置，集沙仪的开口正对迎风方向，并在集沙仪顶端安装有风向标，集沙仪的测量高度为 50cm，分为 25 个高度，进风口大小为 4cm^2，测量时间为 30min。输沙量通过称量集沙仪中收集的沙粒重量所得。

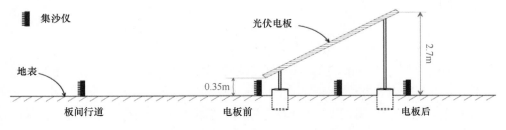

图 5-6　集沙仪布设图

为了更加精确探究环境风向与光伏阵列内近地表风沙活动规律之间的关系，将风沙运动观测期风向数据转化为角度。在本研究中，与光伏阵列平行风向为 W 或 E，夹角为 0°。与光伏阵列垂直风向为 N，夹角为 90°，风向为 S，夹角为−90°。角度"±"没有物理意义，仅用于区别方向。此外，从理论角度分析得知 W→N 与 E→N、W→S 与 E→S 存在对称关系，对光伏阵列腹地区域近地表风沙运动作用机理相似。具体计算根据所用风向传感器采集的数据特性，按照公式对各观测期每一个风向值进行角度转化后求得均值，即为观测期风向与光伏阵列夹角平均值。

$$\overline{\theta} = \begin{cases} \dfrac{\sum_1^n |90 - \alpha|^{\circ}}{n} & 0 \leqslant \alpha < 180 \\[4mm] \dfrac{\sum_1^n |270 - \alpha|^{\circ}}{n} & 180 \leqslant \alpha < 360 \end{cases}$$

将测得的数据进行整理，分别计算不同测点的风速相对加速率、防风效能、粗糙度及摩阻速度，具体公式如下。

（1）风速相对加速率。相对加速率是反映近地表流场的重要指标，为地表风沙流场变化程度提供了有效的度量。具体计算公式如下：

$$\Delta S = \frac{u_z - U_z}{U_z}$$

式中，ΔS 为相对加速率；u_z 为光伏阵列 z 高度处风速（m·s^{-1}）；U_z 为基点（流动沙丘）z 高度（cm）处风速（m·s^{-1}）。

（2）防风效能。根据光伏阵列内和流动沙丘上方同步观测数据，光伏阵列防风效能计算公式如下：

$$E_u = \frac{u_z - u_z'}{u_z}$$

式中，E_u 为光伏阵列防风效能；u_z 为流动沙丘上方 z 高度处风速（m·s^{-1}）；u_z' 为光伏阵列内 z 高度处风速（m·s^{-1}）。

（3）空气动力学粗糙度和摩阻速度计算。大气呈中性或近中性稳定条件下，地表风速廓线一般满足：

$$u_z = \frac{u_*}{k} \ln \frac{z}{z_0}$$

式中，u_* 为摩阻速度（m·s^{-1}）；z_0 为空气动力学粗糙度（cm）；k 为冯卡曼常数（0.4）；z 为距地面高度（cm）。

本研究采用对数廓线拟合法计算空气动力学粗糙度，测得 5 个高度（20cm、50cm、100cm、200cm 和 310cm）处风速，用最小二乘回归所测得的风速廓线式：

$$u_z = a + b \ln(z)$$

式中，a、b 为回归系数。

在公式 $u_z = \dfrac{u_*}{k} \ln \dfrac{z}{z_0}$ 中，令 $u_z = 0$，可求出：

$$z_0 = \exp(-a/b)$$

由公式可得摩阻速度计算方程为

$$u_* = kb$$

本研究还从平均风速、风速脉动、风速脉动强度三个方面来进行风速脉动特征分析。平均风速以 10min 数据长度分析，平均风速适于反映风速的总体变化趋势；风速脉动值是瞬时风速（u）与平均风速（$\bar{u}$）之差；风速脉动强度用风速脉动值的均方根来表示：

$$\sqrt{\overline{u'^2}} = \sqrt{\frac{1}{n}\sum_{i=1}^{1}\left(u-\bar{u}\right)^2}$$

式中，u' 为风速脉动；u 为瞬时风速（m·s^{-1}）；$\bar{u}$ 为平均风速（m·s^{-1}）；n 为样本数。

脉动强度实际上就是瞬时风速概率分布函数的标准差，反映某一高度层瞬时风速波动范围的宽窄（张克存等，2006）；为了比较不同部位脉动强度随高度的变化，各高度层风速脉动的均方根与平均风速之比表示风速脉动强度相对值（胡永锋等，2011），风速脉动强度相对值也叫湍流度。

$$\left(g = \frac{\sqrt{\overline{u'^2}}}{\bar{u}}\right)$$

为阐释单组光伏电板不同位置风沙流结构特征与沙物质吹蚀、搬运和堆积的关系，本研究计算了风沙流结构特征值 λ，作为判断地表蚀积方向的指标。本研究利用 0～2 cm 和 2～10 cm 高度输沙量来计算其风沙流特征值。计算公式如下：

$$\lambda = \frac{q_{2-10}}{q_{0-2}}$$

式中，$q_{2\text{-}10}$ 和 $q_{0\text{-}2}$ 分别为风沙流中 2～10cm 高度层和 0～2cm 高度层的输沙率。

5.1.2.4 光伏电板不同位置蚀积量的测定

1）沙区光伏电站稳定运营期地表形态测量

通过对运营 2 年的 1#光伏电站不同部位地表形态参数进行调查，了解沙漠地区建设光伏电站后地表形态变化现状。现场调查于 2019 年 3 月初开展，调查发现在光伏电板下沿位置形成了平行光伏电板走向的扁 "V" 型风蚀沟槽。光伏电板安装下沿距离地表高度约为 35cm，调查通过测量建站后光伏电板下沿距离表面高度，计算相较于建设初期的高度差来表征风蚀沟槽的深度，同时量取风蚀沟槽的宽度，具体是指风蚀沟槽两侧堆积沙垄脊线之间的距离。通过宽度和深度两个指标从定量角度认识光伏阵列内地表形态特征。同时考虑到研究区域主害风向为 W 和 NW，地表形态调查样线的布置选择在光伏电站西北边缘区、中部腹地区和东南部腹地区三个区域，每个区域设置 6 条东西方向长 100m 的样线，每条样线包含有 12 组光伏电板，调查时对每组光伏电板两侧和中部下沿距离地表的距离及风蚀沟槽宽度进行测量，最终取 3 个数据的均值。

2）沙区光伏阵列扰动下近地表风沙运动规律野外观测

光伏阵列扰动下近地表风沙运动野外观测试验在建设初期的 2#光伏电站内开展。如图 5-7 所示，根据距离试验区域最近的伊克乌苏气象站 1980～2018 年气象资料显示，每年 3～5 月的平均风速较大，且降水量稀少，相对湿度较低。该时期风沙活动最为活跃，因此野外风沙运动观测试验于 2019 年 3 月 25 日至 4 月 27日开展，包括风况、输沙率、风蚀量的同步观测，测试期间观测场地表无植被盖度。野外试验观测前，相较于建设初期，试验光伏电板周围已经发生严重的风蚀和堆积现象，光伏电板下掏蚀形成以光伏电板前沿为轴线的风蚀沟槽，板间形成堆积沙垄（图 5-7A、B）。因此，在观测仪器布设前，首先将试验光伏电板周围地表进行整平（图 5-7C、D），整平后的光伏电板前沿高度距离地表约 35cm（图 5-7E、F）。

图 5-7　野外试验观测场

具体仪器布设方法如图 5-8 所示，实地的仪器布设现场如图 5-9 和图 5-10 所示。地表水平风速剖面测定如图 5-10A 所示，沿垂直光伏电板方向布设风速传感器 14 个，传感器高度距离地表 20cm，风速传感器前后间隔分为 100cm 和 50cm两种规格，在光伏电板投影面积之外（即光伏电板间、板后）传感器间距 100cm，进入光伏电板投影区传感器间距为 50cm。板间同时观测 20cm、50cm、100cm 和200cm 四个高度梯度的风速变化和 200cm 高度处风向变化情况，并且在上风向流动沙地区域设置对照组观测。本试验收集了风向在 240°～360°和 0°～45°范围内的光伏阵列内外地表风速变化同步观测数据。垂直风速剖面的观测如图 5-10B 所示，在试验光伏电板间（距离光伏电板下沿 4.5m 处）、板前和板后同时布设 3 套风速风向传感器，同步观测距离地表 20cm、50cm、100cm、200cm 和 310cm 五个高度梯度的风速变化，观测期间风向为 W 和 WNW；风速、风向的数据记录间隔设定为 1s，数据采集间隔设置为 3s。进行风速观测试验的同时，在光伏电板间、板前和板后三个位置同时放置集沙仪，集沙仪采集高度为 30cm，共 15 个进沙口，进沙口规格为 2cm×2cm（图 5-10C）。输沙观测依据风况每次观测时间为 20～60min 不等，风速越大，观测时间越短。所收集到的沙物质用自封袋分层取样，带回实验室用 0.01g 电子天平称重。

图 5-8　试验布设现场图

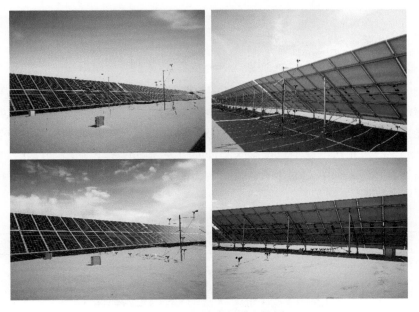

图 5-9　野外观测仪器现场图

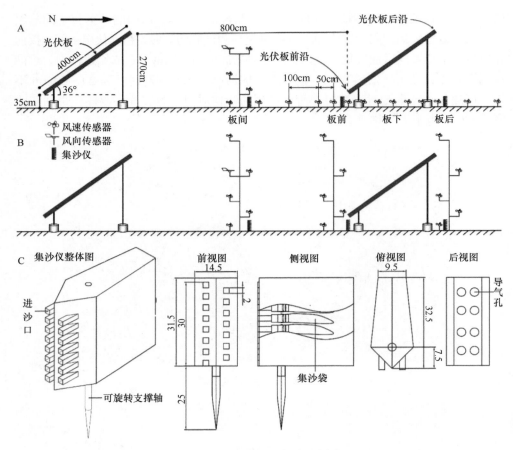

图 5-10 试验仪器布设示意图

如表 5-3 和图 5-11 所示，本研究共收集到 16 组旷野对照、板间、板前和板后位置的同步观测数据。同时利用风蚀测钎观测光伏电板周围地表蚀积状况，沿垂直光伏电板方向，在光伏电板投影面积之外（即光伏电板前、板后）测钎间距为 100cm，进入光伏电板垂直投影区测钎间距为 50cm；布设在沿平行光伏电板方向布设 5 行风蚀测钎，每行测钎间距 200cm；测钎长度 80cm，地上外露 40cm，地下埋设 40cm。

表 5-3 不同观测期详细信息

序号	主风向	夹角/°	平均风速/（m·s⁻¹）	观测时间段	地表植被覆盖度
a	WSW，W	−12.30	11.57	2019.4.5 10：30～11：20	0
b	W	9.13	11.07	2019.4.5 12：09～12：39	0
c	W	9.20	10.35	2019.4.5 14：45～15：15	0

续表

序号	主风向	夹角/°	平均风速/（m·s⁻¹）	观测时间段	地表植被覆盖度
d	W，WNW	10.71	10.46	2019.4.5 13：30～14：00	0
e	WNW，W	18.07	7.73	2019.4.5 17：05～17：35	0
f	WNW，NW	29.67	7.37	2019.4.5 15：55～16：25	0
g	NW，NNW	56.97	5.36	2019.4.5 18：15～18：45	0
h	NNW，NW	61.61	7.92	2019.4.4 16：45～17：45	0
i	N，NNW	76.67	9.46	2019.4.13 15：22～15：42	0
j	N，NNE	76.98	6.60	2019.4.13 11：55～12：25	0
k	NNE，N	77.01	8.39	2019.4.13 10：53～11：13	0
l	N，NNW	77.48	7.45	2019.4.13 14：12～14：35	0
m	NNW，N	78.45	9.75	2019.4.8 17：10～17：40	0
n	N，NNW	79.39	7.21	2019.4.13 17：50～18：11	0
o	N	80.51	8.71	2019.4.13 13：05～13：25	0
p	N	82.19	8.71	2019.4.13 16：30～16：50	0

注：夹角是指光伏阵列与风向之间的夹角，夹角值的正负没有物理意义，仅表示方向不同。

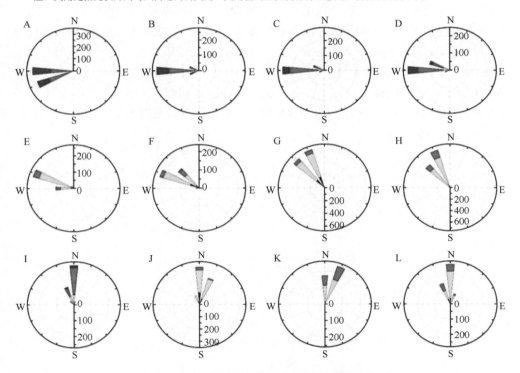

图 5-11　不同观测期上风向无光伏覆盖区风向玫瑰图

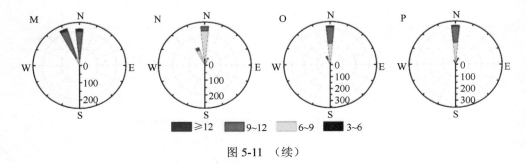

图 5-11 （续）

5.2 光伏电板和阵列对气流场的影响

5.2.1 电场不同位置风速流场分布特征

5.2.1.1 电场不同位置风速变化情况

1）样线 A 行道处风速变化情况分析

从图 5-12 可以看出，光伏电板阵列内部样线 A 上行道处的各观测点风速廓线与对照点变化规律相同，均呈现出"J"形变化趋势，各观测点风速随着高度的增加呈指数函数变化。分别对样线 A 行道处距离地表 10cm、100cm 和 250cm 高度不同测点风速进行对比。距离地表 10cm 处，样线 A 行道处风速表现为旷野观测点 CK（2.64m·s^{-1}）>A$_1$（2.04m·s^{-1}）>A$_2$（1.63m·s^{-1}）>A$_3$（1.44m·s^{-1}）>A$_4$（1.25m·s^{-1}）>A$_5$（0.28m·s^{-1}）。10cm 高度处 A$_1$、A$_2$、A$_3$、A$_4$ 及 A$_5$ 观测点风速较旷野分别下降了22.76%、38.31%、45.62%、52.6%、68.81%。各观测点降幅范围为 22.76%～68.81%，平均降幅为 45.63%。

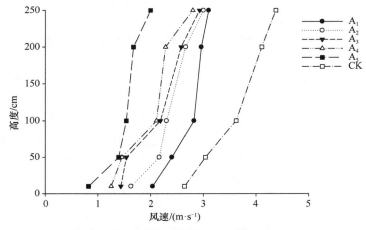

图 5-12 样线 A 行道处风速廓线示意图

距离地表 100cm 处，样线 A 行道处风速表现为旷野观测点 CK（3.62m·s^{-1}）>
A$_1$（2.82m·s^{-1}）>A$_2$（2.30m·s^{-1}）>A$_3$（2.19m·s^{-1}）>A$_4$（2.11m·s^{-1}）>A$_5$（1.54m·s^{-1}）。
100cm 高度处 A$_1$、A$_2$、A$_3$、A$_4$ 及 A$_5$ 观测点风速较旷野分别下降了 22.06%、36.42%、
39.62%、41.68%、57.51%。各观测点降幅范围为 22.06%～57.51%，平均降幅为
39.46%。

距离地表 250cm 处，样线 A 行道处风速表现为旷野观测点 CK（4.37m·s^{-1}）>
A$_1$（3.10m·s^{-1}）>A$_2$（3.00m·s^{-1}）>A$_3$（2.92m·s^{-1}）>A$_4$（2.00m·s^{-1}）>A$_5$（2.57m·s^{-1}）。
250cm 高度处 A$_1$、A$_2$、A$_3$、A$_4$ 及 A$_5$ 观测点风速较旷野分别下降了 29.11%、31.41%、
33.07%、36.01%、54.35%，平均降幅为 36.79%。

2）样线 B 行道处风速变化情况分析

从图 5-13 可以看出，光伏电板阵列内部样线 B 行道处的各观测点风速廓线与
对照点变化规律相同，均呈现出"J"形变化趋势，各观测点风速随着高度的增加
呈指数函数变化。分别对距离地表 10cm、100cm 和 250cm 高度样线 B 行道处不
同位置风速进行对比。距离地表 10cm 处，样线 B 行道处风速表现为旷野观测点
CK（2.60m·s^{-1}）>B$_1$（1.90m·s^{-1}）>B$_2$（1.12m·s^{-1}）=B$_3$（1.12m·s^{-1}）>B$_4$（0.98m·s^{-1}）>
B$_5$（0.80m·s^{-1}）。样线 B 行道处 10cm 高度处 B$_1$、B$_2$、B$_3$、B$_4$ 及 B$_5$ 观测点风速较
旷野分别下降了 26.92%、56.76%、56.82%、62.31%、69.38%。各观测点降幅范
围为 26.92%～69.38%，平均降幅为 54.55%。

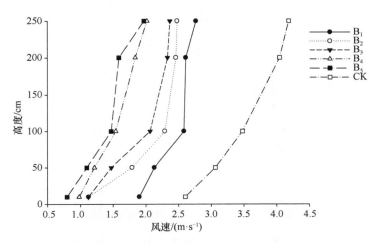

图 5-13　样线 B 行道处风速廓线示意图

距离地表 100cm 处，样线 B 行道处风速表现为旷野观测点 CK（3.48m·s^{-1}）>
B$_1$（2.58m·s^{-1}）>B$_2$（2.29m·s^{-1}）>B$_3$（2.06m·s^{-1}）>B$_4$（1.54m·s^{-1}）>B$_5$（1.47m·s^{-1}）。
样线 B 行道处 100cm 高度处 B$_1$、B$_2$、B$_3$、B$_4$ 及 B$_5$ 观测点风速较旷野分别下降了

25.73%、34.10%、40.67%、55.68%、57.69%。各观测点降幅范围为 25.73%～57.69%，平均降幅为 42.77%。

距离地表 250cm 处，样线 B 行道处风速表现为旷野观测点 CK（4.19m·s^{-1}）>B$_1$（2.77m·s^{-1}）>B$_2$（2.48m·s^{-1}）>B$_3$（2.37m·s^{-1}）>B$_4$（2.02m·s^{-1}）>B$_5$（1.97m·s^{-1}）。样线 B 行道处 250cm 高度处 B$_1$、B$_2$、B$_3$、B$_4$ 及 B$_5$ 观测点风速较旷野分别下降了 33.89%、40.79%、43.37、51.79%、52.93%。各观测点降幅范围为 33.89%～52.93%，平均降幅为 44.45%。

3）样线 C 行道处风速变化情况分析

从图 5-14 可以看出，光伏电板阵列内部样线 C 行道处的各观测点风速廓线与对照点变化规律相同，均呈现出"J"形变化趋势，各观测点风速随着高度的增加呈指数函数变化。分别对距离地表 10cm、100cm 和 250cm 高度样线 C 行道处不同位置风速进行对比。距离地表 10cm 处，样线 C 行道处风速表现为旷野观测点 CK（2.73m·s^{-1}）>C$_1$（1.60m·s^{-1}）>C$_2$（1.46m·s^{-1}）>C$_3$（0.90m·s^{-1}）>C$_4$（0.87m·s^{-1}）>C$_5$（0.71m·s^{-1}）。样线 C 行道处 10cm 高度处 C$_1$、C$_2$、C$_3$、C$_4$ 及 C$_5$ 观测点风速较旷野分别下降了 41.33%、46.52%、67.10%、68.18%、74.16%。各观测点降幅范围为 41.33%～74.16%，平均降幅为 59.46%。

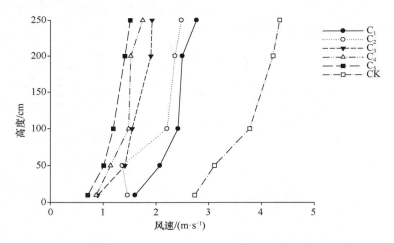

图 5-14 样线 C 行道处风速廓线示意图

距离地表 100cm 处，样线 C 行道处风速表现为旷野观测点 CK（3.78m·s^{-1}）>C$_1$（2.42m·s^{-1}）>C$_2$（2.21m·s^{-1}）>C$_3$（1.55m·s^{-1}）>C$_4$（1.48m·s^{-1}）>C$_5$（1.19m·s^{-1}）。样线 C 行道处 100cm 高度处 C$_1$、C$_2$、C$_3$、C$_4$ 及 C$_5$ 观测点风速较旷野分别下降了 36.08%、41.55%、59.09%、60.85%、68.50%。各观测点降幅范围为 36.08%～68.50%，平均降幅为 53.21%。

距离地表 250cm 处，样线 C 行道处风速表现为旷野观测点 CK（4.34m·s⁻¹）>
C_1（2.77m·s⁻¹）>C_2（2.48m·s⁻¹）>C_3（1.92m·s⁻¹）>C_4（1.75m·s⁻¹）>C_5（1.51m·s⁻¹）。
样线 C 行道处 250cm 高度处 C_1、C_2、C_3、C_4 及 C_5 观测点风速较旷野分别下降了
36.24%、42.86%、55.71%、59.79%、65.21%。各观测点降幅范围为 36.24%～65.21%，
平均降幅为 51.96%。

4）样线 D 行道处风速变化情况分析

由图 5-15 可以看出，光伏电板阵列内部样线 D 行道处的各观测点风速廓线与
对照点变化规律相同，均呈现出"J"形变化趋势，各观测点风速随着高度的增加
呈指数函数变化。分别对距离地表 10cm、100cm 和 250cm 高度样线 D 行道处不
同位置风速进行对比。距离地表 10cm 处，样线 D 行道处风速表现为旷野观测点
CK（2.69m·s⁻¹）>D_1（1.46m·s⁻¹）>D_2（0.92m·s⁻¹）>D_3（0.70m·s⁻¹）>D_4（0.63m·s⁻¹）>
D_5（0.41m·s⁻¹）。样线 D 行道处 10cm 高度处 D_1、D_2、D_3、D_4 及 D_5 观测点风速较
旷野分别下降了 45.61%、65.69%、73.98%、76.46%、84.79%。各观测点降幅范围
为 45.61%～84.79%，平均降幅为 69.31%。

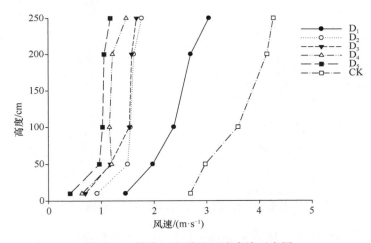

图 5-15　样线 D 行道处风速廓线示意图

距离地表 100cm 处，样线 D 行道处风速表现为旷野观测点 CK（3.60m·s⁻¹）>
D_1（2.38m·s⁻¹）>D_2（1.56m·s⁻¹）>D_3（1.54m·s⁻¹）>D_4（1.16m·s⁻¹）>D_5（1.03m·s⁻¹）。
样线 D 行道处 100cm 高度处 D_1、D_2、D_3、D_4 及 D_5 观测点风速较旷野分别下降了
33.87%、56.81%、57.34%、67.78%、71.41%。各观测点降幅范围为 33.87%～71.41%，
平均降幅为 57.44%。

距离地表 250cm 处，样线 D 行道处风速表现为旷野观测点 CK（4.27m·s⁻¹）>
D_1（3.05m·s⁻¹）>D_2（1.77m·s⁻¹）>D_3（1.68m·s⁻¹）>D_4（1.48m·s⁻¹）>D_5（1.18m·s⁻¹）。

样线 D 行道处 250cm 高度处 D_1、D_2、D_3、D_4 及 D_5 观测点风速较旷野分别下降了 28.64%、58.47%、60.76%、65.34%、72.37%。各观测点降幅范围为 28.64%～72.37%，平均降幅为 57.11%。

5）样线 E 行道处风速变化情况分析

从图 5-16 可以看出，光伏电板阵列内部样线 E 行道处的各观测点风速廓线与对照点变化规律相同，均呈现出"J"形变化趋势，各观测点风速随着高度的增加呈指数函数变化。分别对距离地表 10cm、100cm 和 250cm 高度样线 E 行道处不同位置风速进行对比。距离地表 10cm 处，光伏电板 E 行道处风速表现为旷野观测点 CK（2.53m·s^{-1}）>E_1（1.26m·s^{-1}）>E_2（0.83m·s^{-1}）>E_3（0.78m·s^{-1}）>E_4（0.62m·s^{-1}）>E_5（0.23m·s^{-1}）。样线 E 行道处 10cm 高度处 E_1、E_2、E_3、E_4 及 E_5 观测点风速较旷野分别下降了 50.13%、69.36%、67.14%、75.40%、90.12%。各观测点降幅范围为 50.13%～90.12%，平均降幅为 70.43%。

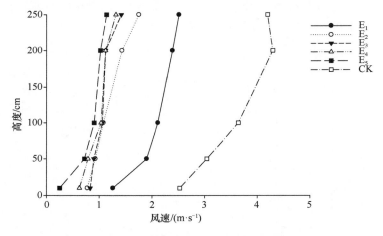

图 5-16　样线 E 行道处风速廓线示意图

距离地表 100cm 处，样线 E 行道处风速表现为旷野观测点 CK（3.64m·s^{-1}）>E_1（2.11m·s^{-1}）>E_2（1.08m·s^{-1}）>E_3（1.06m·s^{-1}）>E_4（1.03m·s^{-1}）>E_5（0.91m·s^{-1}）。样线 E 行道处 100cm 高度处 E_1、E_2、E_3、E_4 及 E_5 观测点风速较旷野分别下降了 41.96%、70.35%、70.88%、71.58%、75.11%。各观测点降幅范围为 41.96%～75.11%，平均降幅为 65.97%。

距离地表 250cm 处，样线 E 行道处风速表现为旷野观测点 CK（4.19m·s^{-1}）>E_1（2.51m·s^{-1}）>E_2（1.75m·s^{-1}）>E_3（1.41m·s^{-1}）>E_4（1.32m·s^{-1}）>E_5（1.14m·s^{-1}）。样线 E 行道处 250cm 高度处 E_1、E_2、E_3、E_4 及 E_5 观测点风速较旷野分别下降了 40.09%、58.28%、66.24%、68.61%、72.29%。各观测点降幅范围为 40.09%～72.79%，

平均降幅为 61.20%。

由表 5-4 可知，电场阵列上风向边缘区域与阵列内部风速不同，各观测点对比对照观测点降幅由边缘向阵列内部逐渐增大，但随着高度的增加降幅逐渐降低。从光伏阵列整体来看，过境风自 A_1 点进入光伏阵列后，各观测点与旷野对照点（CK）风速相比不断被削弱，即光伏阵列的布设对风速起到了明显降低作用。

表 5-4　电场阵列内部不同位置风速降幅对比表

高度/cm	风速降幅/%				
	样线 A	样线 B	样线 C	样线 D	样线 E
10	45.63	54.44	59.46	69.31	70.43
100	39.46	42.77	53.21	57.44	65.97
250	36.79	44.55	51.96	57.11	61.20

5.2.1.2　电场行道处不同高度风速分布情况

1）10cm 高度处光伏阵列风速流场分析

在指示风速 4.51m·s^{-1} 作用下，10cm 高度处光伏阵列风速流场空间分布特征如图 5-17 所示。由图可知，光伏阵列空间内形成了相对整齐、与光伏电板布设方向趋于平行的风速等值线图，过境风在经过光伏电板后表现出风速逐渐降低的趋势，随着光伏板数的增多，风速降低程度越来越明显。在光伏阵列空间内，低层气流变化相对平稳，在光伏板迎风侧与背风侧均形成弱风区。距离地表 10cm 高度处，光伏阵列内仅在部分位置出现了涡旋，形成局部弱风区或静风区。

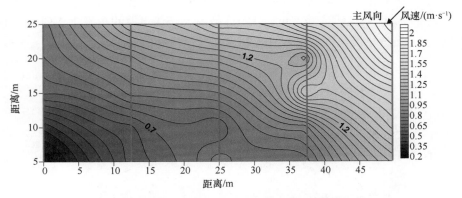

图 5-17　光伏阵列行道 10cm 高度处风速流场示意图

图中红色线条代表光伏电板，下同

2）50cm 高度处光伏阵列风速流场分析

图 5-18 为距离地表 50cm 高度处风速流场示意图。由图 5-18 可知，距离地表

50cm 高度处，风速变化规律基本与距地表 10cm 高度处相同，由西北向东南方向逐渐减小。但距地表 50cm 高度处风速流场等值线密度高于 10cm 高度处，说明该高度处阵列内部风速变化较 10cm 处剧烈。该电场电板前沿距离地表高度为 70cm，距离地表 50cm 高度处受电板影响形成了风速加速区，50cm 高度在其波及范围之内，因此其变化较为剧烈。

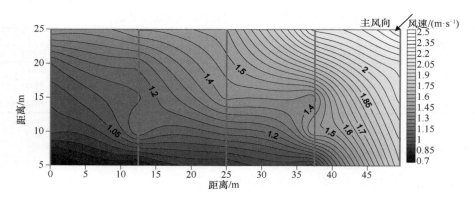

图 5-18　光伏阵列行道 50cm 高度处风速流场示意图

3）100cm 高度处光伏阵列风速流场分析

图 5-19 为距离地表 100cm 高度处风速流场示意图。由图可知，距离地表 100cm 高度处风速变化规律与距地表 10cm、50cm 高度处相同，由西北向东南方向逐渐减小。但其风速流场等值线密度明显高于 10cm、50cm 高度处，即 100cm 高度处阵列内部风速变化加强。对比各位置等值线密度可以发现，X_{40}-X_{30}/Y_0-Y_5 区域、X_{20}-X_0/Y_{10}-Y_{20} 区域内等值线密度较大，这是由于光伏电板的布设对阵列两个侧边的影响较为强烈，当风逐渐深入到阵列内部后，风速趋于平稳。

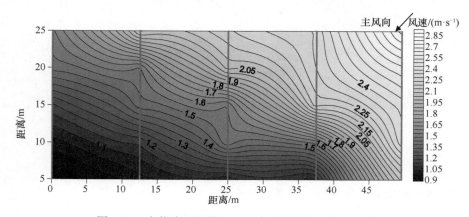

图 5-19　光伏阵列行道 100cm 高度处风速流场示意图

4）200cm 高度处光伏阵列风速流场分析

图 5-20 为距离地表 200cm 高度处风速流场示意图。由图可知，距离地表 200cm 高度处风速变化规律与近地表高度处有所不同，虽然整体上呈现了由北向南逐渐减小的趋势，但是可以看出在阵列的西侧及中部行道处出现了弱风区，这是因为行道位于两排光伏面板之间，光伏电板由于倾斜角度的存在，对气流起到了抬升作用，行道处风速有所降低。当气流逐渐深入，到达阵列东侧时，气流趋于平稳，风速较西侧有所降低，且流速等值线变化平缓，东南部风速明显低于西北部。

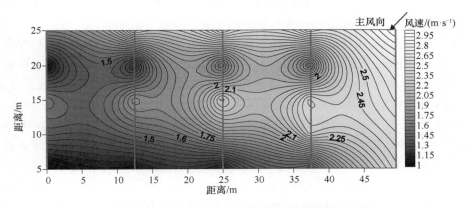

图 5-20 光伏阵列行道 200cm 高度处风速流场示意图

5）250cm 高度处光伏阵列风速流场分析

图 5-21 为距离地表 250cm 高度处风速流场示意图。由图可知，距离地表 250cm 高度处风速变化规律与 200cm 高度处相类似，整体上呈现了由北向南、由西向东

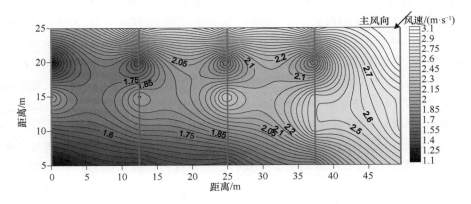

图 5-21 光伏阵列行道 250cm 高度处风速流场示意图

逐渐减小的趋势。在阵列的西侧及中部,距离地表 250cm 高度处在光伏阵列行道处出现了旋涡区,同时该高度下风速流场图颜色浅于 200cm 高度层,说明风速较大;其等值线图疏于 200cm 处,即其变化较 200cm 处平缓。该电场电板后沿距离地表高度为 250cm,光伏面板后沿上方形成加速区,导致 250cm 高度处风速加剧,但由于观测点位于行道处,其等值线分布较为平缓,流场相对稳定。

5.2.1.3 光伏电场内风速分布规律

本小节对光伏阵列内部电场不同位置的风速数据展开数理统计分析,主要分析对象为不同空间位置风速数据的极值、均值、标准差、变异系数及总体正态检验,拟进一步寻求不同空间位置风速的内在分布规律。表 5-5 为电场阵列行道处各样线上观测点的风速描述性统计。从变异系数来看,样线 E 处各高度层变异程度均为中等变异。根据光伏阵列行道处各样线 Kolmogorov-Smirnov 非参数检验结果,各高度风速均呈正态分布($P>\alpha=0.05$),可以利用实验数据进行常规统计分析。由该表可知,样线 A 不同高度最大值范围为 2.04~3.10m·s^{-1},最小值范围为 0.82~2.00m·s^{-1}。各高度层风速平均值大小表现为 250cm>200cm>100cm>50cm>10cm,各高度层变异系数大小表现为 10cm>50cm>100cm>200cm>250cm。从变异系数来看,样线 A 处各高度层变异程度均为中等变异。样线 B 不同高度最大值范围为 1.90~2.77m·s^{-1},最小值范围为 0.80~1.97m·s^{-1}。各高度层风速平均值大小表现为 250cm>200cm>100cm>50cm>10cm,各高度层变异系数大小表现为 10cm>50cm>100cm>200cm>250cm。从变异系数来看,样线 B 处各高度层变异程度均为中等变异。样线 C 不同高度最大值范围为 1.60~2.77m·s^{-1},最小值范围为 0.71~1.51m·s^{-1}。各高度层风速平均值大小表现为 250cm>200cm>100cm>50cm>10cm,各高度层变异系数大小表现为 10cm>50cm>100cm>200cm=250cm。从变异系数来看,样线 C 处各高度层变异程度均为中等变异。样线 D 不同高度最大值范围为 1.46~3.05m·s^{-1},最小值范围为 0.41~1.18m·s^{-1}。各高度层风速平均值大小表现为 250cm>200cm>100cm>50cm>10cm,各高度层变异系数大小表现为 10cm>250cm=200cm>100cm>50cm。从变异系数来看,样线 D 处各高度层变异程度均为中等变异。样线 E 不同高度最大值范围为 1.26~2.51m·s^{-1},最小值范围为 0.25~1.14m·s^{-1}。各高度层风速平均值大小表现为 250cm>200cm>100cm>50cm>10cm,各高度层变异系数大小表现为 10cm>50cm>200cm>100cm>250cm。

综上所示,光伏阵列行道处各样线变异系数均以距离地面 10cm 最大,除个别点位外,整体呈随着高度增加而降低的趋势,说明设置光伏电板对气流的扰动主要集中在近地表。

表 5-5 电场不同位置各观测点风速描述性统计

空间位置	高度/cm	平均值/（m·s⁻¹）	最大值/（m·s⁻¹）	最小值/（m·s⁻¹）	标准差/（m·s⁻¹）	变异系数/%	K-S
	10	1.44	2.04	0.82	0.4	28.05	1.000
	50	1.79	2.40	1.39	0.41	22.99	0.730
样线 A	100	2.19	2.82	1.54	0.41	18.72	0.956
	200	2.43	2.96	1.67	0.44	17.95	0.968
	250	2.76	3.10	2.00	0.4	14.34	0.638
	10	1.18	1.90	0.80	0.38	31.85	0.535
	50	1.54	2.13	1.10	0.38	24.55	0.998
样线 B	100	1.99	2.58	1.47	0.43	21.53	0.961
	200	2.17	2.61	1.59	0.39	17.90	0.903
	250	2.32	2.77	1.97	0.3	12.80	0.972
	10	1.11	1.60	0.71	0.36	32.10	0.756
	50	1.40	2.07	1.01	0.37	26.22	0.800
样线 C	100	1.77	2.42	1.19	0.46	26.29	0.878
	200	1.94	2.20	1.41	0.43	22.44	0.983
	250	2.08	2.77	1.51	0.47	22.44	0.963
	10	0.83	1.46	0.41	0.36	43.39	0.966
	50	1.36	1.98	0.97	0.35	25.75	0.883
样线 D	100	1.53	2.38	1.03	0.47	30.78	0.827
	200	1.64	2.70	1.06	0.57	35.00	0.723
	250	1.83	3.05	1.18	0.64	35.00	0.631
	10	0.75	1.26	0.25	0.33	43.74	0.979
	50	1.05	1.90	0.72	0.43	41.33	0.412
样线 E	100	1.24	2.11	0.91	0.44	35.63	0.324
	200	1.42	2.39	1.02	0.50	35.65	0.761
	250	1.63	2.51	1.14	0.48	29.81	0.901

5.2.1.4 电场风速分布变异分析

本小节采用了地质统计学软件 GS+9.0，对电场阵列行道不同位置风速的空间变异程度展开分析，主要是进行半方差变异函数的模型分析，其中包括块金值（C_0）、基台值（C_0+C）、块金效应[$C_0/（C_0+C）$]、变程（A_0）、残差（RSS）。

块金值（C_0）亦称为块金方差，用于反映试验中最小抽样尺度下的变量的变异性。基台值（C_0+C）是块金值和空间结构方差的总和（为结构方差，表示非随机原因形成的变异），用于体现区域内所产生的总体变异。块金效应$[C_0/（C_0+C）]$是区域内变量之间的空间相关度，用于表示变量之间的空间相关性，当$[C_0/（C_0+C）]>75\%$时，系统表现为弱空间相关性；当$25\%<（C_0+C）<75\%$时，系统表现为中等空间相关性；当$[C_0/（C_0+C）]<25\%$时，则系统表现为强空间相关性；当$[C_0/（C_0+C）]$值较高时，说明变量之间的变异是由随机因素导致的。变程（A_0）又称为自相关距离，是变异函数到达基台值时的距离，当空间距离大于变程时，区域内的变量不再有相关关系。

电场行道处不同空间位置的风速半方差变异函数模型如表 5-6 所示。由表可知，电场内不同空间位置的风速可以以高斯模型较好地拟合为变异函数，决定系数 R^2 均大于 0.95。各高度模拟函数的块金值（C_0）表现为 50cm>10cm>250cm>100cm=200cm，基台值表现为 250cm>200cm>100cm>10cm>50cm，说明由非随机原因引起的变异为 250cm 处最大；各高度风速的块金效应$[C_0/（C_0+C）]$均小于 25%，说明电场阵列行道处的风速在各高度上均具有强烈的自相关性。变程（A）在 200cm 处最大、50cm 处最小。各高度层变程范围为 38.40～62.11m，且具有较好的连续性。综合对电场阵列内变异函数的变化分析，可知距离地面的高度与电场阵列内风速的分布变异情况具有密切关系，随机因素导致的电场风速变化占比很小，电板的布设是影响电场阵列内不同位置风速发生变异的主要原因，而电板因其与地面形成夹角，对各高度的风速影响产生差异，因而各高度的变异程度不同。

表 5-6   电场行道处风速半方差函数模型参数

高度/cm	最优模型	块金值（C_0）	基台值（C_0+C）	块金效应$[C_0/（C_0+C）]/\%$	变程（A）/m	决定系数（R^2）	残差（RSS）
10	高斯模型	0.009	0.694	1.30	55.49	0.976	2.778×10^{-4}
50	高斯模型	0.014	0.337	4.15	38.40	0.996	2.826×10^{-5}
100	高斯模型	0.001	1.461	0.07	58.49	0.974	1.154×10^{-3}
200	高斯模型	0.001	2.011	0.05	62.11	0.968	2.826×10^{-5}
250	高斯模型	0.004	2.017	0.20	58.56	0.956	3.750×10^{-3}

5.2.2   光伏阵列整体的风致干扰效应

5.2.2.1   不同风速风向条件光伏阵列对近地层风速变化率的影响

如表 5-7 所示，各夹角梯度标准差在 2.75°～3.62°范围内，风速标准差在 0.24～1.2m·s^{-1} 范围内。相似风向条件下，不同区间的风速波动强度存在差异，样本之间风速极差最小 0.91m·s^{-1}，最大 5.77m·s^{-1}，但光伏阵列相对加速率随风速变化波动幅度较小。20cm、50cm、100cm 和 200cm 高度相对加速率在不同的风速变化幅度下标准差为 0.02～0.11、0.03～0.11、0.02～0.11 和 0.02～0.08，200cm 高度范围内平均标准差为 0.0545。从图 5-22 和图 5-23 中可以看出，光伏阵列不同高度处风速相对加速率标准差随风速标准差增大没有显著变化，可见环境风速的波动变化对于光伏阵列近地层风速相对加速率变化没有起到关键作用。

表 5-7 相似风向不同梯度风速条件光伏阵列近地层相对加速率比较

夹角/(°)		风速/(m·s⁻¹)		样本量	相对加速率均值±标准差			
区间	均值±标准差	均值±标准差	极差		20cm	50cm	100cm	200cm
−22.5～−11.25	−15.65±3.26	11.44±0.24	0.91	10	0.24±0.03	0.16±0.03	0.16±0.02	0.14±0.02
−11.25～0	−5.45±3.18	10.97±0.55	2.15	20	0.3±0.02	0.19±0.03	0.15±0.03	0.13±0.02
0～11.25	5.64±3.16	10.07±0.69	2.43	20	0.25±0.04	0.13±0.04	0.06±0.05	0.09±0.03
11.25～22.5	16.96±3.38	9.07±1.03	3.29	17	0.14±0.04	0.03±0.05	−0.03±0.05	0.1±0.04
22.5～33.75	27.85±3.03	8.67±0.85	2.27	13	0.19±0.07	0.07±0.07	0.08±0.09	0.18±0.06
33.75～45	38.51±3.62	8.12±0.42	1.23	9	0.35±0.11	0.27±0.11	0.28±0.11	0.32±0.08
45～56.25	49.45±2.96	6.64±0.78	2.11	7	0.59±0.05	0.53±0.07	0.52±0.06	0.48±0.07
56.25～67.5	63.21±3.84	7.55±1.28	4.87	14	0.62±0.05	0.62±0.07	0.6±0.06	0.56±0.07
67.5～78.75	73.95±2.75	8.17±1.2	5.77	31	0.65±0.05	0.67±0.06	0.65±0.05	0.61±0.07
78.75～90	84.6±3.16	8.21±0.64	3.04	72	0.65±0.05	0.67±0.06	0.65±0.05	0.62±0.05

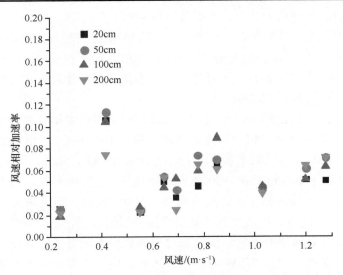

图 5-22 相对加速率标准差随风速标准差变化散点图

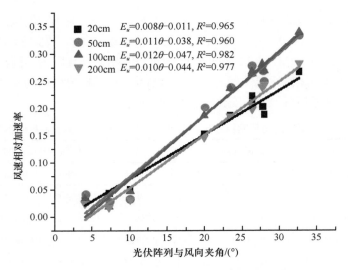

图 5-23　风速相对加速率标准差随夹角标准差变化散点图

5.2.2.2　光伏阵列近地层风速变化规律

　　为深入探讨光伏阵列对近地层风速的作用机理，本研究利用 215 组数据绘制夹角和相对加速率之间的散点关系图，夹角范围为–29.6°至+90°。如图 5-24 所示，夹角 $\theta°$ 在 22.5°附近时（主风向为 WNW），光伏阵列内近地层风速降低最小，在 50cm 和 100cm 高度处相对加速率甚至出现负值，即光伏阵列内风速高于流动沙地，存在微弱的风速放大效应。当夹角接近 90°时（主风向为 N），光伏阵列内近地层风速降低最大，计算夹角大于 85°、小于 90°情况下相对加速率均值，20cm、50cm、100cm 和 200cm 高度处分别为 0.65、0.67、0.64 和 0.61，按照风沙区沙粒起动风速为 $4m·s^{-1}$（2m 高度处）计算，在该夹角条件下建设光伏阵列后，可将地表起沙风速最大提高到 $10.26m·s^{-1}$。

　　具体来看，夹角由 0°→90°变化时，光伏阵列不同高度相对加速率变化可以分为三个阶段：0°→22.5°，相对加速率下降阶段；22.5°→45°，相对加速率急速上升阶段；45°→90°，相对加速率缓慢上升达到峰值阶段。此外，夹角由 0°→–30°变化时，相对加速率相较于 0°→30°方向下降缓慢。这是由光伏阵列本身结构特征引起的差异，光伏板面朝正南，北高南低，呈 36°倾斜。当夹角为正值，即主风向为 WNW 时，过境风虽然受到了光伏设施的阻滞作用，但遇到电板上沿分流，上沿以下气流被导向地面方向，汇流加速作用后地表获得了相对较高的动能；而夹角为负值，即主风向为 WSW 时，过境风遇到电板下沿分流，光伏面板对下沿以上气流被导向大气方向，结果导致此时地表获得了相对较少的动能。因此，虽然夹角相等，但主风向为 WSW 时，光伏阵列相对加速率比 WNW 更高。

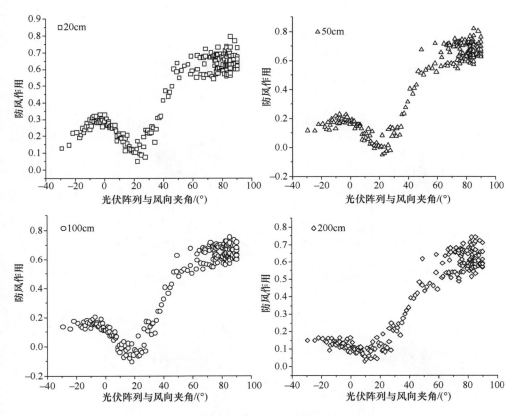

图 5-24 光伏阵列风速相对加速率随夹角变化规律

比较光伏阵列不同高度相对加速率发现，夹角在–30°到45°范围内，光伏阵列相对加速率表现为20cm>50cm>100cm。当夹角超过45°时，100cm高度范围内相对加速率差异较小。光伏阵列200cm高度相对加速率随夹角变化幅度较小，当夹角值在–30°到10°时，200cm高度相对加速率比其他高度处低；当夹角在10°→45°变化时，200cm高度范围相对加速率增大；夹角大于22.5°后，相对加速率与20cm高度相当；当夹角值超过45°时，200cm高度相对加速率略小于其他高度。

5.2.2.3 光伏阵列近地层风向变化规律

由图 5-25 和表 5-8 可明显看出，所有情况下光伏阵列内夹角均比流动沙地观测结果小，夹角最高减小 48.5%，最低减小 11.7%，多数减小幅度在 0.35～0.55之间。在本研究测试夹角梯度范围内，夹角≤18.07°时，光伏阵列内夹角比流动沙地更为集中，波动范围更小（图 5-25A～E）。当夹角≥29.67°时，光伏阵列内风向开始变得不稳定（图 5-25F～G），尤其是当夹角达到 61.61°以后（图 5-25F～P），

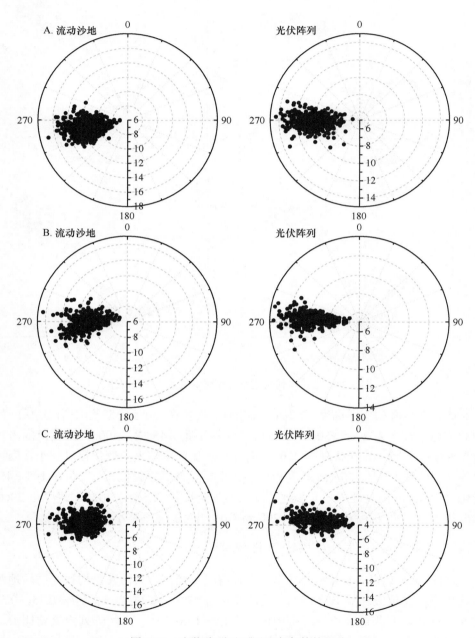

图 5-25　光伏阵列对不同风向条件的影响

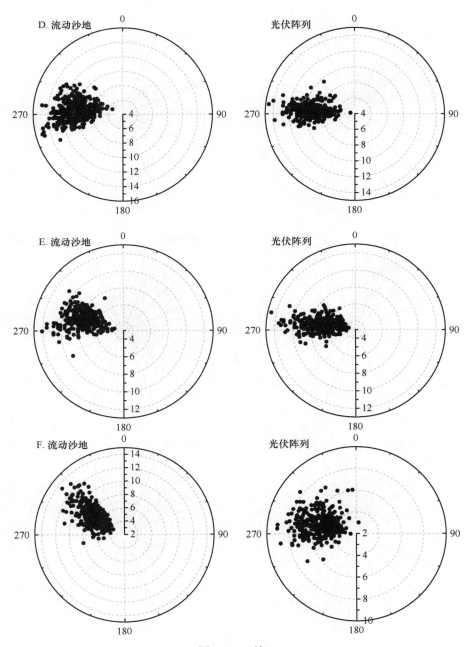

图 5-25　（续）

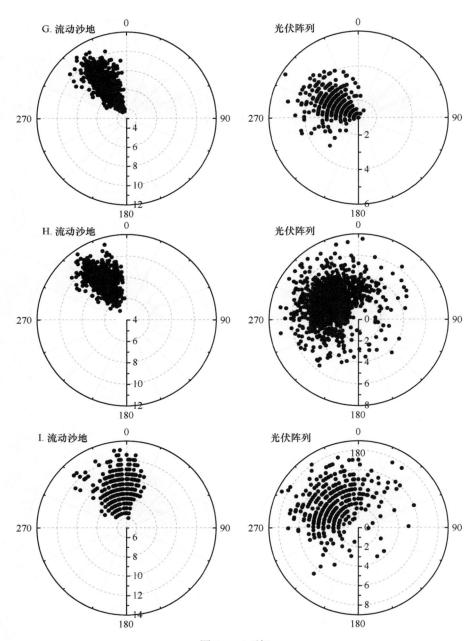

图 5-25 （续）

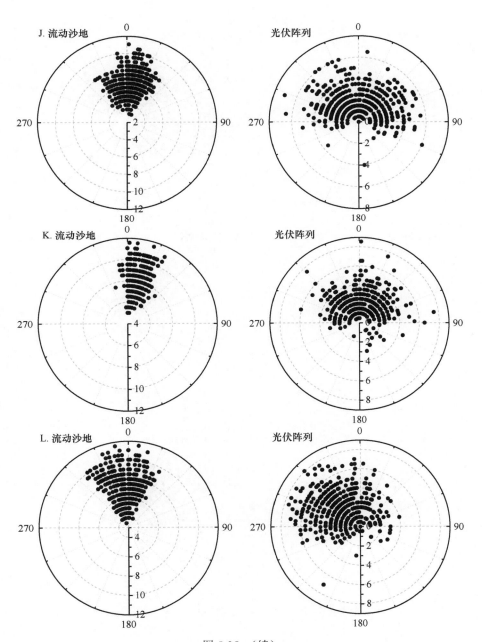

图 5-25 （续）

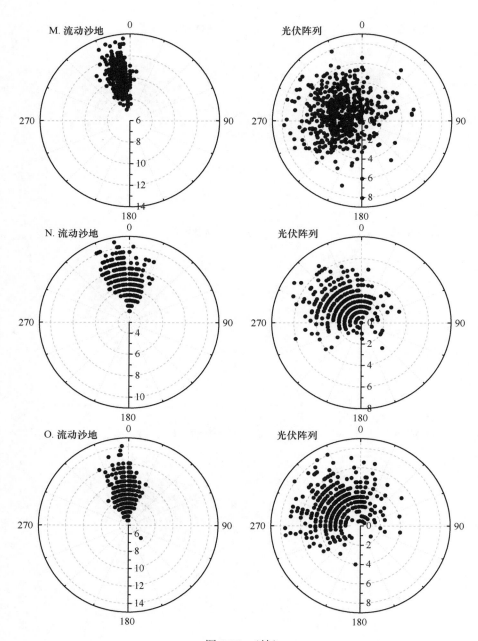

图 5-25 （续）

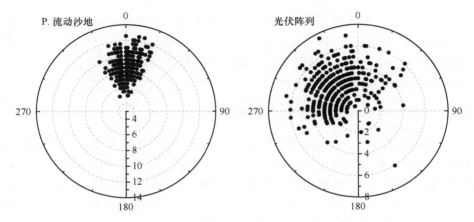

图 5-25 （续）

表 5-8 光伏阵列内外夹角对比

序号	风向情况	流动沙丘夹角/°	光伏阵列夹角/°	夹角缩小比率
1	A	−12.30	6.33	0.485
2	B	9.13	6.50	0.288
3	C	9.20	8.12	0.117
4	D	10.71	7.50	0.300
5	E	18.07	11.62	0.357
6	F	29.67	18.22	0.386
7	G	56.97	32.28	0.433
8	H	61.61	39.72	0.355
9	I	76.67	43.20	0.437
10	J	76.98	43.73	0.432
11	K	77.01	52.22	0.322
12	L	77.48	43.27	0.442
13	M	78.45	37.42	0.523
14	N	79.39	43.30	0.455
15	O	80.51	43.30	0.462
16	P	82.19	43.26	0.474

注：流动沙丘夹角是指以流动沙丘上方 2m 高度处采集的各观测期风向数据，计算得到光伏阵列与风向平均夹角值；同理，光伏阵列夹角也是利用板间 2m 高度处风向数据计算所得。

这种趋势更加显著。虽然夹角的均值减小，但是整体的夹角比流动沙地更为分散，波动范围更大。进一步从理论角度分析，介于 18.07°～29.67°，存在光伏阵列对于近地层风向"整流效应"的拐点，推测为 22.5°，即当夹角小于 22.5°时，近地层气流进入光伏阵列后会趋于平行光伏阵列方向运动；相反，当夹角大于 22.5°时，光伏阵列的这种"整流效应"将不再显著，尤其是当夹角较大时，光伏阵列内会产生涡旋，导致光伏阵列内近地层风向不稳定，进而同样导致计算得出的夹角均值比流动沙地小。因此，光伏阵列对近地层气流存在"整流效应"，然而这种效应仅在入射夹角较小时才会产生。

5.2.2.4　光伏阵列局部近地表水平风速剖面特征

近地表风速流场是引起侵蚀和堆积的关键动力因素，研究表明气流挟带沙量95%以上在0~20cm内传输，因此本研究进一步详细探究了距离地表20cm高度处不同部位风速流场分布规律，共测得8854组完整数据，根据每组数据对应的光伏阵列与风向夹角值，以5°为间隔，得出25个夹角梯度风速剖面，每个梯度数据量为11~1269组不等，详细信息如表5-9所示。

表 5-9　光伏阵列与风向夹角不同梯度信息

序号	夹角/(°)	风速/(m·s⁻¹)	数据量
1	−32.47	11.56	11
2	−27.74	10.99	66
3	−22.14	11.28	125
4	−17.06	11.51	189
5	−12.39	11.42	452
6	−7.47	11.32	466
7	−2.70	11.05	504
8	2.18	10.7	381
9	7.11	10.46	539
10	12.39	10.07	308
11	16.87	9.82	326
12	22.5	9.53	261
13	27.52	9.53	200
14	32.45	9.58	187
15	37.23	9.61	77
16	42.54	9.5	62
17	47.08	8.77	26
18	53.13	7.77	76
19	57.98	7.47	76
20	62.37	7.54	253
21	67.45	7.93	494
22	73.12	8.12	533
23	76.70	7.98	727
24	82.57	8.05	1269
25	87.56	7.92	1246

光伏阵列与风向夹角在–32.47°～87.56°范围内，不同夹角对应的旷野处200cm高度处风速存在差异。为了更加准确地反映不同位置风速变化状况，通过计算各个测点风速距平百分率值，进而对比分析不同夹角条件下的风速距平百分率分布特征。如图5-26所示，大致可以分为5种分布规律。为了便于描述，图中 x 轴与光伏电板位置对应关系如下：0～2m 范围内的 3 个测点为板间区域，3～3.5m 范围内的 2 个测点为板前区域，测点 4 为光伏电板下沿位置，4～7m 范围内的 7 个测点为板下区域，7.2m 的位置为光伏电板上沿位置，8～9m 范围内的 2 个测点为板后区域。

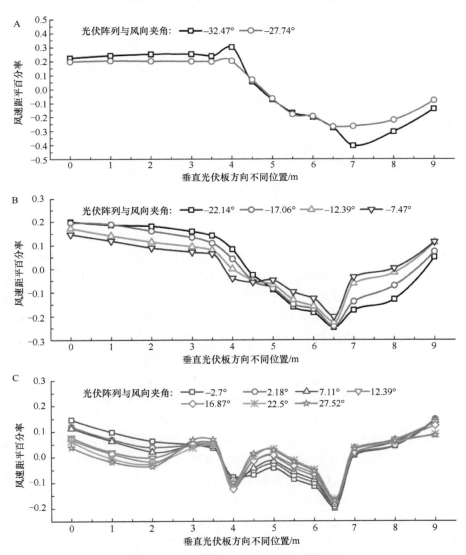

图 5-26　垂直光伏板方向不同位置地表风速距平百分率分布特征

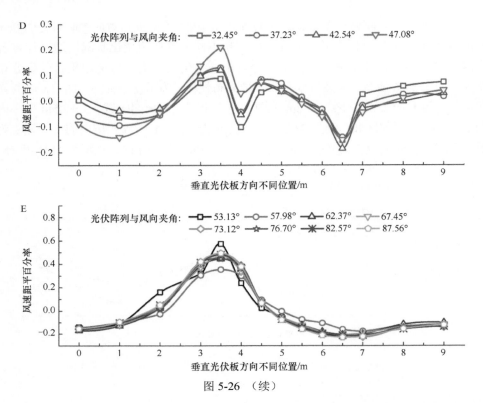

图 5-26 （续）

如图 5-26A 所示，夹角范围为-32.47°～-27.74°。此时处于迎风侧的板间和板前区域风速较高，且差异性小，风速距平百分率高于 0.2。光伏电板下沿处风速在"狭管效应"作用下有一定的加速效果，板下区域风速由光伏电板下沿向上沿方向呈线性下降趋势，平均斜率为-0.18（$R^2>0.91$），风速在光伏电板上沿位置达到最小值，在板后区域风速逐渐回升，但距平百分率仍然为负值。如图 5-26B 所示，夹角范围为-22.14°～-7.47°，随着夹角的减小，风速由板间向板前区域缓慢下降，风速距平百分率由 0.18 下降到 0.07，且光伏电板下沿处风速"狭管效应"作用基本消失，风速持续下降。板下区域风速下降斜率为-0.09（$R^2>0.85$），极小值位置提前，在接近光伏电板上沿位置出现，板后风速恢复，距平百分率为正值。

如图 5-26C 所示，夹角范围为-2.7°～27.52°。风速整体波动幅度较小，风速距平百分率剖面特征整体呈"W"形。板间、板前和板后区域风速略高于均值，风速距平百分率不超过 0.15，仅在板间和板前过渡区域有微弱的下降趋势，风速略低于均值。板下区域中部较高，风速与均值相当，两侧存在两个明显的弱风区，由于此时主风向平行于光伏阵列，受到基柱的阻挡，在背风侧有显著的风速降低作用。此外，随着夹角增大，板前和板下中部区域风速上升，而板间区域风速有明显的下降趋势。

如图 5-26D 所示,当夹角范围为 32.45°～47.08°时,即夹角持续增大,板间区域风速同样持续下降,低于均值,距平百分率小于 0。板前和板下中部区域风速持续上升,电板下沿侧弱风区风速上升至均值附近,而电板上沿侧弱风区无显著变化,板后风速呈缓慢的上升趋势,风速与均值相当。

如图 5-26E 所示,当夹角范围为 53.13°～87.56°时,近地表风速距平百分率分布特征相似,规律性较好。整体呈现出以板前区域风速最高、两侧风速逐渐降低的扁"倒 V"形。具体来看,此时处于迎风侧的板后区域风速低于均值,距平百分率约为−0.15。至光伏电板上沿位置达到极小值,距平百分率为−0.19。汇流加速作用板下区域风速逐步增大,最终在板前出风口附近区域风速达到极大值,风速距平百分率平均峰值高达 0.44。然后在背风侧区域能量扩散,风速降低,至板间区域风速降低至整体的极小值附近。

以上是光伏阵列局部地表流场特征研究结果,进一步通过与流动沙丘同高度处风速对比分析得出光伏阵列近地表 20cm 高度处风速相对加速率。如图 5-27 所示,光伏阵列内地表不同部位风速相对加速率变化规律与风速剖面恰好相反,所有情况下光伏阵列对地表风速均表现出一定的遮蔽效应。然而,需要注意纵轴的刻度存在明显差异,即不同夹角条件下光伏阵列对地表风速削弱程度有所不同。

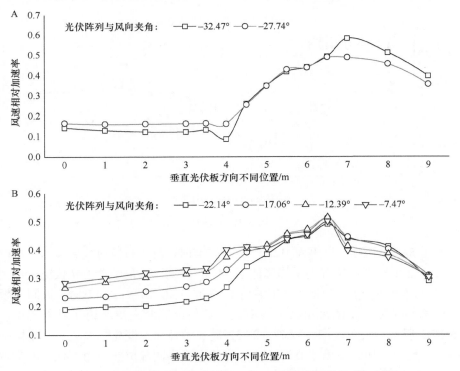

图 5-27 垂直光伏电板方向地表 20cm 风速相对加速率变化规律

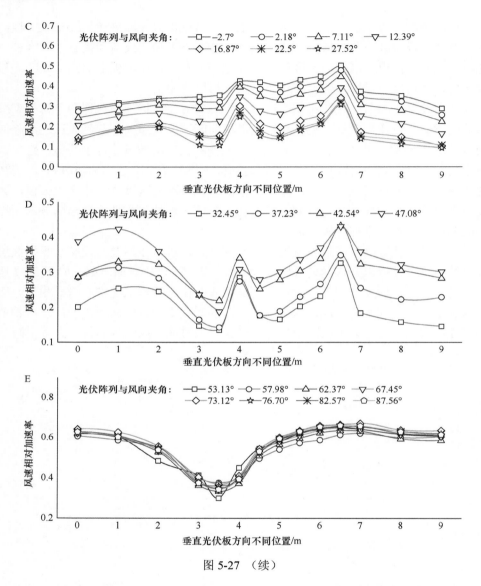

图 5-27 （续）

　　如图 5-27A 所示，夹角为-32.47°～-27.74°时，板间和板前区域风速平均降低了 15%，而电板上沿位置则平均降低了 54%，可见该夹角条件下光伏电板周围不同位置风速波动较大。如图 5-27B 所示，夹角为-22.14°～-7.47°时，板间和板前区域风速相对加速率随夹角减小而增大，其他位置对夹角风速无显著变化。如图 5-27C 所示，夹角范围为-2.7°～27.52°时，整体风速变化幅度较小，不同夹角条件下平均相对加速率极差值为 0.22。光伏电板不同部位随夹角变化幅度基本一致，随夹角的增大相对加速率减小，即光伏阵列对近地表风速的降低作用在减弱。

夹角为 27.52°时，光伏电板不同部位平均相对加速率仅为 0.17。随着夹角的进一步增大，相对加速率开始上升。如图 5-27D 所示，夹角由 32.45°增大到 47.08°时，不同部位平均相对加速率由 0.20 增大到 0.33。当夹角范围为 53.13°～87.56°时，相对加速率整体骤然上升，且不同的夹角条件下风速相对加速率差异较小，不同部位相对加速率均值和标准差分别为 0.55 和 0.01。可见此时光伏阵列内地表风速降低比例较高，尤其是在板间、板后区域和电板上沿位置风速降低比例更高。

5.2.2.5 光伏阵列局部垂直风速剖面特征

1）光伏电板典型部位风速变化特征

以上对光伏阵列内外风速变化和近地表水平流场剖面特征进行了详细对比分析，本节进一步对局部光伏电板周围典型位置垂直风速剖面及流场空间分布格局展开研究。值得说明的是，观测期主风向为 W 和 WNW，根据研究区附近伊克乌素气象站 1980～2018 年 39 年的历史数据显示，该观测风向具有一定典型性，是区域内风沙危害形成的主要风向。

光伏电板的存在极大地影响了周围不同部位的流场分布特征，本研究运用同一高度各测点风速相对板间风速比值来反映光伏电板不同部位垂直高度风速差异性，如图 5-28 所示，6 个风速梯度条件下不同高度层风速变化规律基本一致，板

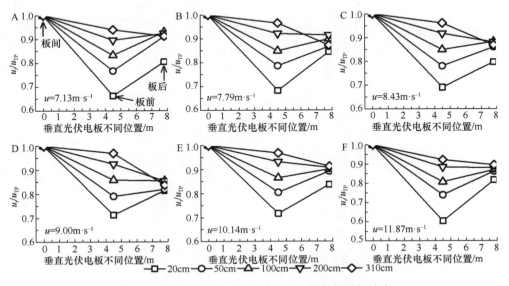

图 5-28 不同风速下光伏电板不同位置的相对加速率

u 为 2m 高处旷野风速；纵轴 u_i 是指 i 高度处风速，u_{TP} 是指板间相应高度风速；横轴 0m 处为板间位置，4.5m 处为板前位置，7.8m 处为板后位置

前和板后风速比值在所有情况下均小于 1，表明同一高度板间风速始终高于板前和板后。当主风向与光伏阵列排布方向近平行时，板间区域在"狭管效应"作用下形成气流加速区。此外，随着高度的增加，板间和板后风速下降幅度减小，20cm 高度处风速下降比例最大，说明光伏电板对近地表风的干扰强度随高度的增加而降低。此外，对于低层气流（20cm、50cm 和 100cm 高度处的风速），板前区域受光伏设施阻滞作用较强，20cm、50cm 和 100cm 高度风速平均下降了 32.18%、22.22% 和 15.61%，而且此时风速降低幅度高于板后区域；对于较高层气流（200cm 和 310cm 高度处的风速），受光伏板面抬升作用，板前区域风速增大，且高于同高度板后区域。

2）光伏电板典型部位风速廓线特征

理想条件下，风速随高度增加呈指数变化，即风速与高度的对数值呈单调递增的线性变化关系。如图 5-29 所示，不同风速梯度不同部位风速与高度均呈现出良好的对数变化关系，对上述风速随高度变化的对数拟合结果如表 5-10 所示，结果显示拟合相关度 $R^2>0.92$，其中板前和板间的拟合效果好于板后。板间、板前和板后的风速廓线系数 a 和 b 分别为−1.767～0.220、0.828～1.511、2.340～3.031 和 0.717～1.456、3.338～4.459、1.217～2.302。

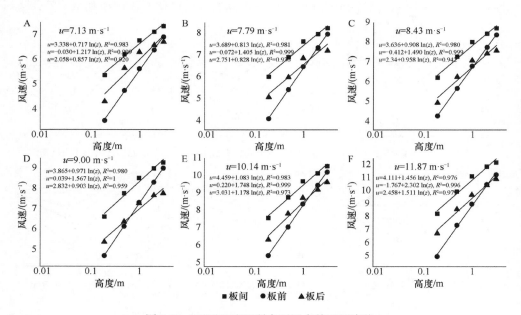

图 5-29　不同风速下所有观测点的风速廓线
u 是风速，z 是高度

表5-10   不同风速梯度下光伏电板不同部位风速廓线对数拟合结果

风速/(m·s^{-1})	板间			板前			板后		
	a	b	R^2	a	b	R^2	a	b	R^2
7.13	3.338	0.717	0.983	−0.030	1.217	0.999	2.508	0.857	0.920
7.79	3.689	0.813	0.981	−0.072	1.405	0.999	2.751	0.828	0.936
8.43	3.636	0.908	0.980	−0.142	1.490	0.999	2.340	0.958	0.942
9.00	3.865	0.971	0.980	0.039	1.567	1.000	2.832	0.903	0.959
10.14	4.459	1.083	0.983	0.220	1.748	0.999	3.031	1.178	0.973
10.87	4.111	1.456	0.976	−1.767	2.302	0.996	2.458	1.511	0.979

　　研究表明，风速廓线可以用来计算摩阻风速和粗糙度。本文利用该方法计算了6个风速梯度下光伏电板不同部位的摩阻风速（$u*$）和粗糙度（z_0）（图5-30）。板间、板前和板后各位置不同风速下平均粗糙度和摩阻风速分别为 0.022m、1.198m、0.082m 和 0.397m·s^{-1}、0.649m·s^{-1}、0.416m·s^{-1}。除板前位置外，光伏电板其他部位粗糙度随风速增大基本保持稳定，而不同位置的摩阻风速随风速增大而增大，并呈现出良好的线性关系（$R^2>0.91$）。板前位置粗糙度和摩阻风速明显高于其他部位，板间和板后位置粗糙度和摩阻风速较为接近。如表5-11所示，流动沙丘下垫面风速随对数高度变化呈很好的线性相关关系，拟合系数$R^2>0.9$，以此计算所得的不同风速条件下粗糙度和摩阻风速均值分别为 0.017m 和 0.366m·s^{-1}。可见光伏阵列的存在使得地表粗糙度增加了 1 个数量级，摩阻风速增加30%以上。

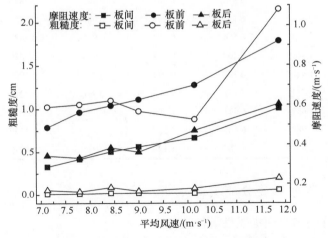

图5-30   光伏电板不同部位摩阻风速和粗糙度

表 5-11　不同风速条件下流动沙丘下垫面风速廓线线性拟合结果

序号	风速/（m·s⁻¹）	a	b	R^2	$u*$/（m·s⁻¹）	z_0/m
1	5.575	2.612	0.560	1.000	0.2240	0.0094
2	5.976	3.593	0.460	0.926	0.1839	0.0004
3	6.552	2.755	0.702	0.988	0.2809	0.0198
4	6.943	3.233	0.678	0.952	0.2711	0.0085
5	7.192	3.752	0.655	0.997	0.2619	0.0032
6	7.520	2.602	0.890	0.944	0.3561	0.0538
7	7.783	4.407	0.645	0.980	0.2580	0.0011
8	8.154	4.612	0.653	0.943	0.2611	0.0009
9	8.406	2.406	1.093	0.963	0.4373	0.1108
10	8.532	3.34	0.966	0.993	0.3862	0.0314
11	8.769	3.042	1.045	0.959	0.4181	0.0545
12	8.919	3.950	0.908	0.963	0.3634	0.0129
13	9.275	2.922	1.165	0.975	0.4659	0.0814
14	9.468	3.677	1.052	0.958	0.4210	0.0304
15	9.612	4.775	0.886	0.908	0.3544	0.0046
16	10.065	6.069	0.755	0.924	0.3021	0.0003
17	10.347	5.519	0.930	0.986	0.3722	0.0027
18	10.407	5.577	0.893	0.936	0.3571	0.0019
19	10.564	5.601	0.922	0.951	0.3686	0.0023
20	10.685	4.486	1.136	0.934	0.4543	0.0193
21	10.773	3.963	1.257	0.985	0.5030	0.0428
22	10.858	5.840	0.961	0.982	0.3843	0.0023
23	11.123	6.187	0.946	0.986	0.3784	0.0014
24	11.231	6.664	0.872	0.975	0.3486	0.0005
25	11.369	6.360	0.964	0.975	0.3856	0.0014
26	11.440	6.297	0.992	0.982	0.3967	0.0017
27	11.511	5.977	1.063	0.991	0.4252	0.0036
28	11.657	6.011	1.083	0.992	0.4334	0.0039
29	11.987	6.106	1.127	0.992	0.4509	0.0044
30	12.634	6.385	1.199	0.986	0.4796	0.0049

5.2.2.6　光伏阵列风速分布变异分析

1）光伏阵列内风速描述性统计特征

由表 5-12 可以看出，光伏电站内通过光伏阵列的风速平均值在 10～100cm 呈现增加的趋势，100～200cm 则表现为降低的趋势，超过 200cm 呈现逐渐增大的趋势；除 10cm 处的风速变异程度较弱外，其他高度处的风速变异程度均表现为中等变异，变异程度大小顺序表现为 200cm>250cm>20cm>100cm>10cm，这可能是由于光伏阵列内光伏电板下 0~100cm 高度范围为风力加速区，使得风速变化相对较小，当高度超过 10cm 时变化逐渐增大。在 5% 的置信水平下，K-S（Kolmogorov-Smimov）检验结果显示光伏电站内光伏阵列风速均服从正态分布，为下一步半方差函数的计算排除了可能存在的比例效应。

表 5-12　光伏阵列内风速描述性统计特征

高度/cm	平均值/（m·s⁻¹）	最大值/（m·s⁻¹）	最小值/（m·s⁻¹）	标准差/（m·s⁻¹）	变异系数/%	偏度	峰度	K-S
10	2.09	2.49	1.81	0.17	8.17	0.11	−0.49	0.565
20	2.35	2.77	1.95	0.25	10.42	−0.05	−1.18	0.593
100	3.08	3.67	2.42	0.31	10.23	0.12	−0.60	0.426
200	2.32	3.17	1.87	0.31	13.45	0.81	0.58	0.526
250	3.05	3.72	2.16	0.35	11.54	−0.41	0.10	0.475

2）光伏阵列内风速的空间变异特征

风速流场图是判断气流变化程度的最直观方式，风速流线的疏密程度及颜色深浅的变化能够清晰地体现风速变化规律。如图 5-31 所示，本文利用 surfer8.0（等值线法）分别绘制 10cm、20cm、100cm、200cm、250cm 高度处气流通过电站内光伏阵列的风速流场图，横、纵坐标分别代表了电站东西方向与南北方向的边界和距离，颜色越浅代表风速越小，等值线越密代表风速变化越快。

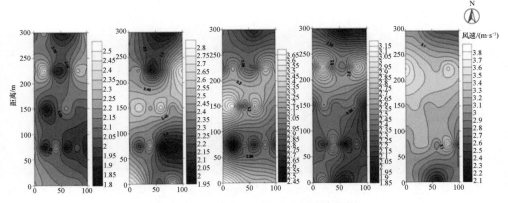

图 5-31　气流通过光伏阵列风速流场图

从图 5-31 中可以看出，在地表 10cm、20cm 高度处，等值线密度相对较小，说明在光伏阵列内地表 10~20cm 高度处风速变化相对缓慢；而在 100cm、200cm 高度处，等值线密度相对较大，说明光伏阵列内此高度范围的风速变化相对较快，这与光伏电板下形成的风速加强区以及光伏电板布设对气流产生的影响有关，光伏阵列内100cm高度处风速均维持在相对较高的状态，在200cm处由于气流与光伏电板相遇受到削弱，风速均维持在一个相对较低的状态；在250cm高度处，等值线密度较大且浅色分布较均匀，说明在阵列内250cm高度处，风速维持在较大的状态且变化缓慢，这可能是由于在250cm高度处，风速较200cm高度而言，维持在相对较高状态，光伏电板上沿上方未受到光伏电板影响的气流与250cm高度处电板后沿上扬的气流相遇逐渐形成了风速消散恢复区。

5.2.3 光伏电板风速流场分布特征

5.2.3.1 光伏电板不同位置风速变化情况

1）电板前沿风速变化情况分析

由图5-32可以看出，电板前沿处风速廓线受到光伏面板的影响，与对照观测点（CK）趋势差异明显，旷野观测点（CK）呈"J"形对数函数增高趋势，但电板前沿各观测点风速则随着高度的增加呈"S"形变化趋势。

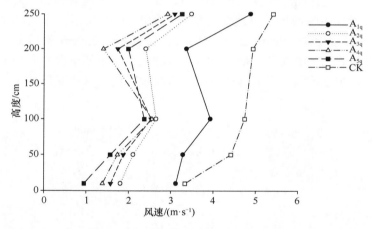

图5-32　电板前沿风速廓线示意图

对旷野（CK）及A_{1q}～A_{5q}6处观测点电板前沿不同高度风速进行对比，旷野观测（CK）处风速表现为250cm（5.41m·s^{-1}）>200cm（4.93m·s^{-1}）>100cm（4.74m·s^{-1}）>50cm（4.42m·s^{-1}）>10cm（3.33m·s^{-1}）。旷野观测（CK）处10cm、50cm、100cm、200cm高度处风速较250cm分别下降了38.38%、18.30%、12.38%、8.83%。

A_{1q}处光伏电板前沿风速表现为250cm（4.87m·s^{-1}）>100cm（3.93m·s^{-1}）>200cm（3.36m·s^{-1}）>50cm（3.29m·s^{-1}）>10cm（3.12m·s^{-1}）。A_{1q}处10cm、50cm、100cm、

200cm 高度处风速较 250cm 分别下降了 35.88%、32.53%、19.32%、30.95%。A_{2q} 处光伏电板前沿风速表现为 250cm（3.48m·s⁻¹）>100cm（2.65m·s⁻¹）>200cm（2.40m·s⁻¹）>50cm（2.11m·s⁻¹）>10cm（1.81m·s⁻¹）。A_{2q} 处 10cm、50cm、100cm、200cm 高度处风速较 250cm 分别下降了 47.99%、39.37%、23.85%、31.03%。A_{3q} 处光伏电板前沿风速表现为 250cm（3.08m·s⁻¹）>100cm（2.53m·s⁻¹）>50cm（1.88m·s⁻¹）>200cm（1.74m·s⁻¹）>10cm（1.58m·s⁻¹）。A_{3q} 处 10cm、50cm、100cm、200cm 高度处风速较 250cm 分别下降了 48.72%、39.05%、17.89%、43.51%。A_{4q} 处风速表现为 250cm（2.91m·s⁻¹）>100cm（2.55m·s⁻¹）>50cm（1.74m·s⁻¹）>200cm（1.40m·s⁻¹）>10cm（1.39m·s⁻¹）。A_{4q} 处 10cm、50cm、100cm、200cm 高度处风速较 250cm 分别下降了 52.29%、40.23%、12.37%、51.89%。A_{5q} 处光伏电板前沿风速表现为 250cm（3.25m·s⁻¹）>100cm（2.37m·s⁻¹）>200cm（1.99m·s⁻¹）>50cm（1.57m·s⁻¹）>10cm（0.95m·s⁻¹）。A_{5q} 处 10cm、50cm、100cm、200cm 高度处风速较 250cm 分别下降了 70.77%、51.62%、27.13%、38.87%。

通过以上数据分析可知，光伏电板前沿处风速在 0～100cm、200～250cm 高度范围内呈增加趋势，在 100～200cm 范围内呈减小趋势。在 200～250cm 高度范围内，气流受到电板阻挡的同时产生了向上、向下的分流，形成风速增强区，风速逐渐增大。风速最大值均出现在 250cm 高度处。

2）电板后沿风速变化情况分析

从图 5-33 可以看出，光伏电板后沿处风速廓线受到光伏面板的影响，与电板前沿处变化趋势相似，与对照观测点（CK）趋势差异明显，旷野观测点（CK）仍呈"J"形对数函数增高趋势，电板后沿各观测点风速则随着高度的增加呈"S"形变化趋势。

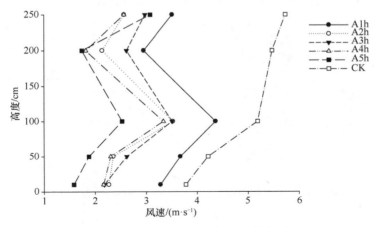

图 5-33 电板后沿风速廓线示意图

对旷野（CK）及 A_{1h}～A_{5h} 6 处观测点电板后沿不同高度风速进行对比，旷野观测（CK）处风速表现为 250cm（5.73m·s^{-1}）>200cm（5.47m·s^{-1}）>100cm（5.19m·s^{-1}）>50cm（4.21m·s^{-1}）>10cm（3.78m·s^{-1}）。旷野观测（CK）处 10cm、50cm、100cm、200cm 高度处风速较 250cm 分别下降了 34.08%、26.46%、9.49%、4.53%。A_{1h} 处电板后沿风速表现为 100cm（4.36m·s^{-1}）>50cm（3.67m·s^{-1}）>250cm（3.51m·s^{-1}）>10cm（3.28m·s^{-1}）>200cm（2.95m·s^{-1}）。A_{1h} 处电板后沿 10cm、50cm、250cm、200cm 高度处风速较 100cm 分别下降了 24.77%、15.83%、32.34%、19.50%。A_{2h} 处光伏电板后沿风速表现为 100cm（3.53m·s^{-1}）>250cm（2.57m·s^{-1}）>50cm（2.35m·s^{-1}）>10cm（2.27m·s^{-1}）>200cm（2.14m·s^{-1}）。A_{2h} 处电板后沿 10cm、50cm、250cm、200cm 高度处风速较 100cm 分别下降了 35.76%、33.35%、39.38%、27.31%。A_{3h} 处光伏电板后沿风速表现为 100cm（3.51m·s^{-1}）>250cm（2.98m·s^{-1}）>50cm（2.62m·s^{-1}）=200cm（2.62m·s^{-1}）>10cm（2.18m·s^{-1}）。A_{3h} 处电板后沿 10cm、50cm、250cm、200cm 高度处风速较 100cm 分别下降了 37.94%、25.42%、25.49%、15.18%。A_{4h} 处电板后沿风速表现为 100cm（3.34m·s^{-1}）>250cm（2.57m·s^{-1}）>50cm（2.30m·s^{-1}）>10cm（2.16m·s^{-1}）>200cm（1.82m·s^{-1}）。A_{4h} 处电板后沿 10cm、50cm、100cm、200cm 高度处风速较 250cm 分别下降了 35.23%、31.09%、45.54%、23.18%。A_{5h} 处光伏电板后沿风速表现为 250cm（3.08m·s^{-1}）>100cm（2.53m·s^{-1}）>50cm（1.88m·s^{-1}）>200cm（1.74m·s^{-1}）>10cm（1.58m·s^{-1}）。A_{5h} 处电板后沿 10cm、50cm、100cm、200cm 高度处风速较 250cm 分别下降了 48.72%、39.05%、17.89%、43.51%。

3）电板下风速变化情况分析

从图 5-34 可以看出，光伏电板下方风速廓线与旷野处有所不同。旷野观测点（CK）风速廓线呈现出"J"形变化趋势，光伏电板下方各观测点则为先增大后减小，但 A_{1x}-A_{3x} 变化幅度明显大于 A_{4x}、A_{5x} 两个观测点。

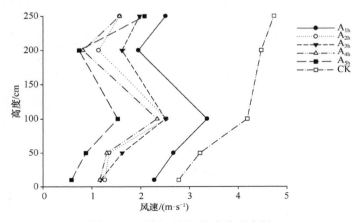

图 5-34　电板下方风速廓线示意图

对旷野（CK）及 $A_{1x}\sim A_{5x}$ 6 处观测点电板下方不同高度风速进行对比，旷野观测（CK）处风速表现为 150cm（4.70m·s^{-1}）>120cm（4.67m·s^{-1}）>80cm（4.25m·s^{-1}）> 50cm（2.65m·s^{-1}）>（0.53m·s^{-1}）。旷野观测（CK）处 10cm、50cm、80cm、120cm 高度处风速较 150cm 分别下降了 88.70%、43.62%、9.67%、0.65%。

A_{1x} 处光伏电板下方风速表现为 80cm（2.39m·s^{-1}）>50cm（1.69m·s^{-1}）>120cm（0.91m·s^{-1}）>10cm（0.48m·s^{-1}）>150cm（0.23m·s^{-1}）。A_{1x} 处电板下方 10cm、50cm、120cm、150cm 高度处风速较 80cm 分别下降了 79.99%、29.29%、61.82%、90.45%。A_{2x} 处光伏电板下方风速表现为 80cm（1.24m·s^{-1}）>50cm（1.09m·s^{-1}）>120cm（0.91m·s^{-1}）>10cm（0.48m·s^{-1}）>150cm（0.11m·s^{-1}）。A_{2x} 处电板下方 10cm、50cm、120cm、150cm 高度处风速较 80cm 分别下降了 78.69%、12.10%、65.00%、91.25%。A_{3x} 处光伏电板下方风速表现为 80cm（0.53m·s^{-1}）>50cm（0.47m·s^{-1}）>120cm（0.71m·s^{-1}）>10cm（0.12m·s^{-1}）>150cm（0.04m·s^{-1}）。A_{3x} 处电板下方 10cm、50cm、120cm、150cm 高度处风速较 80cm 分别下降了 78.28%、11.32%、67.48%、91.87%。A_{4x} 处光伏电板下方风速表现为 80cm（0.62m·s^{-1}）>50cm（0.18m·s^{-1}）>120cm（0.12m·s^{-1}）>10cm（0.05m·s^{-1}）>150cm（0.03m·s^{-1}）。A_{4x} 处电板下方 10cm、50cm、120cm、150cm 高度处风速较 80cm 分别下降了 82.14%、30.77%、53.69%、88.42%。A_{5x} 处光伏电板下方风速表现为 80cm（0.16m·s^{-1}）>50cm（0.14m·s^{-1}）>120cm（0.06m·s^{-1}）>10cm（0.03m·s^{-1}）>150cm（0.01m·s^{-1}）。A_{5x} 处电板下方 10cm、50cm、120cm、150cm 高度处风速较 80cm 分别下降了 78.88%、12.50%、66.55%、91.39%。通过以上数据分析可知，光伏电板的存在改变了近地表风的空间分布格局，风速在 0~80cm 高度范围内迅速增大，对于电板下方的流沙起到了掏蚀作用。

5.2.3.2　光伏电板不同位置风速分布规律

变异系数为各观测点标准差与平均值的比值，主要用于揭示变量之间的离散程度。与标准差相比，变异系数能够消除测量尺度、量纲等因素的影响，较为客观地展开变异程度的比较。这里主要用于判断电场阵列内各观测点之间的空间变异程度。

总体正态检验是诸多统计分析过程必要的前提条件，但是针对大多数实验情况，由于样本容量的局限性，不可能取得总体参数，因而无法对总体的分布情况进行简单假定。Kolmogorov-Smirnov 非参数检验则能避免这一问题，在总体分布参数未知或者极少的情况下，可以利用样本数据对总体分布进行判断。因此，对总体分布未知的数据进行非参数检验十分必要。

1）电板前沿风速统计分析

表 5-13 为电板前沿各观测点的风速描述性统计。由表可知，电板前沿的不同高度最大值范围为 3.12~4.87m·s^{-1}，最小值范围为 0.95~2.91m·s^{-1}。各高度层风速

平均值大小表现为 250cm>100cm>200cm>50cm>10cm，各高度层变异系数大小表现为 10cm>200cm>50cm>100cm>250cm。从变异系数来看，各高度层变异程度均为中等变异。其中 10cm 高度处变异程度最大，250cm 处最小。

表 5-13   电板前沿各观测点风速描述性统计

高度/cm	平均值/（m·s⁻¹）	最大值/（m·s⁻¹）	最小值/（m·s⁻¹）	标准差/（m·s⁻¹）	变异系数/%	K-S
10	1.77	3.12	0.95	0.73	41.40	0.826
50	2.12	3.29	1.57	0.61	28.84	0.742
100	2.81	3.93	2.37	0.57	20.29	0.410
200	2.18	3.36	1.40	0.68	31.05	0.989
250	3.52	4.87	2.91	0.70	19.96	0.688

2）电板下方风速统计分析

表 5-14 为电板下方各观测点的风速描述性统计。根据电板下方处 Kolmogorov-Smirnov 非参数检验结果，各高度风速均呈正态分布（$P>\alpha=0.05$），可以利用实验数据进行常规统计分析。由该表可知，电板下方的不同高度最大值范围为 0.48～2.39m·s⁻¹，最小值范围为 0.01～0.16m·s⁻¹。各高度层风速平均值大小表现为 100cm>50cm>200cm>10cm>250cm，各高度层变异系数大小表现为 250cm>200cm>100cm>10cm>50cm。从变异系数来看，电板下方处各高度层变异程度均为中等变异。其中 150cm 高度处变异程度最大，50cm 处最小，该电场电板前沿高度距离地面高度为 70cm，电板与地面夹角为 37°，经过数学计算可知电板下方中点处距离地表的高度为 160cm，电板下方 150cm 观测点由于距离面板较近，受到干扰最大，其变异最为明显。

表 5-14   电板下方各观测点风速描述性统计

高度/cm	平均值/（m·s⁻¹）	最大值/（m·s⁻¹）	最小值/（m·s⁻¹）	标准差/（m·s⁻¹）	变异系数/%	K-S
10	0.19	0.48	0.03	0.17	88.95	0.931
50	0.71	1.69	0.14	0.59	83.29	0.929
100	0.92	2.39	0.16	0.83	90.40	0.883
200	0.34	0.91	0.06	0.31	92.75	0.913
250	0.08	0.23	0.01	0.08	92.77	0.802

5.2.3.3   光伏电板不同位置的风速廓线

平均风速可以反映风速在光伏电板不同位置的总体变化趋势，观测期间的风向为西风和西北风，观测时指示风速为 7.4m·s⁻¹，由图 5-35 可知，裸沙地平均风速会随着高度的增加逐渐增大。在光伏电板阵列内，断面 1 与断面 2 在测点 A、B、C 的平均风速随着垂直高度增加呈先降低后增加的趋势。图 5-36 中 10min 的平均风速变化显示，在 20cm 高度以上，测点 A、B、C 在相邻高度的时间序列上波动不具有均一性，反映了近地表层的不稳定性，形成一定的涡旋（图 5-36），断面 1 侵蚀程度较为严重，在板下、板间区域形成积沙带，在板前沿下 EW 方向长期风蚀发育形成一条深 50cm 的风蚀沟，断面 1 中测点 A 平均风速在 20cm 处风速达到 6.95m·s^{-1}，这是由于气流受到光伏电板阻挡，风速梯度变化剧烈所致，当挟沙气流通过板前沿下方到达测点 B，受到倾斜排布的光伏电板汇流及风蚀沟坡面（边）抬升加速作用，风速在 20cm 处达到 7.95m·s^{-1}，测点 C 相同位置的平均风速相比 A、B 测点分别减少了 31.8%、40.4%，是由于该测点位于南侧下风向部位，受第一排电板和积沙带的阻挡作用所致。断面 2 位于光伏电板阵列腹部，相比断面 1 较为平坦，地表有零星植被覆盖，在板下区域 20cm 高度的平均风速相比断面 1 下降 35%。在 50cm、80cm、100cm、200cm 高度处，断面 1 与断面 2 测点 A、B、C 的风速先增后减，200cm 高度处的风速呈增加趋势，其中断面 1 中挟沙气流受到板下集流加速后，再受到风蚀沟的坡面抬升，导致测点 B 处风速增加，测点 C 处风速急剧降低，这是电板的障碍效应导致风沙流能量强烈衰减所致；断面 2 的气流经过光伏电板阵列的逐层削弱和地表植被的拦截作用，自上一排电板背板位置到下一块电板相同位置的 4 个测点平均风速有了明显的降低，其中测点 B 在 50cm 的平均风速比断面 1 相同位置下降 24%，50cm 以上的气流会随着板面的倾斜角度抬升加速，当气流经过观测点 C 时，断面 2 的植被平均覆盖达到 30%，削弱了气流在光伏电板间的水平格局，在近地表 20cm 的平均风速仅为 4.40m·s^{-1}，而在断面 1 中 20cm 高度处的平均风速为 6.75m·s^{-1}，说明植被的分布对光伏电板的下垫面风速有明显拦截作用。

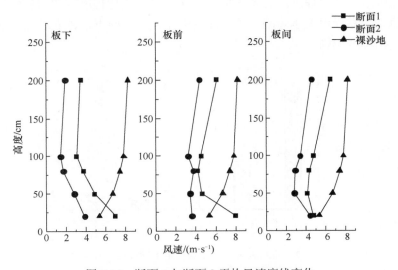

图 5-35　断面 1 与断面 2 平均风速廓线变化

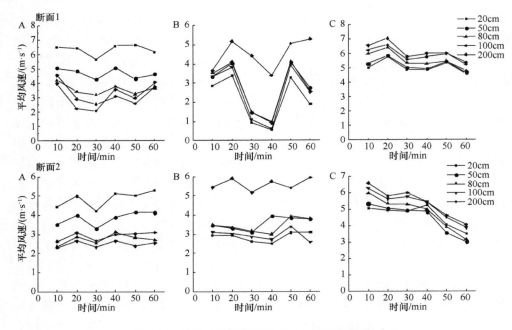

图 5-36　光伏电板不同位置 10min 平均风速变化

5.2.3.4　光伏电板对不同风向风速流场的影响

如图 5-37 所示，各测试点中，200cm、150cm 和 100cm 高度处的风速变化程度较低，风速基本没有变化，而到 50cm 测试点时，风速明显提高，到 20cm 测试点时风速骤增，变化程度高于到 50cm 测试点时的变化程度，图形整体像一座山峰的一边，越靠近山顶越陡峭，风速流场沿光伏电板向下，越靠近电板前沿风速越大，变化程度加剧。

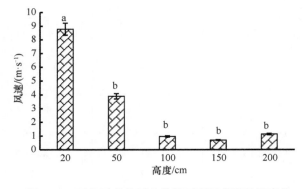

图 5-37　西北风条件下光伏板下不同高度风速变化

就西北风条件下板下不同高度风速变化差异性分析，字母不同代表有显著性差异，各高度中 20cm 高度与其他高度有显著性差异，$P<0.05$，其他四个高度差异性不显著，$P>0.05$。各高度标准差 SD 由低到高分别为 0.866、0.385、2.182、1.326 和 1.464。

如图 5-38 所示，在 20cm 测试点时，风速较高，到达 50cm 测试点时，风速流场得到释放，风速减缓，50cm、100cm 和 150cm 高度的风速变化程度较低，风速基本没有变化，而到 200cm 测试点时，风速骤增，可能是由于光伏电板对于南风的阻挡作用在 200cm 高度处表现不明显，风融入了大环境的风速流场，又因为 20cm 测试点与 200cm 测试点高度的差别，使得风速的变化更加明显，出现风速骤增的情况。

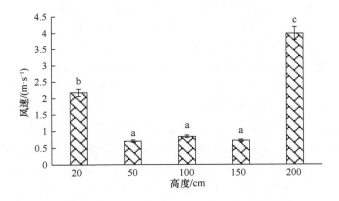

图 5-38 南风条件下光伏板下不同高度风速变化

就南风条件下，板下不同高度风速变化差异性分析而言，字母不同代表有显著性差异，各高度中 20cm 高度与其他高度有显著性差异，200cm 高度与其他高度有显著性差异，20cm 高度与 200cm 高度有显著性差异，上述三对比较均为 $P<0.05$；50cm、100cm、150cm 高度差异性不显著，$P>0.05$。各高度标准差 SD 由低到高分别为 0.144、0.438、0.583、0.255 和 1.386。

5.2.3.5 光伏电板不同位置的空气动力学粗糙度

粗糙度和摩阻风速是描述下垫面对气流运动所受摩擦阻力的重要参数。表 5-15 结果表明，过境风由流动沙地进入光伏阵列后粗糙度和摩阻风速增大，流动沙地、阵列上风向边缘观测点 A 和下风向边缘观测点 B 粗糙度分别为 0.001cm、0.233cm、0.109cm，上风向边缘测点 A、上风向边缘测点 B 粗糙度分别为流动沙地的 233 倍和 109 倍。流动沙地、阵列上风向边缘观测点 A 和下风向边缘观测点 B 摩阻风速分别为 0.374m·s⁻¹、0.591m·s⁻¹、0.497m·s⁻¹。摩阻风速差异规律性与粗糙度一致，阵列内摩阻风速均大于流动沙地。由此可见，光伏阵列布设增大了对近地表风能的削弱作用，导致地表空气动力学粗糙度和摩阻风速增大，光伏阵列内风蚀潜力降低。

表 5-15 不同位置粗糙度和摩阻风速

观测位置	粗糙度/cm	摩阻风速/（m·s⁻¹）
流动沙地	0.001	0.374
观测点 A	0.233	0.591
观测点 B	0.109	0.497

粗糙度是风速等于零的高度，研究区光伏电板阵列的存在破坏了原有的下垫面近地层的风结构，造成了电板不同位置的堆积侵蚀，在近地表的气流中，裸沙地的风速随高度的增加而增加，是因为地面对气流的阻力随高度减小，通过图 5-39 计算得知，裸沙地的粗糙度为 0.08cm，电板阵列内上风向边缘处（断面 1）的板下、板前沿、板间的粗糙度分别为 1.85cm、0.17cm、0.23cm，而电板腹部三个位置的粗糙度分别为 2.23cm、0.83cm、0.78cm，电板阵列内部的粗糙度均大于裸沙地，腹部的粗糙度大于上风向边缘处，因为电板的层层削弱及地表零星植被的覆盖，增大了近地表的粗糙度。摩阻风速正比于速度线与高度纵轴所夹角的正切值，是具有速度量纲的值。通过图 5-39 可知，断面 1 电板下、板前沿、板间风速与高度纵轴的倾斜度要小于断面 2 的倾斜度，通过计算得知，裸沙地的摩阻风速为 $1.24 \mathrm{m \cdot s^{-1}}$，摩阻风速在上风向的三处位置为 $1.84 \mathrm{m \cdot s^{-1}}$、$3.36 \mathrm{m \cdot s^{-1}}$、$1.58 \mathrm{m \cdot s^{-1}}$，而腹部电板的摩阻风速为 $1.21 \mathrm{m \cdot s^{-1}}$、$0.92 \mathrm{m \cdot s^{-1}}$、$1.76 \mathrm{m \cdot s^{-1}}$，在上风向电板边缘，

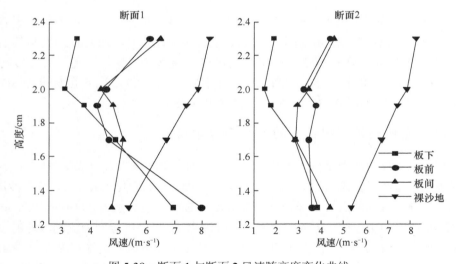

图 5-39 断面 1 与断面 2 风速随高度变化曲线

摩阻风速在板前沿位置最大，这是由于集流加速造成近地表风速加大，地面上的阻力相对也增大。腹部电板下、板前沿的摩阻风速要小于上风向的，这是由于电板的多层阻挡效应使风速降低，地表粗糙度增大，造成了摩阻风速降低；而板间区域摩阻风速相比上风向电板间增大，是由于下垫面植被在正常生长过程中因对动能的吸收及地表粗糙度的增加导致摩阻风速增大。

5.2.3.6　光伏电板不同位置的脉动风速特征

通过脉动风速平均值（表 5-16）可以看出，裸沙地的脉动风速平均值是随着高度的增加逐渐增大，在光伏电板阵列内，断面 1 的三个测点 A、B、C 的平均脉动风速都随着高度增加先减小后增大。在测点 A，由于光伏电板有汇聚集流效应，导致 20cm 的脉动风速加大，其值是裸沙地的 2.42 倍，在电板下 50~100cm 高度中，风速受到电板的阻挡效应，平均风速降低，随着高度的增加脉动风速减弱，相比裸沙地相同位置分别降低 27.7%、53.8%、83.0%。在测点 B，挟沙气流汇流加速通过板前沿，导致板前 20cm 高度的脉动风速增强，但由于挟沙气流集流加速通过板前沿，在板背风侧形成反向涡流，在离心力的作用下削弱了能量和速度传递，50~80cm 高度的脉动风速值相比裸沙地分别减小了 33.1%、58.5%。而板面对气流的抬升作用导致 80cm 高度以上脉动风速增加，在 200cm 高度达到最大，其值为 1.13m·s^{-1}。挟沙气流在近地表受到积沙带坡度抬升作用，使得测点 C 在 20cm 高度的脉动风速增强，而断面 2 的脉动风速受到地表植被和光伏阵列的阻挡，与断面 1 在三个测点的脉动风速有明显差异；断面 2 三个测点的脉动风速随着高度的增加逐渐增大，尤其在 50cm 高度层以下，两个断面的脉动风速变化幅度最大，断面 1 测点 A 在 20cm 高度处脉动风速值为 2.55m·s^{-1}，而断面 2 测点 A 在 20cm 高度处的脉动风速仅为 0.47m·s^{-1}，说明脉动风速的水平变化和垂直结构不仅受到光伏电板汇流加速、消减衰退的作用，也受到下垫面植被状况的影响。

表 5-16　断面 1 与断面 2 脉动风速平均值

| | | 脉动风速平均值/（m·s^{-1}） | | | | |
		20cm	50cm	80cm	100cm	200cm
断面 1	测点 A	2.55	0.94	0.74	0.30	1.71
	测点 B	1.00	0.87	0.66	1.52	1.73
	测点 C	0.69	0.58	0.49	0.51	1.13
断面 2	测点 A	0.47	0.53	1.18	1.48	1.98
	测点 B	0.73	0.94	1.00	1.08	1.27
	测点 C	0.60	0.62	0.74	0.76	0.81
裸沙地		1.05	1.30	1.60	1.76	1.97

脉动风速强度是表征瞬时风速范围的值，从图 5-40 和图 5-41 可以看出，裸沙地脉动风速强度随着高度的增加而逐渐增大，但湍流度随高度增加呈降低趋势。对断面 1 测点 A 测定发现，脉动风速强度随高度的增加呈现先降低后增加的趋势，这是由于光伏电板阻挡加速，瞬时风速梯度波动剧烈所导致的。湍流度在测点 A 呈先增大后减小的趋势，而在断面 2 的测量中，脉动风速强度的变化趋势与断面 1 相同，湍流度在测点 A 随着高度的增加呈减小趋势，这是由于断面 2 测点 A 的挟沙气流受到光伏电板的多层削弱和地表植被的拦截，其 20cm 和 100cm 处的脉动风速强度相比断面 1 分别下降了 10.3%、35.4%。当气流加速经过板前沿测点 B 时，挟沙气流达到不饱和状态，搬运沙粒能力增强，导致近地表沙粒浓度升高，进而造成湍流度增强，断面 2 测点 B 脉动风速强度随高度增加呈先减小后增加的趋势，这是由于测点 B 前沿有零星分布的沙米植被，挟沙气流经过时被削弱和沉降，湍流度受沙粒运动的影响较弱。当挟沙气流经过测点 C 时，通过板前沿到达板间的气流会被积沙带坡面抬升，使得气流成为过饱和状态，沙粒跌落在板间区域，削弱其动量传递，从而导致测点 C 的近地表脉动风速强度减弱，板间 80cm 以上的风速主要受到板与板之间行道风的加速，导致脉动风速强度增大，湍流度在近地表受到沙粒浓度增大的干扰，导致其在 20～80cm 逐渐增强，80cm 高度以上受到挟沙气流的干扰较低。湍流度随高度的增加而减弱。在断面 2 的观测中，由于测点 C 位置较为平坦，地表覆盖大量沙米植被导致挟沙流能量衰减，其脉动风速强度相比断面 1 测点 C 下降了 15%，这是由于气流中含沙量随高度逐渐减少，对气流的干扰减少，导致脉动风速强度和湍流度随高度逐渐减小。

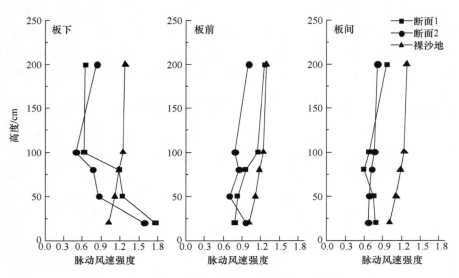

图 5-40　光伏电板不同位置的脉动风速强度

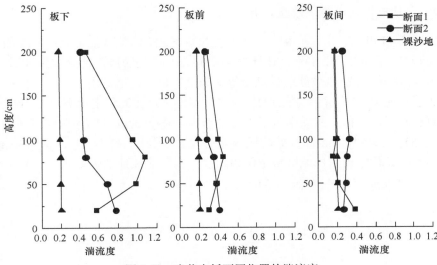

图 5-41 光伏电板不同位置的湍流度

5.2.3.7 光伏电板防风效益分析

1）光伏阵列行道防风效益分析

防风效能即降低风速效能，是指在有措施遮挡情况下的风速和对照风速间的差值与对照风速的比值，反映不同措施防风效能的好坏，也是最直观反映和评价防风效益的指标。光伏阵列内行道处虽属于无遮挡区域，但是防风效能随高度的增加仍发生变化。由图 5-42 可以看出，在地表 10cm 处防风效能最大，达到 32.80%，250cm 高度处防风效能最小，为 19.27%；在 10～250cm 高度范围内，随高度的增加，防风效能呈下降趋势，降幅达到 13.53%，在地表 20cm 处防风效能下降最明显，降幅为 8.12%；在 20～250cm 高度范围内，随高度的增加，光伏阵列行道处防风效能变化不明显，100cm、200cm 高度处防风效能分别为 22.34%、20.84%。

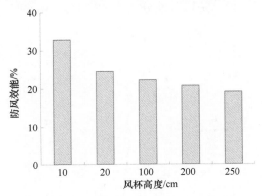

图 5-42 光伏阵列行道不同高度防风效能

2）光伏电板前沿防风效益分析

由图 5-43 可以看出，在 10～100cm 高度区间内，防风效能随高度的增加呈现下降的趋势，降幅为 12.83%，在地表 10cm、20cm 处防风效能分别为 36.77%、33.41%，100cm 处防风效能达到最小值（为 26.28%），这是由于光伏电板前沿下方形成了风速加强区，随高度的增加风速逐渐增大，在光伏电板下沿处 100cm 高度风速达到了最大值。从图中可以直观地看出，在 200cm 处防风效能迅速增大，达到 55.51%，较 100cm 高度处防风效能增大了 29.23%，随后在 200～250cm 高度处仍处于光伏电板的影响区域范围内，表现为随着风速的逐渐增大，防风效能降低，在 250cm 高度处降低至 45.04%。

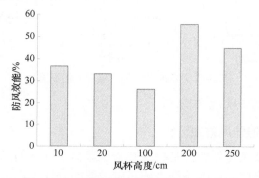

图 5-43　光伏电板前沿不同高度防风效能

3）光伏电板后沿防风效益分析

由图 5-44 可以看出，在光伏电板后沿处 10～100cm 高度区间内，防风效能变化明显，不再随高度的增加而呈现降低的趋势；在 10～250cm 高度区间内，200cm 高度处防风效能达到最大值，为 55.39%，除 200cm 高度外，其余 4 处高度的防风效能差异均不明显，地表 10cm、20cm 高度处的防风效能分别为 40.90%、44.04%，在 100cm、250cm 高度处，防风效能分别为 38.23%、38.69%。

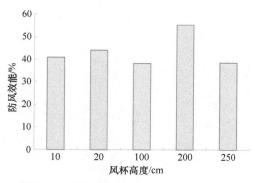

图 5-44　光伏电板后沿不同高度防风效能

5.3 光伏电板和阵列对风沙通量的再分配

5.3.1 光伏电站不同位置风沙输移情况对比分析

5.3.1.1 电场不同位置输沙量变化情况

1）样线 A 输沙量变化情况分析

对试验场区内行道处样线 A 的输沙量进行分析。由图 5-45 可知，各点输沙量均随着集沙高度的增加呈降低趋势，且主要集中在 0～10cm 高度范围内。5 个观测点输沙量最大值均在 0～2cm 高度层，其中 A_1～A_5 观测点输沙量分别为 0.093g·min^{-1}·cm^{-2}、0.076g·min^{-1}·cm^{-2}、0.032g·min^{-1}·cm^{-2}、0.056g·min^{-1}·cm^{-2}、0.050g·min^{-1}·cm^{-2}。电场行道处样线 A 上 0～2cm 高度层 A_1～A_5 5 个观测点输沙量较对照（CK）分别降低了 47.46%、57.06%、64.97%、68.36%和 71.75%，平均降低 61.92%；0～10cm 高度层 A_1～A_5 观测点输沙量较对照（CK）分别降低了 81.87%、84.10%、88.24%、89.99%和 91.60%，平均降低 86.05%；A_1～A_5 观测点总输沙量较对照（CK）分别降低了 83.76%、86.39%、90.04%、91.44%和 92.90%，平均降低 87.91%。

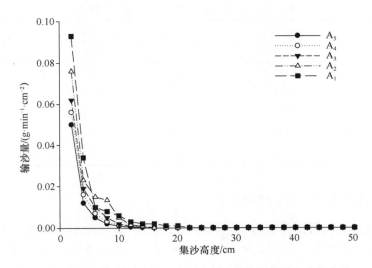

图 5-45 电场行道处样线 A 0～50cm 输沙量随集沙高度的变化

由表 5-17 可知，阵列行道内 A_1～A_4 观测点输沙量随集沙高度变化拟合方程为指数函数拟合度最佳，A_5 观测点输沙量随集沙高度变化拟合方程为多项式拟合程度最佳。拟合系数分别为 R^2=0.9907、R^2=0.9551、R^2=0.9670、R^2=0.9553 和 R^2=0.7943，

$A_1 \sim A_4$ 观测点 R^2 大于 0.95，A_5 观测点 R^2 大于 0.79。由表 5-18 可知，总输沙量由 A_1 点至 A_5 点输沙量逐渐减小，最大值出现 A_1 观测点，为 $0.161\mathrm{g\cdot min^{-1}\cdot cm^{-2}}$。

表 5-17 电场行道处样线 A 0～50cm 输沙量随集沙高度变化拟合方程

位置	关系式	相关系数	相关选择
	$y=0.0893\mathrm{e}^{-0.907x}$	$R^2=0.9907$	最佳
A_1	$y=0.0737x^{-2.82}$	$R^2=0.9630$	较佳
	$y=0.0027x^2-0.0277x+0.0674$	$R^2=0.8746$	相关
	$y=0.0582\mathrm{e}^{-0.721x}$	$R^2=0.9551$	最佳
A_2	$y=0.0497x^{-2.238}$	$R^2=0.9251$	较佳
	$y=0.0019x^2-0.0204x+0.0516$	$R^2=0.8733$	相关
	$y=0.095\mathrm{e}^{-0.803x}$	$R^2=0.9670$	最佳
A_3	$y=0.0797x^{-2.494}$	$R^2=0.9365$	较佳
	$y=0.0029x^2-0.0302x+0.0757$	$R^2=0.8976$	相关
	$y=0.2138\mathrm{e}^{-0.867x}$	$R^2=0.9553$	最佳
A_4	$y=0.3648x^{-3.604}$	$R^2=0.8337$	相关
	$y=0.0013x^2-0.0206x+0.0759$	$R^2=0.8215$	相关
A_5	$y=0.0017x^2-0.0258x+0.0928$	$R^2=0.7943$	最佳
	$y=-0.033\ln(x)+0.0665$	$R^2=0.7697$	相关

表 5-18 电场行道样线 A 风沙流结构分布

位置	总输沙量/ $(\mathrm{g\cdot min^{-1}\cdot cm^{-2}})$	不同高度输沙量/ $(\mathrm{g\cdot min^{-1}\cdot cm^{-2}})$		特征值（λ）
		0～1cm	2～10cm	
A_1	0.161	0.060	0.058	0.97
A_2	0.135	0.058	0.033	0.57
A_3	0.099	0.037	0.036	0.99
A_4	0.085	0.028	0.027	0.98
A_5	0.071	0.023	0.020	0.87

2）样线 B 输沙量变化情况分析

对试验场区内行道样线 B 处的输沙量进行分析。由图 5-46 可知，各点输沙量均随着集沙高度的增加呈降低趋势，且主要集中在 0～10cm 高度范围内。5 个观测点输沙量最大值均在 0～2cm 高度层，其中 $B_1 \sim B_5$ 观测点输沙量分别为 $0.082\mathrm{g\cdot min^{-1}\cdot cm^{-2}}$、$0.070\mathrm{g\cdot min^{-1}\cdot cm^{-2}}$、$0.059\mathrm{g\cdot min^{-1}\cdot cm^{-2}}$、$0.052\mathrm{g\cdot min^{-1}\cdot cm^{-2}}$、$0.046\mathrm{g\cdot min^{-1}\cdot cm^{-2}}$。电板行道处样线 B 上 0～2cm 高度层 $B_1 \sim B_5$ 5 个观测点输沙量较对照（CK）分别降低了 53.67%、60.45%、66.67%、70.62% 和 74.01%，平均降低 65.08%；0～10cm 高度层 $B_1 \sim B_5$ 观测点输沙量较对照（CK）分别降低了 83.43%、

86.74%、89.43%、91.01%和92.64%，平均降低88.65%；B_1～B_5观测点总输沙量较对照（CK）分别降低了85.67%、88.69%、91.08%、92.42%和93.76%，平均降低90.32%。

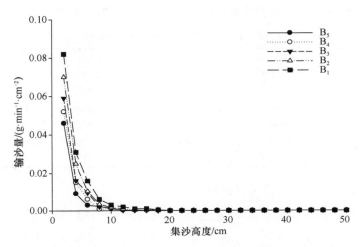

图 5-46　电场行道处样线 B 0～50cm 输沙量随集沙高度的变化

由表 5-19 可知，阵列行道内样线 B B_1～B_3 观测点输沙量随高度变化拟合方程为多项式拟合程度最佳，拟合系数分别为 R^2=0.7646、R^2=0.8361、R^2=0.8406；B_4 观测点输沙量随高度变化拟合方程为幂函数拟合程度最佳，拟合系数为 R^2=0.9648；B_5 观测点输沙量随高度变化拟合方程为指数函数拟合程度最佳，拟合系数为 R^2=0.9716，R^2 均大于 0.76，拟合结果可信。

表 5-19　电场行道处样线 B 0～50cm 输沙量随高度变化拟合方程

位置	关系式	相关系数	相关选择
B_1	$y=0.0014x^2-0.0173x+0.0501$	R^2=0.7646	最佳
	$y=-0.018\ln(x)+0.0318$	R^2=0.7107	相关
B_2	$y=0.0016x^2-0.0204x+0.0597$	R^2=0.8361	最佳
	$y=-0.021\ln(x)+0.0381$	R^2=0.7725	相关
B_3	$y=0.0018x^2-0.0226x+0.0757$	R^2=0.8406	最佳
	$y=-0.024\ln(x)+0.0436$	R^2=0.7871	相关
B_4	$y=0.118x^{-2.702}$	R^2=0.9648	最佳
	$y=0.0847e^{-2.702x}$	R^2=0.9455	较佳
	$y=0.0021x^2-0.0274x+0.0825$	R^2=0.8768	相关
B_5	$y=0.1071e^{-0.639x}$	R^2=0.9716	最佳
	$y=0.1367x^{-2.416}$	R^2=0.9594	较佳
	$y=0.0024x^2-0.0314x+0.0975$	R^2=0.8980	相关

对样线 B 各观测点总输沙量及其风沙流结构分布情况进行对比分析（表 5-20），总输沙量在 $B_1 \sim B_5$ 观测点逐渐减少，最大值出现 B_1 观测点，为 0.142g·min⁻¹·cm⁻²。对各观测点的风沙流结构特征值进行分析，各点 λ 均小于 1，光伏阵列行道处样线 B 各观测点风沙流呈饱和状态，地表表现为堆积现象。

表 5-20　电场行道处样线 B 风沙流结构分布

位置	总输沙量/ $(g·min^{-1}·cm^{-2})$	不同高度输沙量/ $(g·min^{-1}·cm^{-2})$		特征值（λ）
		0～1cm	2～10cm	
B_1	0.142	0.058	0.056	0.97
B_2	0.112	0.040	0.039	0.98
B_3	0.089	0.038	0.029	0.77
B_4	0.075	0.033	0.022	0.67
B_5	0.062	0.027	0.015	0.55

3）样线 C 输沙量变化情况分析

对试验场区内行道处样线 C 的输沙量进行分析。由图 5-47 可知，各点输沙量均随着集沙高度的增加呈降低趋势，且主要集中在 0～10cm 高度范围内。5 个观测点输沙量最大值均在 0～2cm 高度层，其中 $C_1 \sim C_5$ 观测点输沙量分别为 0.064 g·min⁻¹·cm⁻²、0.059g·min⁻¹·cm⁻²、0.056g·min⁻¹·cm⁻²、0.050g·min⁻¹·cm⁻²、0.042g·min⁻¹·cm⁻²。电板行道处样线 C 上 0～2cm 高度层 $C_1 \sim C_5$ 5 个观测点输沙量较对照（CK）分别降低了 63.80%、66.50%、68.54%、71.83%和76.42%，平均降低 69.42%；0～10cm 高度层 $C_1 \sim C_5$ 观测点输沙量较对照（CK）分别降低了 83.76%、86.82%、89.14%、91.17%和 93.09%，平均降低 88.79%；$C_1 \sim C_5$ 观测点总输沙量较对照（CK）分别降低了 86.39%、88.95%、90.90%、92.60%和 94.21%，平均降低 90.61%。

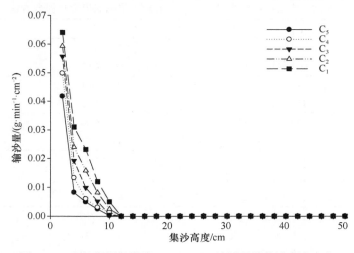

图 5-47　电场行道处样线 C 0～50cm 输沙量随集沙高度变化

由表 5-21 可知，阵列行道内样线 C 各观测点输沙量随高度变化拟合方程均为多项式拟合程度最佳，拟合系数分别为 $R^2=0.9870$、$R^2=0.9797$、$R^2=0.9986$、$R^2=0.9993$、$R^2=0.9972$，均大于 0.97，拟合结果可信。

表 5-21　电场行道处样线 C 0～50cm 输沙量随高度变化拟合方程

位置	关系式	相关系数	相关选择
C₁	$y=0.0026x^2-0.0207x+0.0405$	$R^2=0.9870$	最佳
	$y=-0.017\ln(x)+0.0219$	$R^2=0.9667$	较佳
	$y=0.1632e^{-1.686x}$	$R^2=0.9522$	较佳
C₂	$y=0.0023x^2-0.0193x+0.0405$	$R^2=0.9797$	最佳
	$y=-0.017\ln(x)+0.0232$	$R^2=0.9630$	较佳
	$y=0.0714e^{-1.038x}$	$R^2=0.9318$	较佳
C₃	$y=0.0052x^2-0.0404x+0.0802$	$R^2=0.9986$	最佳
	$y=0.1375e^{-1.044x}$	$R^2=0.9845$	较佳
	$y=-0.032\ln(x)+0.0437$	$R^2=0.9806$	较佳
C₄	$y=0.0047x^2-0.0382x+0.0801$	$R^2=0.9993$	最佳
	$y=0.145e^{-1.014x}$	$R^2=0.9893$	较佳
	$y=-0.033\ln(x)+0.0458$	$R^2=0.9898$	较佳
C₅	$y=0.0060x^2-0.0480x+0.0995$	$R^2=0.9972$	最佳
	$y=-0.04\ln(x)+0.0564$	$R^2=0.9910$	较佳
	$y=0.1707e^{-0.975x}$	$R^2=0.9857$	较佳

对样线 C 上各观测点总输沙量及其风沙流结构分布情况进行对比分析可知（表 5-22），各观测点的风沙流结构特征值均小于 1，说明由于光伏电板的存在，导致风沙流上层输沙量减小，风沙流表现为饱和状态，地表表现为堆积。

表 5-22　电场行道 C 样线风沙流结构分布

位置	总输沙量/ $(g\cdot min^{-1}\cdot cm^{-2})$	不同高度输沙量/ $(g\cdot min^{-1}\cdot cm^{-2})$		特征值（λ）
		0～1cm	2～10cm	
C₁	0.098	0.041	0.040	0.98
C₂	0.079	0.033	0.032	0.97
C₃	0.073	0.031	0.028	0.90
C₄	0.039	0.017	0.016	0.95
C₅	0.034	0.015	0.012	0.78

4）样线 D 输沙量变化情况分析

对试验阵列行道处样线 D 的输沙情进行分析。由图 5-48 可知，各点输沙量均随着集沙高度的增加呈降低趋势，且主要集中在 0～10cm 高度范围内。5 个观测点输沙量最大值均在 0～2cm 高度层，其中 D_1～D_5 观测点输沙量分别为 0.062g·min^{-1}·cm^{-2}、0.048g·min^{-1}·cm^{-2}、0.045g·min^{-1}·cm^{-2}、0.023g·min^{-1}·cm^{-2}、0.022g·min^{-1}·cm^{-2}。0～2cm 高度层 D_1～D_5 5 个观测点输沙量较对照（CK）分别降低 64.97%、72.88%、74.76%、87.01%和 87.57%，平均降低 77.44%；0～10cm 高度层 D_1～D_5 观测点输沙量较对照（CK）分别降低了 87.64%、90.23%、91.13%、95.28%和 95.81%，平均降低 92.02%；D_1～D_5 总输沙量较对照观测点（CK）分别降低了 89.64%、91.82%、92.57%、96.04%和 96.49%，平均降低 93.31%。

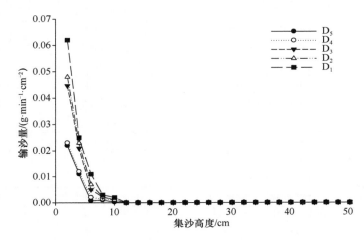

图 5-48　电场行道处样线 D 0～50cm 输沙量随集沙高度变化

由表 5-23 可知,阵列行道处样线 D 各观测点输沙量随高度变化拟合方程均为多项式拟合程度最佳，拟合系数分别为 $R^2=0.9807$、$R^2=0.9888$、$R^2=0.9986$、$R^2=0.9998$、$R^2=0.9929$，R^2 均大于 0.98，拟合结果可信。

表 5-23　电场行道处样线 D 0～50cm 输沙量随高度变化拟合方程

位置	关系式	相关系数	相关选择
D_1	$y=0.0022x^2-0.0186x+0.0386$	$R^2=0.9807$	最佳
	$y=-0.014\ln(x)+0.0208$	$R^2=0.9271$	较佳
	$y=0.0697e^{-1.18x}$	$R^2=0.8958$	相关
D_2	$y=0.0026x^2-0.0204x+0.0413$	$R^2=0.9888$	最佳
	$y=-0.017\ln(x)+0.0228$	$R^2=0.9693$	较佳
	$y=0.0686e^{-1.03x}$	$R^2=0.9399$	较佳
D_3	$y=0.0052x^2-0.0404x+0.0802$	$R^2=0.9986$	最佳
	$y=0.1375e^{-1.044x}$	$R^2=0.9845$	较佳
	$y=-0.032\ln(x)+0.0437$	$R^2=0.9806$	较佳

续表

位置	关系式	相关系数	相关选择
D_4	$y=0.0051x^2-0.0407x+0.0838$	$R^2=0.9998$	最佳
	$y=0.1502e^{-1.024x}$	$R^2=0.9911$	较佳
	$y=-0.034\ln(x)+0.0472$	$R^2=0.9888$	较佳
D_5	$y=0.0072x^2-0.0553x+0.1093$	$R^2=0.9929$	最佳
	$y=0.179e^{-0.991x}$	$R^2=0.9891$	较佳
	$y=-0.043\ln(x)+0.0595$	$R^2=0.9807$	较佳

对样线 D 上各观测点总输沙量及其风沙流结构分布情况进行对比分析可知（表 5-24），当空间位置不同时，总输沙量不同。具体表现为总输沙量由 D_1 观测点至 D_5 观测点逐渐减小，最大值出现 D_1 观测点，为 $0.103\text{g·min}^{-1}\text{·cm}^{-2}$。对各观测点的风沙流结构特征值进行分析，各点 λ 均小于 1，说明光伏电板对风沙流上层输沙产生了阻挡，地表表现为堆积状态。

表 5-24 电场行道处样线 D 风沙流结构分布

位置	总输沙量/ （$\text{g·min}^{-1}\text{·cm}^{-2}$）	不同高度输沙量/（$\text{g·min}^{-1}\text{·cm}^{-2}$）		特征值（λ）
		$0\sim1\text{cm}$	$2\sim10\text{cm}$	
D_1	0.103	0.043	0.041	0.82
D_2	0.081	0.034	0.033	0.97
D_3	0.074	0.031	0.029	0.93
D_4	0.039	0.017	0.016	0.97
D_5	0.035	0.016	0.013	0.82

5）样线 E 输沙量变化情况分析

对试验场区内行道处样线 E 的输沙量进行分析。由图 5-49 可知，各点输沙量均随着集沙高度的增加呈降低趋势，且主要集中在 $0\sim10\text{cm}$ 高度范围内。5 个观测点输沙量最大值均在 $0\sim2\text{cm}$ 高度层，其中 $E_1\sim E_5$ 观测点输沙量分别为 $0.051\text{g·min}^{-1}\text{·cm}^{-2}$、$0.048\text{g·min}^{-1}\text{·cm}^{-2}$、$0.045\text{g·min}^{-1}\text{·cm}^{-2}$、$0.043\text{g·min}^{-1}\text{·cm}^{-2}$、$0.036\text{g·min}^{-1}\text{·cm}^{-2}$。$E_1\sim E_5$ 5 个观测点 $0\sim2\text{cm}$ 高度层输沙量较对照（CK）分别降低 70.97%、72.24%、74.83%、75.59%和79.56%，平均降低 74.74%；$0\sim10\text{cm}$ 高度层 $E_1\sim E_5$ 观测点输沙量较对照（CK）分别降低了 89.76%、90.21%、91.86%、93.86%和95.02%，平均降低 92.14%；$E_1\sim E_5$ 观测点总输沙量较对照（CK）分别降低了 91.42%、91.80%、93.18%、94.86%和95.83%，平均降低 93.42%。

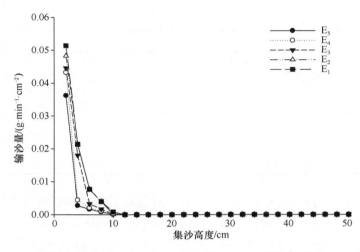

图 5-49　电场行道处样线 E 0~50cm 输沙量（$Q_{0~50}$）随集沙高度（h）变化

由表 5-25 可知，阵列行道内样线 E 上 E_3~E_5 观测点输沙量随高度变化拟合方程为多项式拟合程度最佳，拟合系数分别为 $R^2=0.9881$、$R^2=0.9879$、$R^2=0.9853$；E_1 观测点输沙量随高度变化拟合方程为指数函数拟合程度最佳，拟合系数为 $R^2=0.9270$；E_2 观测点输沙量随高度变化拟合方程为幂函数拟合程度最佳，拟合系数为 $R^2=0.9907$，R^2 均大于 0.92，拟合结果可信。

表 5-25　电场行道处样线 E 0~50cm 输沙量随高度变化拟合方程

位置	关系式	相关系数	相关选择
E_1	$y=0.0974e^{-1.381x}$	$R^2=0.9270$	最佳
	$y=-0.04x^{-3.396}$	$R^2=0.9058$	较佳
	$y=0.047x^2-0.0355x+0.0634$	$R^2=0.8787$	相关
E_2	$y=0.0385x^{-2.733}$	$R^2=0.9907$	最佳
	$y=0.0677e^{-1.06x}$	$R^2=0.9229$	较佳
	$y=0.0056x^2-0.0423x+0.0758$	$R^2=0.8937$	相关
E_3	$y=0.0045x^2-0.0376x+0.0766$	$R^2=0.9881$	最佳
	$y=0.21e^{-1.334x}$	$R^2=0.9706$	较佳
	$y=-0.029\ln(x)+0.0409$	$R^2=0.9366$	较佳
E_4	$y=0.004x^2-0.0354x+0.0784$	$R^2=0.9879$	最佳
	$y=-0.03\ln(x)+0.0453$	$R^2=0.9676$	较佳
	$y=0.2652e^{-1.282x}$	$R^2=0.8964$	相关
E_5	$y=0.0045x^2-0.0391x+0.0844$	$R^2=0.9853$	最佳
	$y=0.1521e^{-0.992x}$	$R^2=0.9822$	较佳
	$y=-0.032\ln(x)+0.0476$	$R^2=0.9557$	较佳

对 E 样线上各观测点总输沙量及其风沙流结构分布情况进行对比分析可知（表 5-26），当空间位置不同时，总输沙量不同。具体表现为 E_1～E_5 观测点输沙量逐渐减小，最大值出现 E_1 观测点，为 $0.085 \text{g·min}^{-1} \text{·cm}^{-2}$。对各观测点的风沙流结构特征值进行分析，各点 λ 均小于 1，此处风沙流表现为饱和状态，地表出现堆积的现象。

表 5-26　电场行道处样线 E 风沙流结构分布

位置	总输沙量/ $(\text{g·min}^{-1} \text{·cm}^{-2})$	不同高度输沙量/ $(\text{g·min}^{-1} \text{·cm}^{-2})$		特征值（λ）
		0～1cm	2～10cm	
E_1	0.085	0.036	0.034	0.95
E_2	0.082	0.034	0.033	0.97
E_3	0.068	0.030	0.023	0.77
E_4	0.051	0.013	0.008	0.62
E_5	0.041	0.012	0.005	0.43

对电场阵列行道处的输沙量降幅进行统计可以发现（表 5-27），各观测点对比对照观测点降幅由边缘向阵列内部逐渐增大，且随着集沙高度的累计降幅逐渐增大。从光伏阵列整体来看，过境风自 A_1 点进入光伏阵列后，各观测点与对照旷野（CK）风速相比不断被削弱，光伏阵列的布设对风速起到了明显的降低作用，风速的降低导致输沙量明显减小。

表 5-27　电场阵列内部不同位置输沙量降幅对比

高度/cm	输沙量平均降幅/%				
	样线 A	样线 B	样线 C	样线 D	样线 E
0～2	61.92	65.08	69.42	77.44	74.74
0～10	86.05	88.65	88.79	92.02	92.14
0～50	87.91	90.32	90.61	93.31	93.42

5.3.1.2　电场行道处不同高度输沙情况分析

1）0～2cm 光伏阵列输沙量分析

图 5-50 为距离地表 0～2cm 高度处输沙量分布示意图。从该图中可以看出，在光伏试验阵列内地表 0～2cm 高度层，输沙量呈规律性变化，总的来说由西北向东南方向逐渐减少。同时可以看出，0～2cm 高度处输沙量等值线密度相对较大，说明该高度层阵列内部输沙量变化较为平缓。

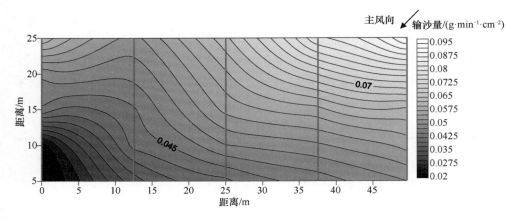

图 5-50 光伏阵列行道 0～2cm 高度处输沙量分布示意图

2）0～10cm 光伏阵列输沙量分析

图 5-51 为距离地表 0～10cm 高度处输沙量分布示意图。试验期间主要以西北风、北风为主，阵列行道处近地表 10cm 高度层受电板本身影响较小，过境风由阵列边缘地带进入阵列内部，距离地表 10cm 高度处风速由西北向东南逐渐降低，导致输沙量呈现相同规律。同时可以看出，0～10cm 高度层输沙量等值线密度相对 0～2cm 高度层较小，说明该高度处阵列内部输沙量变化较 0～2cm 高度层相对剧烈。

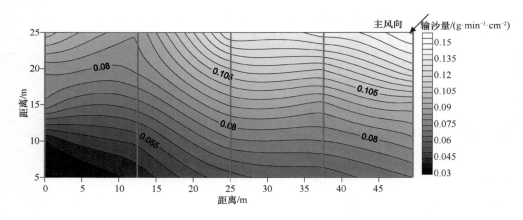

图 5-51 光伏阵列行道 0～10cm 高度处输沙量分布示意图

3）0～50cm 光伏阵列输沙量分析

图 5-52 为距离地表 0～50cm 高度层输沙量分布示意图。由图 5-52 可知，距离地表 0～50cm 高度层，输沙量变化规律基本与距地表 0～10cm 高度处相同。但

距地表 0～50cm 高度层输沙量等值线密度明显高于 0～10cm 高度层，说明该高度处阵列内部输沙量变化较 0～10cm 层更为剧烈。电板前沿距离地表高度为 70cm，在距离地表 50cm 高度处受电板下沿影响形成了风速加速区，风速变化较距离地表 10cm 处更为剧烈，导致了 0～50cm 高度层输沙量变化明显。

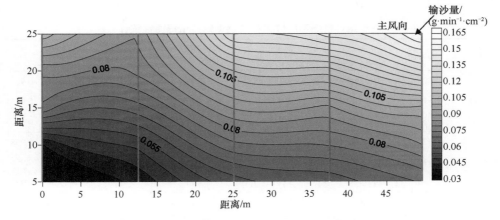

图 5-52　光伏阵列行道 0～50cm 高度处输沙量分布示意图

5.3.1.3　电场不同位置输沙规律

表 5-28 为电场阵列行道处各样线上观测点的输沙量描述性统计。根据光伏阵列各样线 Kolmogorov-Smirnov 非参数检验结果，各高度层输沙量均属正态分布（$P>\alpha=0.05$），可以利用实验数据进行常规统计分析。由该表可知，样线 A 不同高度最大值范围为 0.093～0.161g·min^{-1}·cm^{-2}，最小值范围为 0.050～0.071g·min^{-1}·cm^{-2}。各高度层输沙量平均值大小表现为 0～50cm> 0～10cm>0～2cm，各高度变异系数大小表现为 0～50cm>0～10cm>0～2cm。从变异系数来看，样线 A 处各高度层变异程度均为中等变异。样线 B 不同高度最大值范围为 0.082～0.142g·min^{-1}·cm^{-2}，最小值范围为 0.046～0.062g·min^{-1}·cm^{-2}。各高度层输沙量平均值大小表现为 0～50cm>0～10cm>0～2cm，各高度层变异系数大小表现为 0～50cm>0～10cm>0～2cm。从变异系数来看，样线 B 处各高度层变异程度均为中等变异。样线 C 不同高度最大值范围为 0.064～0.135g·min^{-1}·cm^{-2}，最小值范围为 0.042～0.058g·min^{-1}·cm^{-2}。各高度层输沙量平均值大小表现为 0～50cm=0～10cm>0～2cm，各高度层变异系数大小表现为 0～50cm=0～10cm>0～2cm。从变异系数来看，样线 C 处各高度层变异程度均为中等变异。样线 D 不同高度最大值范围为 0.062～0.103g·min^{-1}·cm^{-2}，最小值范围为 0.022～0.035g·min^{-1}·cm^{-2}。各高度层输沙量平均值大小表现为 0～50cm=0～10cm>0～2cm，各高度层变异系数大小表现为 0～50cm=0～10cm>0～

2cm。从变异系数来看，样线 D 处各高度层变异程度均为中等变异。样线 E 不同高度最大值范围为 0.051～0.085g·min^{-1}·cm^{-2}，最小值范围为 0.036～0.041g·min^{-1}·cm^{-2}。各高度层输沙量平均值大小表现为 0～50cm=0～10cm>0～2cm，各高度层变异系数大小表现为 0～50cm=0～10cm>0～2cm。从变异系数来看，样线 E 处各高度层变异程度均为中等变异。

表 5-28　电场不同位置各观测点输沙量描述性统计

空间位置	高度/cm	平均值/ (g·min^{-1}·cm^{-2})	最大值/ (g·min^{-1}·cm^{-2})	最小值/ (g·min^{-1}·cm^{-2})	标准差/ (g·min^{-1}·cm^{-2})	变异系数	K-S
样线 A	0～2	0.067	0.093	0.050	0.02	22.90	0.965
	0～10	0.107	0.151	0.070	0.03	28.32	0.986
	0～50	0.110	0.161	0.071	0.03	30.30	0.970
样线 B	0～2	0.062	0.082	0.046	0.01	20.83	0.998
	0～10	0.095	0.138	0.061	0.03	28.68	0.996
	0～50	0.096	0.142	0.062	0.03	29.64	0.995
样线 C	0～2	0.054	0.064	0.042	0.01	14.30	0.996
	0～10	0.093	0.135	0.058	0.03	29.17	1.000
	0～50	0.093	0.135	0.058	0.03	29.17	1.000
样线 D	0～2	0.050	0.062	0.022	0.02	38.51	0.939
	0～10	0.066	0.103	0.035	0.03	38.88	0.957
	0～50	0.066	0.103	0.035	0.03	38.88	0.957
样线 E	0～2	0.045	0.051	0.036	0.01	11.51	0.994
	0～10	0.065	0.085	0.041	0.02	25.93	0.983
	0～50	0.065	0.085	0.041	0.02	25.93	0.983

综上所示，光伏阵列行道处各样线变异系数均以距离地面 0～50cm 最大，整体呈沿着高度增加而增加的趋势。样线 C～E 由于逐渐深入电场阵列内部，输沙量降低，基本集中在 0～10cm 层，10cm 以上无输沙量，导致了 0～10cm 变异系数与 0～50cm 变异系数相同。

5.3.1.4　电场风沙输移变异分析

电场行道处不同空间位置的输沙量半方差变异函数模型参数如表 5-29 所示。由该表可知，电场内不同空间位置的输沙量可以以高斯模型较好地拟合为变异函数，决定系数 R^2 均大于 0.94。各高度模拟函数的块金值（C_0）表现为 0～10cm>0～50cm>0～2cm，基台值表现为 0～10cm>0～50cm>0～2cm，说明由非随机原因引起的变异为 0～10cm 高度层最大，各高度输沙量的块金效应[C_0/（C_0+C）]小于

25%，说明电场阵列行道处的输沙量在各高度上均具有强烈的自相关性。变程（A）在 0～2cm 高度层最大，0～50cm 高度层最小。各高度层变程范围为 40.56～65.09m，具有较好的连续性。综合对电场阵列内的输沙量变异函数的变化分析，距离地面的高度与电场阵列内输沙量的分布变异情况具有密切关系，随机因素导致的电场输沙量变化占比很小，电板的布设是影响电场阵列内不同位置输沙量发生变异的主要原因，而电板因其与地面形成夹角，对各高度的输沙量影响产生差异，因而各高度的变异程度不同。

表 5-29　电场行道处输沙半方差函数模型参数

高度/cm	最优模型	块金值（C_0）	基台值（C_0+C）	块金效应 [$C_0/(C_0+C)$]/%	变程（A）/m	决定系数（R^2）	残差（RSS）
0～2	高斯模型	0.000 01	0.001 47	0.680	65.09	0.942	1.794×10^{-9}
0～10	高斯模型	0.000 04	0.002 07	1.932	46.00	0.970	5.843×10^{-9}
0～50	高斯模型	0.000 02	0.002 05	0.976	40.56	0.947	1.568×10^{-9}

5.3.2　光伏阵列不同位置风沙输移情况对比分析

5.3.2.1　光伏阵列干扰下近地层输沙率变化特征

通过计算光伏板不同位置各层（0～30cm，每 2cm 一层，共 15 层）输沙率，然后累加得出总输沙率。不同风况条件下，光伏阵列局部典型部位和流动沙丘输沙率如图 5-53 所示，所有风况条件下流动沙丘上方输沙率总是高于光伏阵列内，在光伏阵列内的三个典型部位输沙率大小关系随夹角变化存在差异。如图 5-53A 所示，夹角为−12.3°（主风向为 W 和 WSW）时，输沙率大小关系为板前>板间>板后，板间和板后分别为板前输沙的 80.35%和 27.77%。如图 5-53B～D 所示，当夹角分别为 9.13°、9.20°和 10.71°（主风向为 W）时，板间输沙率增大，板前和板后位置输沙率相当，平均为板间输沙率的 49%。当夹角为 18.07°（主风向为 WNW）时（图 5-53E），随着夹角的增大板前输沙率增大，输沙率大小关系为板间>板前>板后。随着夹角的继续增大，当夹角为 29.67°～82.19°时，板前输沙率上升至最大，光伏阵列内不同部位输沙率差异较小。其中夹角为 29.67°～61.61°，主风向为 WNW、NW 和 NNW 时（图 5-53F～H），板后位置输沙率高于板间。当夹角范围为 76.67°～82.19°，主风向为 NNW、N 和 NNE 时（图 5-53I～P），板间位置输沙率高于板后。通过计算光伏阵列内不同部位输沙率距平百分率，发现在 0°～29.67°夹角范围内，随夹角增大，板间、板前和板后三个位置输沙率之间的差异减小；随着夹角的继续增大，在 56.97°～82.19°范围内，板间、板前和板后三个位置输沙率之间的差异较大。

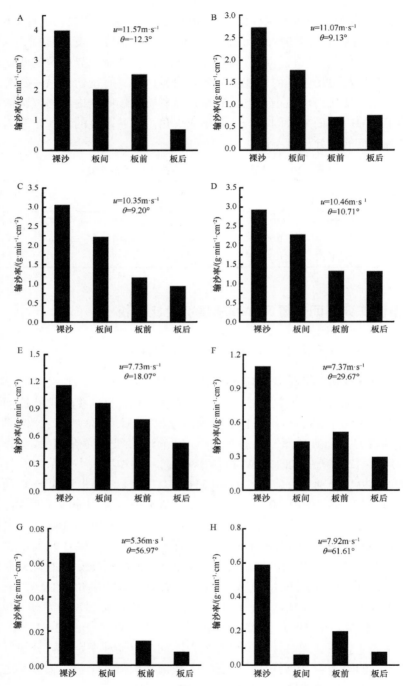

图 5-53　流沙沙丘和光伏阵列内典型位置输沙率

图中 u 为风速，θ 为光伏阵列与主风向的夹角

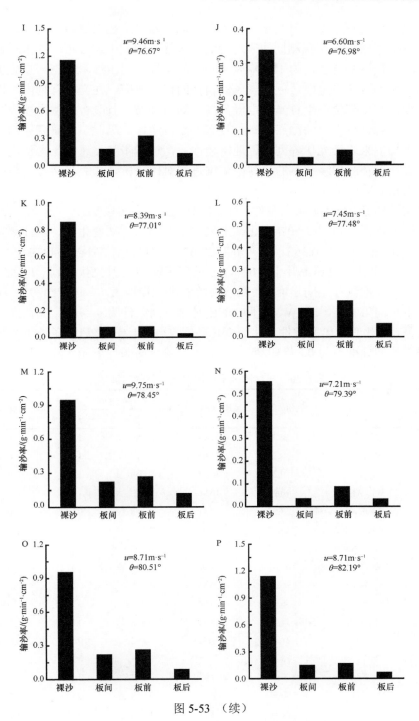

图 5-53 （续）

　　研究结果显示输沙率与风速呈正相关关系，即风速越大输沙率越大，反之亦然。图 5-53 中的 16 次观测期间风速有较大差异，因此上述分析中并未对输沙率绝对大小进行详细分析，为了消除风速带来的差异，用阻沙率来进一步分析光伏阵列相对流动沙丘下垫面对近地表风沙输移的扰动效应。在光伏阵列内，板间、板前和板后三个部位在垂直光伏电板方向上均匀分布，且既有光伏电板周围的测点分布，也有远离电板的测点分布，具有一定典型性。因此，本研究运用三个部位输沙率均值来表征光伏阵列内近地层输沙率，进一步与上风向无光伏电板覆盖的流动沙丘下垫面同步观测的输沙率数据进行对比分析，探究光伏阵列阻沙作用及其与夹角之间的关系。

　　如表 5-30 所示，不同夹角条件下光伏阵列阻沙率有明显差别。风向条件由 B→E 变化，即夹角由 9.13°→18.07°变化、主风向由 W→WNW 变化时，阻沙率呈下降趋势，由 0.598 下降至 0.355。当夹角为 29.67°，即风向为 WNW 和 NW 时（风向条件为 F），阻沙率迅速上升至 0.627，可见有 NW 风向时光伏阵列对近地表沙物质传输速率的抑制开始明显增加。随着夹角的进一步增大，夹角在 56.97°～82.19° 范围，主风向为 NW、NNW、N 和 NNE 时（风向条件为 G→P），光伏阵列的阻沙率较强，且此时随风向条件变化而变化的幅度较小，G→P 风向条件下光伏阵列阻沙率均值和标准差为 0.847±0.061。换言之，该风向条件下光伏阵列可降低近地

表 5-30　光伏阵列不同风向条件下的阻沙率

编号	风向	夹角/(°)	风速/(m·s⁻¹)	输沙率/(g·min⁻¹·cm⁻²) 流动沙丘	光伏阵列	阻沙率
A	WSW, W	−12.30	11.57	3.995	1.757	0.560
B	W	9.13	11.07	2.722	1.093	0.598
C	W	9.20	10.35	3.049	1.437	0.529
D	W, WNW	10.71	10.46	2.923	1.641	0.439
E	WNW, W	18.07	7.73	1.158	0.747	0.355
F	WNW, NW	29.67	7.37	1.097	0.409	0.627
G	NW, NNW	56.97	5.36	0.066	0.009	0.856
H	NNW, NW	61.61	7.92	0.590	0.112	0.810
I	N, NNW	76.67	9.46	1.158	0.209	0.819
J	N, NNE	76.98	6.60	0.337	0.025	0.927
K	NNE, N	77.01	8.39	0.858	0.064	0.926
L	N, NNW	77.48	7.45	0.492	0.118	0.761
M	NNW, N	78.45	9.75	0.949	0.207	0.782
N	N, NNW	79.39	7.21	0.554	0.053	0.904
O	N	80.51	8.71	0.958	0.192	0.800
P	N	82.19	8.71	1.143	0.131	0.885

表过境风沙流 84.7%的输沙量。此外，本研究对于输沙率的观测多为 W→N 风向区间，即夹角多为 0°→90°范围内，该区间样本量达到 93.75%。然而，表 5-30 中 A 风向条件下夹角为–12.3°，主风向为 WSW 和 W，阻沙率为 0.560。夹角为 10.71°时，阻沙率为 0.44；夹角为 18.07°时，阻沙率为 0.36；那么，夹角为 12.3°时（主风向为 WNW 和 W）的阻沙率应当为 0.35～0.44。可见夹角相同条件下，风向由 0°夹角向两侧偏转方向不同导致的阻沙率存在差异。5.2 节中对于光伏阵列相对加速率的分析得出同样结果，究其原因是光伏设施自身特性导致，夹角为正值相较于负值时近地表能够获得更大的动能，进而导致光伏阵列内输沙率更高、阻沙率更低。

5.3.2.2　光伏阵列局部典型部位风沙流结构

　　为更加直观地认识光伏电板不同位置沙粒浓度与高度之间的关系，将累积输沙高度的变化做成柱状图。由图 5-54 可以看出，流动沙丘下垫面风沙流运移基本贴近地表，不同风况条件下 90%以上的输沙量均分布在 0～10cm 高度范围内，且随着风速的增大，风沙输移高度有所上升。光伏阵列内不同部位风沙流垂直结构随风况变化差异明显。图 5-54 中 E、F、H、L、N 风速和夹角分别为 7.73m·s^{-1}、7.37m·s^{-1}、7.92m·s^{-1}、7.45m·s^{-1}、7.21m·s^{-1} 和 18.07°、29.67°、61.61°、77.48°、79.39°。结果显示，夹角较小时（E 和 F 风况），不同部位风沙输移高度较低且差异较小，50%以上的输沙量在 0～3cm 高度范围内传输，75%以上的输沙量在 0～6cm 高度范围内传输，90%以上的输沙量在 0～10cm 高度范围内传输，95%以上的输沙量在 0～14cm 高度范围内传输。当夹角增大时（H、L 和 N 风况），板间和板后位置风沙输移高度增加，50%以上的输沙量在 0～4cm 高度范围内传输，75%以上的输沙量在 0～10cm 高度范围内传输，90%以上的输沙量在 0～20cm 高度范围内传输，95%以上的输沙量在 0～25cm 高度范围内传输。而板前位置风沙输移高度则有轻微下降趋势，50%以上的输沙量在 0～2cm 高度范围内传输，75%以上的输沙量在 0～4cm 高度范围内传输，90%以上的输沙量在 0～6cm 高度范围内传输，95%以上的输沙量在 0～9cm 高度范围内传输。

　　图 5-54 中光伏阵列内不同部位风沙输移高度差异较小，50%以上的输沙量在 0～4cm 高度范围内传输，75%以上的输沙量在 0～8cm 高度范围内传输，90%以上的输沙量在 0～12cm 高度范围内传输，95%以上的输沙量在 0～16cm 高度范围内传输。如图 5-54 所示，M～P 风速和夹角分别为 9.75m·s^{-1}、7.21m·s^{-1}、8.71m·s^{-1}、8.71m·s^{-1} 和 78.45°、79.39°、80.51°、82.19°，可以看出 M～P 风况在风速条件相对 A～D 风况较小情况下，由于夹角的增大，风沙输移高度表现出相同规律。综上所述，可知光伏阵列内板间和板后位置风沙输移随夹角增大表现出较强的向上层移动趋势，而板前位置风沙输移则相对更加贴近地表。

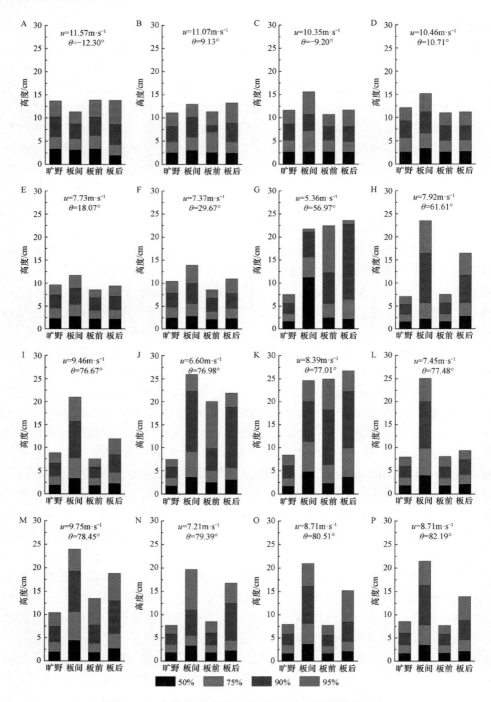

图 5-54　光伏阵列不同部位不同风向下累积输沙高度

5.3.3 光伏电板不同位置风沙输移情况对比分析

5.3.3.1 光伏电板不同位置输沙量变化情况

1）电板前沿输沙量变化情况分析

由图 5-55 可知，电板前沿 5 个观测点输沙量均随着集沙高度的增加呈降低趋势，各点输沙量主要集中在近地表 18cm 高度范围内。输沙量最大值均出现在 0～2cm 高度层，A_{1q}～A_{5q} 在 0～2cm 高度层输沙量分别为 0.311g·min^{-1}·cm^{-2}、0.27g·min^{-1}·cm^{-2}、0.132g·min^{-1}·cm^{-2}、0.107g·min^{-1}·cm^{-2}。电板前沿处 A_{1q}～A_{5q} 5 个观测点 0～2cm 高度层输沙量分别为总输沙量的 40.58%、39.98%、47.94%、43.07%和 38.08%，平均占比为 41.93%；0～10cm 高度层 A_{1q}～A_{5q} 输沙量分别为总输沙量的 98.64%、98.28%、98.26%、95.59%和 95.69%，平均占比为 97.27%。

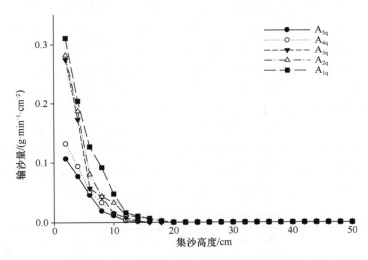

图 5-55　电板前沿 0～50cm 输沙量（$Q_{0\sim50}$）随集沙高度（h）变化

对各观测点输沙量随高度变化进行方程拟合（表 5-31），结果表明电板前沿各观测点输沙量随高度变化均以多项式函数拟合程度最佳，拟合系数分别为 R^2=0.9908、R^2=0.9931、R^2=0.9528、R^2=0.9647 和 R^2=0.9912，R^2 均大于 0.95，拟合结果可信。

表 5-31　电板前沿 0～50cm 输沙量（$Q_{0\sim50}$）随集沙高度变化拟合方程

位置	关系式	相关系数	相关选择
A_{1q}	$y=0.028x^2-0.0404x+0.1434$	R^2=0.9908	最佳
	$y=-0.053\ln(x)+0.1046$	R^2=0.9574	较佳
	$y=-0.0127x^2+0.0927$	R^2=0.7967	相关

续表

位置	关系式	相关系数	相关选择
A$_{2q}$	$y=0.0033x^2-0.0481x+0.1743$	$R^2=0.9931$	最佳
	$y=-0.065\ln(x)+0.129$	$R^2=0.9683$	较佳
	$y=-0.0156x+0.1147$	$R^2=0.8122$	相关
A$_{3q}$	$y=0.0079x^2-0.1079x+0.3544$	$R^2=0.9528$	最佳
	$y=0.0079x^2-0.1079x+0.3544$	$R^2=0.9528$	较佳
A$_{4q}$	$y=0.0075x^2-0.1061x+0.3642$	$R^2=0.9647$	最佳
	$y=-0.13\ln(x)+0.2597$	$R^2=0.9353$	较佳
	$y=0.5911x^{-2.169}$	$R^2=0.9006$	较佳
A$_{5q}$	$y=0.0069x^2-0.1044x+0.3950$	$R^2=0.9912$	最佳
	$y=0.7568e^{-0.613x}$	$R^2=0.9820$	较佳
	$y=-0.147\ln(x)+0.3002$	$R^2=0.9807$	较佳

对电板前沿不同观测点总输沙量及其风沙流结构进行分析可以发现（表 5-32），总输沙量最大值出现在 A$_{1q}$ 观测点，为 0.817g·min^{-1}·cm^{-2}。从阵列总体来看，总输沙量随着电板位置由边缘向内部的不断深入呈现规律性变化，即由 A$_1$ 点至 A$_5$ 点总输沙量逐渐减小，A$_{2q}$～A$_{5q}$ 点总输沙量较 A$_{1q}$ 点分别降低了 19.91%、29.93%、59.61%和 87.86%。对各观测点的风沙流结构特征值进行分析，各点 λ 均大于 1。当 λ 大于 1 时，下层沙量大，风沙流处于不饱和状态，气流还有能力挟带更多的沙量，表现为风沙流对地面的吹蚀作用；当 λ 小于 1 时，下层沙量大，风沙流处于饱和状态，表现为风沙流对地面产生堆积。电板前沿处在 0～100cm、200～250cm 高度范围内气流受到电板遮挡的同时产生了向上的分流，形成风速增强区，风速逐渐增大。风速的增加加大了气流的搬运能力，使得上层气流挟沙能力增强，风沙流呈非饱和状态，电板前沿下各观测点表现风蚀搬运状态。

表 5-32　电板前沿风沙流结构分布

位置	总输沙量/ (g·min^{-1}·cm^{-2})	不同高度输沙量/（g·min^{-1}·cm^{-2}）		特征值（λ）
		0～1cm	2～10cm	
A$_{1q}$	0.817	0.254	0.471	1.85
A$_{2q}$	0.617	0.222	0.344	1.55
A$_{3q}$	0.595	0.210	0.288	1.37
A$_{4q}$	0.341	0.110	0.192	1.76
A$_{5q}$	0.267	0.089	0.152	1.71

2）电板后沿输沙量变化情况分析

由图 5-56 可知，光伏阵列内电板后输沙量均随着集沙高度的增加呈降低趋势，且主要集中在 0～10cm 高度范围内。5 个观测点输沙量最大值均在 0～2cm 高度层，

A_{1h}～A_{5h} 在 0～2cm 高度层输沙量分别为 0.155g·min^{-1}·cm^{-2}、0.099g·min^{-1}·cm^{-2}、0.067g·min^{-1}·cm^{-2}、0.061g·min^{-1}·cm^{-2}、0.047g·min^{-1}·cm^{-2}。电板后沿处 A_{1h}～A_{5h} 5 个观测点 0～2cm 高度层输沙量分别为总输沙量的 54.98%、56.96%、51.79%、56.57% 和 56.51%，平均占比为 55.38%；0～10cm 高度层 A_{1h}～A_{5h} 输沙量分别为总输沙量的 98.64%、98.77%、97.57%、100% 和 100%，平均占比为 98.99%。

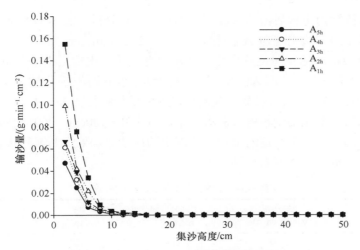

图 5-56　电板后沿 0～50cm 输沙量随集沙高度变化

由表 5-33 可知，电板后沿处各观测点输沙量随高度变化拟合方程均为多项式拟合程度最佳，拟合系数分别为 R^2=0.9724、R^2=0.9712、R^2=0.9776、R^2=0.9641 和 R^2=0.9790，R^2 均大于 0.96，拟合结果可信。

表 5-33　电板后沿 0～50cm 输沙量随集沙高度变化拟合方程

位置	关系式	相关系数	相关选择
A_{1h}	$y=0.024x^2-0.0259x+0.0684$	R^2=0.9724	最佳
	$y=-0.025\ln(x)+0.0423$	R^2=0.200	较佳
	$y=-0.007x+0.04$	R^2=0.7262	相关
A_{2h}	$y=0.0031x^2-0.0336x+0.0884$	R^2=0.9712	最佳
	$y=-0.032\ln(x)+0.0547$	R^2=0.915	较佳
	$y=-0.0091x+0.0517$	R^2=0.7245	相关
A_{3h}	$y=0.0033x^2-0.0366x+0.0983$	R^2=0.9776	最佳
	$y=-0.035\ln(x)+0.0614$	R^2=0.9203	较佳
	$y=-0.0997x^{-2.144}$	R^2=0.9147	较佳
A_{4h}	$y=0.0046x^2-0.0513x+0.1378$	R^2=0.9641	最佳
	$y=-0.3526e^{-1.018x}$	R^2=0.9450	较佳
	$y=-0.051\ln(x)+0.0864$	R^2=0.9220	较佳

位置	关系式	相关系数	相关选择
A$_{5h}$	$y=0.0075x^2-0.083x+0.2218$	$R^2=0.9790$	最佳
	$y=0.3384e^{-0.824x}$	$R^2=0.9765$	较佳
	$y=-0.2781x^{-2.545}$	$R^2=0.9363$	较佳

对光伏阵列内电板后沿的风沙流结构进行统计分析（表 5-34）可知，电板后沿处总输沙量最大值出现在 A$_{1h}$ 观测点（为 0.282g·min^{-1}·cm^{-2}）。阵列内各观测点总输沙量分布情况随空间位置变化呈现规律性变化。电板后沿处总输沙量由 A$_1$ 点至 A$_5$ 点逐渐减小，A$_{2h}$～A$_{5h}$ 点总输沙量较 A$_{1h}$ 点分别降低了 38.37%、54.13%、61.83%和 70.51%。电板后沿处各观测点风沙流结构特征值 λ 均大于 1，光伏电板后沿处风速虽然变化幅度较电板前沿处小，但在 0～100cm、200～250cm 高度范围内呈增加趋势，随着风速的增加，各测点的风沙流均处于非饱和状态，仍具有挟沙能力，电板后沿下方表现风蚀搬运状态。

表 5-34 电板后沿风沙流结构分布

位置	总输沙量/ （g·min^{-1}·cm^{-2}）	不同高度输沙量/（g·min^{-1}·cm^{-2}）		特征值（λ）
		0～1cm	2～10cm	
A$_{1h}$	0.282	0.114	0.123	1.08
A$_{2h}$	0.174	0.071	0.073	1.02
A$_{3h}$	0.129	0.051	0.059	1.17
A$_{4h}$	0.108	0.044	0.047	1.05
A$_{5h}$	0.083	0.035	0.036	1.03

3）电板下方输沙量变化情况分析

对光伏阵列内电板下方的输沙量进行统计分析。由图 5-57 可知，输沙量均随着集沙高度的增加呈降低趋势，且主要集中在 0～20cm 高度范围内。A$_{1x}$ 观测点输沙量最大值出现在 2～4cm 高度层，为 0.566g·min^{-1}·cm^{-2}，其他 4 个观测点输沙量最大值均在 0.2cm 高度层，A$_{2x}$～A$_{5x}$ 点分别为 0.416g·min^{-1}·cm^{-2}、0.357g·min^{-1}·cm^{-2}、0.297g·min^{-1}·cm^{-2}、0.234g·min^{-1}·cm^{-2}。电板下方处 A$_{1x}$～A$_{5x}$ 5 个观测点 0～2cm 高度层输沙量分别为总输沙量的 22.17%、26.91%、36.72%、48.04%和 57.10%，平均占比为 38.19%；0～10cm 高度层 A$_{1x}$～A$_{5x}$ 输沙量分别为总输沙量的 85.48%、89.20%、91.22%、97.49%和 96.68%，平均占比为 92.01%。如图 5-57 所示，A$_1$ 观测点电板下方输沙量表现为先增大后减小的变化趋势，这可能是由于风沙流进入电场后经过光伏电板时发生了分流，改变了电板下方的风沙流垂直方向上的分布格局，沙粒的分散空间发生了改变。随着风沙流向电场内部的深入，风速逐渐降低，输沙量减小，这种效应随之消失。

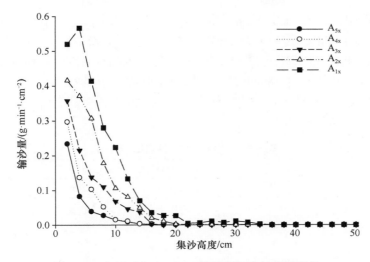

图 5-57 电板下方 0～50cm 输沙量随集沙高度变化

由表 5-35 可知，电板下方处各观测点输沙量随高度变化拟合方程均为多项式拟合程度最佳，拟合系数分别为 $R^2=0.8665$、$R^2=0.9507$、$R^2=0.9851$、$R^2=0.9796$ 和 $R^2=0.9593$，R^2 均大于 0.86，拟合结果可信。

表 5-35　电板下方 0～50cm 输沙量随集沙高度变化拟合方程

位置	关系式	相关系数	相关选择
A_{1x}	$y=0.0064x^2-0.0849x+0.2679$	$R^2=0.8665$	最佳
	$y=-0.096\ln(x)+0.1819$	$R^2=0.8414$	相关
A_{2x}	$y=0.0077x^2-0.1073x+0.3619$	$R^2=0.9507$	最佳
	$y=-0.132\ln(x)+0.2566$	$R^2=0.9293$	较佳
	$y=-0.0305x+0.2211$	$R^2=0.7172$	相关
A_{3x}	$y=-0.16\ln(x)+0.3358$	$R^2=0.9851$	最佳
	$y=0.0066x^2-0.1052x+0.4239$	$R^2=0.9667$	较佳
	$y=-0.0388x+0.3023$	$R^2=0.8407$	相关
A_{4x}	$y=0.0045x^2-0.0986x+0.5245$	$R^2=0.9796$	最佳
	$y=-1.7519e^{-0.615x}$	$R^2=0.9544$	较佳
	$y=-0.186\ln(x)+0.449$	$R^2=0.9377$	较佳
A_{5x}	$y=0.0043x^2-0.1092x+0.6729$	$R^2=0.9593$	最佳
	$y=0.8647e^{-0.348x}$	$R^2=0.9123$	较佳
	$y=-0.23\ln(x)-0.5913$	$R^2=0.9026$	较佳

对光伏阵列内电板下方的风沙流结构进行统计分析（表 5-36），可知电板下方总输沙量最大值出现在 A_{1x} 观测点，为 2.345g·min^{-1}·cm^{-2}。阵列内各观测点总输沙

量分布情况随空间位置变化呈现规律性变化。与电板前沿、后沿处相同,电板下方处总输沙量由 A_1 点至 A_5 点逐渐减小,A_{2x}～A_{5x} 点总输沙量较 A_1 点分别降低了34.09%、58.54%、73.68%和82.54%。电板下方各观测点风沙流结构特征值 λ 均大于 1,电板下方风速在 0～80cm 高度范围内迅速增大,风沙流均处于非饱和状态,各观测点仍具有挟沙能力,对于电板下方的流沙起到了掏蚀作用,即电板后沿下方表现风蚀搬运状态。

表 5-36   电板下方风沙流结构分布

位置	总输沙量/ ($g·min^{-1}·cm^{-2}$)	不同高度输沙量/ ($g·min^{-1}·cm^{-2}$)		特征值 (λ)
		0～1cm	2～10cm	
A_{1x}	2.345	0.516	1.485	2.88
A_{2x}	1.546	0.387	0.963	2.49
A_{3x}	0.972	0.271	0.530	1.96
A_{4x}	0.616	0.218	0.305	1.40
A_{5x}	0.410	0.155	0.162	1.05

5.3.3.2   电板不同位置风沙输移规律

1）电板前沿各输沙量统计分析

表 5-37 为电板前沿各高度层的输沙量描述性统计。根据电板前沿处 Kolmogorov-Smirnov 非参数检验结果,各高度层输沙量均呈正态分布,可以利用实验数据进行常规统计分析。由表可知,电板前沿的不同集沙高度输沙量的最大值范围为0.311～0.817$g·min^{-1}·cm^{-2}$,最小值范围为 0.107～0.263$g·min^{-1}·cm^{-2}$。各高度层输沙量平均值大小表现为 0～50cm>0～10cm>0～2cm,各高度层变异系数大小表现为0～10cm>0～2cm>0～50cm。从变异系数来看,各高度层变异程度均为中等变异。其中 0～10cm 高度层变异程度最大,0～50cm 高度层最小,但三者浮动范围较小,为 2.62%。由于光伏电板前沿的存在,对不同高度气流的扰动程度有所差异,电板前沿处距离地表 10cm 高度处的风速变异程度最大,而风速是导致输沙量发生变化的根本因素之一,这也是电板前沿 0～10cm 输沙量变异系数较高的原因。

表 5-37   电板前沿各观测点输沙量描述性统计

高度/cm	平均值/ ($g·min^{-1}·cm^{-2}$)	最大值/ ($g·min^{-1}·cm^{-2}$)	最小值/ ($g·min^{-1}·cm^{-2}$)	标准差/ ($g·min^{-1}·cm^{-2}$)	变异系数/%	K-S
0～2	0.22	0.311	0.107	0.08	38.20	0.714
0～10	0.51	0.782	0.259	0.19	38.96	0.984
0～50	0.53	0.817	0.263	0.21	37.91	0.985

2）电板后沿各输沙量统计分析

表 5-38 为电板后沿各高度层的输沙量描述性统计。根据电板后沿处 Kolmogorov-Smirnov 非参数检验结果，各高度层输沙量均呈正态分布（$P>\alpha=0.05$），可以利用实验数据进行常规统计分析。由表 5-38 可知，电板后沿的不同集沙高度输沙量的最大值范围为 $0.155\sim0.282\mathrm{g\cdot min^{-1}\cdot cm^{-2}}$，最小值范围为 $0.047\sim0.083\mathrm{g\cdot min^{-1}\cdot cm^{-2}}$。各高度层输沙量平均值大小表现为 $0\sim50\mathrm{cm}>0\sim10\mathrm{cm}>0\sim2\mathrm{cm}$，各高度层变异系数大小表现为 $0\sim10\mathrm{cm}>0\sim2\mathrm{cm}>0\sim50\mathrm{cm}$。从变异系数来看，各高度层变异程度均为中等变异。其中 $0\sim50\mathrm{cm}$ 高度层变异程度最大，$0\sim10\mathrm{cm}$ 高度层最小，但三者在 $44.86\%\sim45.14\%$ 之间浮动，浮动范围同样较小，仅为 0.62%。光伏电板后沿风速的变异程度为 $10\mathrm{cm}>50\mathrm{cm}>200\mathrm{cm}>100\mathrm{cm}>250\mathrm{cm}$。受风速变异的影响，电板后沿处输沙量为 $0\sim10\mathrm{cm}$ 高度层变异程度最大。

表 5-38　电板后沿各观测点输沙量描述性统计

高度/cm	平均值/ ($\mathrm{g\cdot min^{-1}\cdot cm^{-2}}$)	最大值/ ($\mathrm{g\cdot min^{-1}\cdot cm^{-2}}$)	最小值/ ($\mathrm{g\cdot min^{-1}\cdot cm^{-2}}$)	标准差/ ($\mathrm{g\cdot min^{-1}\cdot cm^{-2}}$)	变异系数/%	K-S
$0\sim2$	0.09	0.155	0.047	0.04	44.96	0.864
$0\sim10$	0.15	0.278	0.083	0.07	45.14	0.937
$0\sim50$	0.16	0.282	0.083	0.07	44.86	0.952

3）电板下方输沙量统计分析

表 5-39 为电板下方各高度层的输沙量描述性统计。根据电板下方处 Kolmogorov-Smirnov 非参数检验结果，各高度输沙量均呈正态分布（$P>\alpha=0.05$），可以利用实验数据进行常规统计分析。由表 5-39 可知，电板下方的不同集沙高度输沙量的最大值范围为 $0.520\sim2.345\mathrm{g\cdot min^{-1}\cdot cm^{-2}}$，最小值范围为 $0.234\sim0.409\mathrm{g\cdot min^{-1}\cdot cm^{-2}}$。各高度层输沙量平均值大小表现为 $0\sim50\mathrm{cm}>0\sim10\mathrm{cm}>0\sim2\mathrm{cm}$，各高度层变异系数大小表现为 $0\sim50\mathrm{cm}>0\sim10\mathrm{cm}>0\sim2\mathrm{cm}$。从变异系数来看，各高度层变异程度均为中等变异。其中 $0\sim50\mathrm{cm}$ 高度层变异程度最大，$0\sim2\mathrm{cm}$ 高度层最小。光伏电板下方风速的变异程度为 $80\mathrm{cm}>50\mathrm{cm}>120\mathrm{cm}>10\mathrm{cm}>150\mathrm{cm}$，受风速变异的影响，电板下方输沙量为 $0\sim10\mathrm{cm}$ 高度层变异程度最大。

表 5-39　电板下方各观测点输沙量描述性统计

高度/cm	平均值/ ($\mathrm{g\cdot min^{-1}\cdot cm^{-2}}$)	最大值/ ($\mathrm{g\cdot min^{-1}\cdot cm^{-2}}$)	最小值/ ($\mathrm{g\cdot min^{-1}\cdot cm^{-2}}$)	标准差/ ($\mathrm{g\cdot min^{-1}\cdot cm^{-2}}$)	变异系数/%	K-S
$0\sim2$	0.36	0.520	0.234	0.10	27.04	1.000
$0\sim10$	1.05	2.005	0.396	0.58	54.94	0.987
$0\sim50$	1.18	2.345	0.409	0.70	59.37	0.986

5.3.3.3　光伏电板不同位置风沙流结构

本实验采用的集沙仪高度为 50cm，共 25 层，每层进沙口断面面积为 2cm × 2cm，本文中实验数据均是在短时间（30min）内完成采集，采集过程与风速观测同步，观测时风向为 NW-N，输沙量单位采用 $g \cdot min^{-1} \cdot cm^{-2}$。为了更清楚地了解不同时期风沙流结构的差异，将风沙流分层进行分析，本研究中根据各高度层输沙量比例分配，按照风沙物理学将 0～1cm 高度分为下层、1～2cm 高度分为中层、2～10cm 高度分为上层。

1）电板下方风沙流结构特征

通过对光伏电板两个不同断面的板下输沙量及风沙流结构的计算发现，板下位置输沙量总体是上风向边缘处（断面 1）的输沙量大于光伏电板阵列腹部（断面 2）的输沙量。随着风速的增加，输沙量在电板下各高度层逐渐增加，其中指示风速 $6.5m \cdot s^{-1}$ 的情况下，断面 1 中各高度的输沙量依次为下层>中层>上层，其中下层的输沙量占总体的 44.6%，断面 2 的总体输沙量相比断面 1 下降了 71.0%，各高度层的输沙量与断面 1 的相同，其中 λ 均小于 1；当指示风速达到 $7.4m \cdot s^{-1}$ 时，断面 1 中层的输沙量略高于下层，输沙量占比为 40.9%，其输沙量依次为中层>下层>上层，断面 2 中输沙量依次为中层>下层>上层，其输沙量总体相比断面 1 下降了 35.6%，其中 λ 均小于 1；当指示风速为 $8.4m \cdot s^{-1}$ 时，断面 1 中输沙量依次为下层>中层>上层，其中下层的输沙量增幅最大，占比达到 30.5%，断面 2 输沙量总体相比断面 1 下降了 39.4%，其中 λ 均小于 1。将板下每层进沙口高度作为自变量与输沙量进行曲线拟合，分析不同状态下输沙量与高度遵循的函数关系（表 5-40）。

表 5-40　电板下方不同区域、不同风速的风沙流结构

不同风速	不同高度	断面 1	断面 2
	0～10cm 输沙量/（$g \cdot min^{-1} \cdot cm^{-2}$）	0.451	0.131
	上层（$Q_{2 \sim 10}$）	0.096	0.018
	2～10cm	21.3%	13.7%
	中层（$Q_{1 \sim 2}$）	0.154	0.049
$6.5m \cdot s^{-1}$	1～2cm	34.1%	37.4%
	下层（$Q_{0 \sim 1}$）	0.201	0.063
	0～1cm	44.6%	48.1%
	特征值（λ）	0.478	0.286
	关系式（$Q_{0 \sim 50}$）	$Y = 0.119e^{-0.128x}$	$Y = 0.0739e^{-0.166x}$
	相关系数	$R^2 = 0.9302$	$R^2 = 0.9494$

续表

不同风速	不同高度	断面 1	断面 2
7.4m·s⁻¹	0~10cm 输沙量/（g·min⁻¹·cm⁻²）	0.883	0.569
	上层（$Q_{2\sim10}$）	0.171	0.143
	2~10cm	19.4%	25.1%
	中层（$Q_{1\sim2}$）	0.361	0.245
	1~2cm	40.9%	43.1%
	下层（$Q_{0\sim1}$）	0.351	0.181
	0~1cm	39.8%	31.8%
	特征值（λ）	0.487	0.790
	关系式（$Q_{0\sim50}$）	$Y=0.5285x^{-1.467}$	$Y=0.0739x^{-1.103}$
	相关系数	$R^2=0.9285$	$R^2=0.8944$
8.4m·s⁻¹	0~10cm 输沙量/（g·min⁻¹·cm⁻²）	1.481	0.898
	上层（$Q_{2\sim10}$）	0.426	0.245
	2~10cm	28.8%	27.3%
	中层（$Q_{1\sim2}$）	0.603	0.369
	1~2cm	40.7%	41.1%
	下层（$Q_{0\sim1}$）	0.452	0.284
	0~1cm	30.5%	31.6%
	特征值（λ）	0.942	0.863
	关系式（$Q_{0\sim50}$）	$Y=06928x^{-1.462}$	$Y=0.0033x^2-0.1043x+1.0393$
	相关系数	$R^2=0.933$	$R^2=0.922$

分析发现，在 6.5m·s⁻¹ 风速下，两个光伏电板下的输沙量与高度的拟合曲线呈现指数函数关系，拟合系数均在 0.93 以上；当风速达到 7.4m·s⁻¹ 时，函数关系拟合最好的是幂函数，拟合系数达到 0.89 以上。只有在断面 2 风速达 8.4m·s⁻¹ 时，拟合函数为多项式函数，拟合系数均在 0.92 以上。无论从输沙量分析还是从曲线拟合方程来看，与电板阵列腹部（断面 2）相比，由上风边缘处（断面 1）受到倾斜电板的汇流加速作用更加明显，电板阵列腹部板下受到层层光伏电板的削弱和地表植被的覆盖，导致风沙流结构发生改变，下层输沙量降低趋势十分明显。

2）电板前沿风沙流结构特征

由表 5-41 可知，对光伏电板两个不同断面的板前沿（电板前沿位置）输沙量及风沙流结构的计算发现，电板前沿位置输沙量总体是上风向边缘处（断面 1）的输沙量大于光伏电板阵列腹部（断面 2）的输沙量，随着风速的增加，输沙量在电板下各高度层逐渐增加，其中指示风速 6.5m·s⁻¹ 的情况下，断面 1 中各高度的输沙量依次为中层>上层>下层，中层的输沙量占总体的 43.1%，断面 2 的总体输沙量相比断面 1 下降了 35.3%，各高度层的输沙量与断面 1 的相同，其中 λ 均大于 1；当指示风速达到 7.4m·s⁻¹ 时，断面 1 上层的输沙量明显增加，输沙量占比为 44.3%，其输沙量依次为上层>中层>下层，断面 2 中输沙量依次为中层>上层>下层，其输沙量总体相比断面 1 下降了 32.8%，其中 λ 均大于 1；当指示风速为 8.4m·s^{-1} 时，断面 1 和断面 2 中输沙量与 7.4m·s^{-1} 相同，其中上层的输沙量随着风速增加导致增幅最大，占比达到 42.4%，断面 2 输沙量总体相比断面 1 下降了 25.9%，其中 λ 均大于 1。将电板前沿下每层进沙口高度作为自变量与输沙量进行曲线拟合，分析不同状态下输沙量与高度遵循的函数关系。

表 5-41　电板前沿不同区域、不同风速的风沙流结构

不同风速	不同高度	断面 1	断面 2
6.5m·s^{-1}	0～10cm 输沙量/（g·min^{-1}·cm^{-2}）	0.951	0.615
	上层（$Q_{2\sim10}$）	0.371	0.178
	2～10cm	39.0%	28.9%
	中层（$Q_{1\sim2}$）	0.410	0.287
	1～2cm	43.1%	46.7%
	下层（$Q_{0\sim1}$）	0.170	0.150
	0～1cm	17.9%	24.4%
	特征值（λ）	2.182	1.187
	关系式（$Q_{0\sim50}$）	$Y=0.0921e^{-0.158x}$	$Y=0.0658x^{-0.613}$
	相关系数	$R^2=0.9655$	$R^2=0.9005$
7.4m·s^{-1}	0～10cm 输沙量/（g·min^{-1}·cm^{-2}）	1.305	0.877
	上层（$Q_{2\sim10}$）	0.578	0.305
	2～10cm	44.3%	34.7%
	中层（$Q_{1\sim2}$）	0.534	0.387
	1～2cm	40.9%	44.1%
	下层（$Q_{0\sim1}$）	0.193	0.185
	0～1cm	14.8%	21.1%
	特征值（λ）	2.995	1.649
	关系式（$Q_{0\sim50}$）	$Y=0.1314x^{-0.579}$	$Y=0.0678x^{-0.018}$
	相关系数	$R^2=0.8446$	$R^2=0.8857$
8.4m·s^{-1}	0～10cm 输沙量/（g·min^{-1}·cm^{-2}）	1.581	1.172
	上层（$Q_{2\sim10}$）	0.670	0.401
	2～10cm	42.4%	34.2%
	中层（$Q_{1\sim2}$）	0.668	0.565
	1～2cm	42.3%	48.2%
	下层（$Q_{0\sim1}$）	0.243	0.206
	0～1cm	15.4%	17.6%
	特征值（λ）	2.757	1.947
	关系式（$Q_{0\sim50}$）	$Y=-0.4939x^{-1.011}$	$Y=-0.002x^2-0.0349x+0.3143$
	相关系数	$R^2=0.887$	$R^2=0.856$

在三种不同风速条件下，只有断面 1 在 6.5m·s^{-1} 风速下和断面 2 在 8.4m·s^{-1} 风速下的函数关系为指数函数和多项式函数，拟合系数分别为 0.96 和 0.85。其余位置板前沿下的输沙量与高度的拟合曲线呈现幂函数关系，其中断面 1、断面 2 拟合系数均在 0.84 以上，无论从输沙量分析还是从曲线拟合方程来看，与电板阵列腹部（断面 2）相比，由于上风边缘处（断面 1）受到倾斜电板的集流加速通过电板前沿，使气流达到不饱和状态，持续掏蚀板前沿周围的沙物质，在电板前沿（板前沿位置）形成 50cm 深度的风蚀沟，集沙仪受到地面不整的客观条件，导致风沙流结构各高度层发生沙量改变，其中上层输沙量增加趋势十分明显。

3）板间区域风沙流结构特征

由表 5-42 可知，对光伏电板两个不同断面的板间位置输沙量及风沙流结构的计算发现，板间位置输沙量总体是上风向边缘处（断面 1）的输沙量大于光伏电板阵列腹部（断面 2）的输沙量，随着风速的增加，输沙量在电板下各高度层逐渐增加。指示风速 6.5m·s^{-1} 的情况下，断面 1 中各高度的输沙量依次为下层>中层>上层，其中下层的输沙量占总体的 59.3%；断面 2 的总体输沙量相比断面 1 下降了 25.9%，其中下层的输沙量含量最多，占比 50.0%，λ 均小于 1。当指示风速达到 7.4m·s^{-1} 时，断面 1 上层、中层的输沙量明显增加，下层的输沙量降低，其输沙量依次为下层>中层>上层，断面 2 中输沙量依次为下层>中层>上层，其输沙量总体相比断面 1 下降了 43.9%，λ 均小于 1。

表 5-42　板间不同区域、不同风速的风沙流结构

不同风速	不同高度	断面 1	断面 2
	0～10cm 输沙量/（g·min^{-1}·cm^{-2}）	0.135	0.10
	上层（Q$_{2\sim10}$）	0.014	0.011
	2～10cm	10.4%	11.0%
	中层（Q$_{1\sim2}$）	0.041	0.039
6.5m·s^{-1}	1～2cm	30.4%	39.0%
	下层（Q$_{0\sim1}$）	0.080	0.050
	0～1cm	59.3%	50.0%
	特征值（λ）	0.175	0.220
	关系式（Q$_{0\sim50}$）	$Y=-0.1096x^{-0.583}$	$Y=-0.002x^2-0.0056x+0.0524$
	相关系数	$R^2=-0.8934$	$R^2=-0.8672$
	0～10cm 输沙量/（g·min^{-1}·cm^{-2}）	0.244	0.137
	上层（Q$_{2\sim10}$）	0.060	0.016
7.4m·s^{-1}	2～10cm	24.6%	11.7%
	中层（Q$_{1\sim2}$）	0.077	0.055
	1～2cm	31.5%	40.1%

不同风速	不同高度	断面 1	断面 2
7.4m·s^{-1}	下层（Q$_{0\sim1}$）	0.107	0.066
	0～1cm	43.9%	48.2%
	特征值（λ）	0.561	0.242
	关系式（Q$_{0\sim50}$）	$Y=0.1659x^{-1.432}$	$Y=0.004x^2-0.0136x+0.1159$
	相关系数	$R^2=0.8898$	$R^2=0.929$
8.4m·s^{-1}	0～10cm 输沙量/（g·min^{-1}·cm^{-2}）	0.452	0.294
	上层（Q$_{2\sim10}$）	0.140	0.067
	2～10cm	31.01%	22.8%
	中层（Q$_{1\sim2}$）	0.158	0.119
	1～2cm	34.9%	40.5%
	下层（Q$_{0\sim1}$）	0.154	0.108
	0～1cm	34.1%	36.7%
	特征值（λ）	0.910	0.620
	关系式（Q$_{0\sim50}$）	$Y=-0.5086x^{-1.643}$	$Y=-0.006x^2-0.0213x+0.1709$
	相关系数	$R^2=0.9586$	$R^2=0.891$

当指示风速为 8.4m·s^{-1} 时，断面 1 中输沙量依次为中层>下层>上层，其中中层的输沙量随着风速增加导致增幅最大，占比达到 34.9%，特征值 λ<1；断面 2 输沙量总体相比断面 1 下降了 35.0%，特征值 λ<1。在 3 种不同风速条件下，断面 1 板间位置输沙量与高度的拟合曲线呈现幂函数关系，且拟合系数均在 0.88 以上；断面 2 输沙量与高度的拟合曲线呈现多项式函数关系，其拟合系数在 0.82 以上；与电板阵列腹部（断面 2）相比，由于断面 1 板间区域受到风蚀沟坡面的抬升，风速增大，集沙仪受到地面不平整的影响，导致风沙流结构各高度层发生沙量改变，其中上层输沙量增加趋势十分明显。

5.3.3.4 光伏电板不同观测点风沙流结构

1）输沙量随高度的分布特征

风沙流结构是指气流搬运的沙物质随高度的分布特征，输沙率是描述风沙流结构和风沙活动强度的重要指标。为研究输沙量随高度的变化规律，通过数学模型进行风沙流通量拟合，而拟合函数受研究方法、集沙仪效率和研究区沙物质性质的影响，包括分段函数、幂函数、对数函数和指数函数等。本研究通过对多个函数进行风沙流通量拟合，发现指数函数拟合相关度最佳（表 5-43）。因此，流动沙地、上风向边缘、下风向边缘处 3 个观测点输沙量随高度按 e 的负指数规律减小。流动沙 0～6cm 高度输沙量占总输沙量的 83.02%，且集中于 0～2cm 高度，90%以上的输沙量集中于 0～10cm；上风向边缘观测点 A 0～8cm 高度输沙量占总输沙量的 84.59%，90%以上的输沙量集中于 0～12cm 高度；下风向边缘观测点 B 0～6cm 高度输沙量占总输沙量 84.83%，90%以上的输沙量集中于 0～8cm 高度。挟沙气流由流动沙地经过光伏阵列后，阵列上风向边缘观测点 A 沙物质跃移质活动层高度增加，下风向边缘观测点 B 沙物质跃移质活动层高度降低（图 5-58），其原因为上风向边缘观测点 A 位于阵列入风口的气流骤变区，电板对过境气流具有导向作用，气流沿电板向上运动，导致跃移质活动加强，而下风向边缘观测点 B 经阵列削弱后，气流较稳定，跃移质高度低于上风向边缘和流动沙地，由此可知，阵列干扰削弱了沙物质输移，使绝对输沙量降低，起到类似沙障的作用。

表 5-43 输沙量与高度拟合关系

观测位置	函数类别	关系式	拟合优度 R^2
流动沙地	线性	$Q=0.6217-0.0275z$	0.5423
	多项式	$Q=1.1288-0.1170z+0.0028z^2$	0.8732
	对数	$Q=0.7050-0.2370\ln(z-1.8626)$	0.9469
	幂函数	$Q=2.9959z^{1.2644}$	0.9505
	指数	$Q=2.0807e^{-0.2835z}$	0.9985
观测点 A	线性	$Q=0.385-0.0167z$	0.6047
	多项式	$Q=0.6650-0.0660z+0.0015z^2$	0.9102
	对数	$Q=0.4661+0.1534\ln(z-1.7289)$	0.9540
	幂函数	$Q=1.5741z^{-1.1611}$	0.9406
	指数	$Q=1.0738e^{-0.2382z}$	0.9984
观测点 B	线性	$Q=0.3031-0.0135z$	0.4134
	多项式	$Q=0.5749-0.0615z+0.0015z^2$	0.7848
	对数	$Q=0.2816+0.0949\ln(z-1.9836)$	0.9698
	幂函数	$Q=1.9540z^{-1.5160}$	0.9880
	指数	$Q=1.433e^{-0.3846z}$	0.9972

流动沙地、上风向边缘观测点 A 和下风向边缘观测点 B 的输沙率随高度变化如图 5-59 所示。随高度增加，输沙率趋于减少，但是降低趋势表现为 3 个阶段：0～6cm 高度范围内输沙率随高度的增加而迅速减少，减少率为 62%～78%；6～10cm 高度范围内输沙率随高度的增加降低较缓；10～30cm 高度范围内输沙率随高度的增加变化较小。0～30cm 垂直输沙断面，流动沙地、阵列上风向边缘观测点 A 和阵列下风向边缘观测点的累计输沙率分别为 2.72g·min^{-1}·cm^{-2}、1.77g·min^{-1}·cm^{-2}、1.30g·min^{-1}·cm^{-2}，阵列上风向边缘观测点 A 和阵列下风向边缘观测点 B 输沙率分别为流动沙地的 65.07%、47.79%。

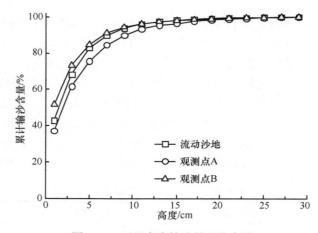

图 5-58　不同高度输沙量百分含量

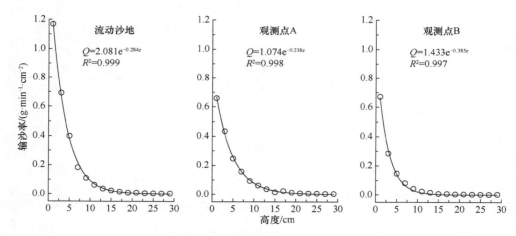

图 5-59　输沙率垂直分布特征

2）平均粒径随高度的分布特征

　　研究沙粒粒径和高度的关系，对于认识沙粒的运动特性具有重要意义。图 5-60 结果显示，集沙仪中沙物质随高度升高平均粒径变小，范围为 2.0～2.5φ，以中沙和细沙为主。0～5cm 高度，平均粒径随高度增加呈降低趋势；5～10cm 高度，流动沙地平均粒径降低幅度较小，而阵列上风向边缘观测点 A 平均粒径有增大趋势，阵列下风向边缘观测点 B 平均粒径表现为先急剧下降后趋于稳定；10～15cm 高度，观测点 A 平均粒径变化与流动沙地一致，观测点 B 则表现为先降低后增大趋势，15～30cm 高度内平均粒径均表现为降低趋势。同时，由于挟沙风在阵列内受电板阻挡作用风速降低，气流托举力降低，大颗粒沙物质无法输送到高处，导致阵列内平均粒径减小。

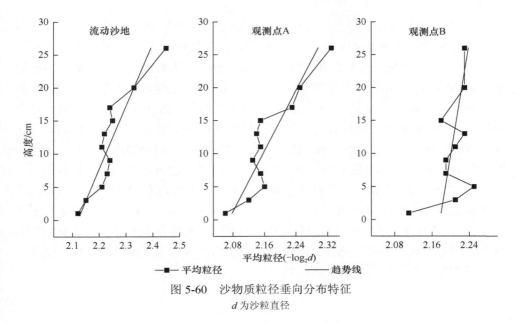

图 5-60　沙物质粒径垂向分布特征
d 为沙粒直径

5.4　光伏阵列蚀积态势特征分析

5.4.1　光伏阵列地表蚀积关键动力区间提取

如表 5-44 所示，对通过风沙同步观测数据计算所得的光伏阵列内近地层相对加速率、阻沙率与对应夹角和风速进行相关分析发现，相对加速率与阻沙率之间呈极显著相关，相关系数 R^2 均大于 0.924。而且，光伏阵列对风速和输沙干扰效应的发挥与夹角呈极显著相关。因此，从风速相对加速率的角度出发即可较为准确地推断出光伏阵列风速变化幅度与夹角之间的确切关系。找出光伏阵列相对加速率较小甚至是负值的夹角区间，即可提取出引起地表蚀积关键动力的区间。

表 5-44　光伏阵列风速相对加速率、阻沙率和风向夹角、风速之间的相关关系

	θ	R_q	$R_{u\text{-}20}$	$R_{u\text{-}50}$	$R_{u\text{-}100}$	$R_{u\text{-}200}$	u_{200}
θ	1.000						
R_q	0.888**	1.000					
$R_{u\text{-}20}$	0.925**	0.944**	1.000				
$R_{u\text{-}50}$	0.961**	0.950**	0.990**	1.000			
$R_{u\text{-}100}$	0.964**	0.954**	0.987**	0.997**	1.000		
$R_{u\text{-}200}$	0.982**	0.924**	0.962**	0.985**	0.989**	1.000	
u_{200}	−0.422	−0.440	−0.390	−0.385	−0.407	−0.429	1.000

注：θ 为光伏阵列与方向夹角（夹角）；R_q 为光伏阵列阻沙率；$R_{u\text{-}z}$ 为光伏阵列 z 高度处相对加速率；u_{200} 为指示风速，即流动沙丘 200cm 高度处风速。** $P<0.01$ 相关性显著。

　　为了更加准确地反映光伏阵列内近地层风速相较于对照流动沙丘的变化规律，计算光伏阵列地表风速相对加速率所用的风速数据为垂直光伏电板方向地表不同部位的 14 个观测点平均值。本研究利用 420 个样本数据绘制夹角和相对加速率之间的散点关系图，夹角范围为–32.64°至+90°，每个样本数据都是取 2min 观测数据均值，每 3s 观测值 1 个，2min 共 40 个观测值。如图 5-61 所示，光伏阵列内近地表 20cm 高度处防风效能随夹角变化的分布规律明显，夹角为 0°时，光伏阵列近地表风速降低约 35.74%，由 0°→22.5°变化时，相对加速率下降，夹角为 22.5°附近相对加速率接近于 0，即光伏阵列此时对近地表风速基本无拦截作用，夹角由 22.5°→45°变化时，相对加速率上升至高于夹角为 0°时水平，此时近地表风速降低约 41.25%，当夹角超过 45°时光伏阵列相对加速率较强，近地表风速平均降低约 57.19%，且夹角越大相对加速率越强。夹角由 0°向负值方向变化时，光伏阵列相对加速率下降，然而下降速度相较于相同数值的夹角正值条件下更加缓慢，这主要是由于电板朝向不同所致。

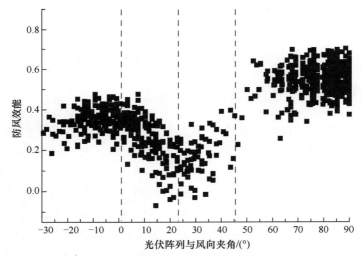

图 5-61　光伏阵列近地表 20cm 高度处风速相对加速率随夹角变化规律

　　基于以上对于光伏阵列近地表 20cm 高度处相对加速率的详细分析，同时结合光伏阵列建设对近地表风沙输移的干扰效应研究结果，基本可以推断出引起光伏阵列内地表蚀积变化的关键夹角区间，即为–45°～45°，其中夹角为±22.5°左右时，光伏阵列内地表风沙活动最为强烈，是引起地表形态变化最为关键的动力背景条件，由±22.5°向 0°和±45°变化时，光伏阵列对近地表风沙活动将会产生一定的抑制作用。此外，夹角由±45°向±90°变化时，光伏阵列自身的截流阻沙效应明显，仅在边缘区风沙活动较为强烈，下风向腹地区域在遮蔽作用下风沙活动大幅降低，对最终光伏阵列内地表风沙微地貌的发育和演化贡献率较低。

5.4.2 不同夹角光伏阵列地表蚀积态势

5.4.2.1 0°夹角地表侵蚀和堆积特征

根据风沙流特征值计算公式，得出不同风速下光伏电板不同位置风沙流结构特征值。7.97m·s⁻¹风速条件下，板间、板前和板后的 λ 值分别为 1.09、1.21 和 0.94；8.43m·s⁻¹ 风速条件下，板间、板前和板后的 λ 值分别为 1.05、1.23 和 1.08；在 8.80m·s⁻¹ 风速下，板间、板前和板后的 λ 值分别为 1.05、0.67 和 0.98；在 9.85m·s⁻¹ 风速下，板间、板前和板后的 λ 值分别为 1.41、1.23 和 1.09。综合来看，光伏板板间的 λ 值大于 1，应处于弱风蚀状态。板后的 λ 值接近于 1，应处于平衡状态。板前除 8.80m·s⁻¹ 风速条件下 λ 值大于 1，近地表风沙流未达到饱和流，造成板前地表强烈风蚀。板前 8.80m·s⁻¹ 风速条件下 λ 为 0.67，而实际观测板前位置仍然处于风蚀搬运状态，出现此种情况的原因同样是由于风蚀过程导致地表粗粒化，致使蠕移量加大，根据 λ 计算公式可知，分母增大，λ 值减小。同时利用风蚀测纤测得夹角为 0°时的光伏电板不同位置净风蚀量，如图 5-62 所示，结果显示光伏电板下沿附近位置地表发生强烈的风蚀现象，平均风蚀深度可达 12.44cm。在板间方向距离光伏电板下沿 2m 处位置表现为强烈堆积，堆积高度达 7.38cm。随着继续向板间区域延伸，堆积高度下降，接近平衡态。板下区域中部表现为堆积状态，而两侧表现为风蚀状态。板后区域有轻微的堆积现象。

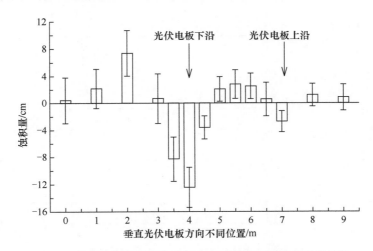

图 5-62 0°夹角条件垂直光伏板方向不同位置净风蚀量差异性

x 轴 4m 的位置为光伏电板下沿，7.2m 的位置为光伏电板上沿

一般来说，当风速增大时，气流携带沙物质能力增强，风沙流呈非饱和状态，

所以要求地表有更多的沙物质来补充，因而地面土壤被吹蚀；当风速减弱时，气流的输沙能力变弱，风沙流达到饱和或超饱和状态，多余的沙粒就会跌落于地表，从而出现堆积现象。夹角为0°时光伏阵列不同部位地表蚀积变化表现为板间和板后处于弱堆积状态，板前处于强风蚀状态。

从风速越大、搬运能力越强的角度出发，板前位置近地表100cm高度范围内板前风速低于其他位置，地表粗糙度高于其他位置，近地表输沙率大小关系为板间>板前>板后，与风速呈正相关关系。由此推导板前位置不应出现风蚀现象，而应出现堆积状态，显然这与实际观测到的地表风蚀和堆积现象不符。

野外实地观测时发现，夹角为0°时，光伏电板下沿位置附近气流运动方向发生倾斜，并且依据此绘制的流线示意图如图5-63所示。分析气流运动方向改变的原因，从地表风速流场分布图中可知板下区域向板前区域过渡时风速变化剧烈，即光伏电板下沿地表南北方向两侧存在一定的风速差。根据伯努利方程可知，风速越大气压越低，风速越小气压越高。气流从压力大的一侧（板下测）向压力小的一侧（板前侧）运动，同时在原来平行光伏电板方向气流作用下，光伏电板下沿地表气流运动方向由原来的西→东方向变为西北→东南方向。气流运动方向一旦发生倾斜，呈一定角度的光伏电板将会对气流产生斜向地面的导流作用，从而增加了对地表的剪切力，光伏电板下沿地表处于风蚀状态，挟沙气流很快达到超饱和流，搬运到光伏电板前附近区域形成堆积。

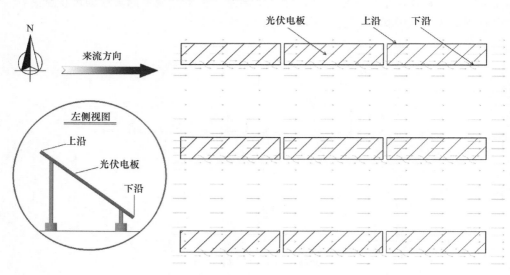

图5-63　西风条件下近地表风速流向示意图

此外，本研究观测了0°夹角试验期间光伏电板不同位置的干沙层厚度，结果显示：板间位置平均为10.17cm，标准差0.65；板前位置平均为25.57cm，标准差

1.00；板后位置平均为 13.73cm，标准差 2.07。干沙层厚度在不同位置差异性较大，板前和板间干沙层厚度差异达到 15cm 以上。干沙层厚度的不同表明光伏电板不同位置土壤表层含水量存在较大差异，土壤含水量达到一定阈值后，沙粒间的黏结力增大，起动风速也随之增大，可蚀性降低，导致输沙率减小。这也是板前位置产生风蚀的原因之一。

综上所述，光伏电板前位置虽然由于光伏设施阻滞作用风速较低、输沙率最小，然而光伏电板下沿地表两侧风速差引起的气压差导致气流运动方向倾斜，进而在光伏电板斜向下的导流作用下，使得该处地表受气流剪切力增大、表层土壤可蚀性增加，这是引起地表强烈掏蚀的主要原因。

5.4.2.2 夹角为正值时地表侵蚀和堆积特征

如图 5-64 所示，利用风蚀测纤测得夹角约为 45°时的光伏电板不同位置净风蚀量。结果显示，光伏电板下沿附近位置地表发生强烈的风蚀现象，平均风蚀深度可达 19.57cm。在板间方向距离光伏电板下沿 2m 处位置表现为强烈堆积，堆积高度达 15.33cm。随着继续向板间区域延伸，堆积高度下降，接近平衡态。板下区域主要表现为风蚀，风蚀强度由光伏电板下沿至上沿方向递减，上沿位置风蚀深度为 3.30cm。板后区域接近平衡状态，风蚀或堆积量均小于 1cm。

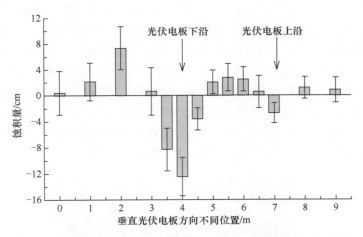

图 5-64　45°夹角条件垂直光伏板方向不同位置净风蚀量差异性

x 轴 4m 的位置为光伏电板下沿，7.2m 的位置为光伏电板上沿

通过综合分析夹角为 45°时的流场分布规律、风沙输移特征和地表形态变化规律，可以看出光伏电板"汇流加速"作用明显，气流在板下区域逐渐加速，至电板下沿区域附近风速达到最大值，气流携带沙物质能力增强，风沙流呈非饱和状态，从而使地表发生风蚀。风蚀强度与风速变化相对应，板下区域随着光伏电

板上沿至下沿方向变化，风蚀强度表现为逐步增强，在光伏电板下沿位置达到最大值。不同部位输沙率实测数据显示光伏电板下沿位置最强，很好地响应了气流变化和地表蚀积规律研究结果。气流在处于背风侧的板前和板间区域，由于能量扩散，输沙能力变弱，风沙流达到饱和或超饱和状态形成堆积，堆积高度在距离光伏电板下沿2m处的板前区域最大，随着向板间区域过渡，堆积高度逐步下降。

综上所述，夹角为正值时，光伏阵列地表风蚀和堆积过程是相似的，都是由于光伏电板"汇流加速"作用形成气流加速区，搬运能力增强产生风蚀现象，而背风侧风速降低，沙物质形成堆积。

5.4.2.3　夹角为负值时地表侵蚀和堆积特征

当夹角为负值时，板间至板前区域风速相对较高，尤其是夹角较大时，光伏电板下沿位置地表在"狭管效应"作用下风速达到极值，从而使气流携带沙物质能力增强，风沙流呈非饱和状态，地表发生风蚀现象。气流在背风侧由于能量扩散，风速在板下区域迅速下降，板后区域风速仍然较低，且输沙率仅为板前位置的27.79%。因此，可以推断气流在板下区域输沙能力变弱，风沙流达到饱和或超饱和状态，形成堆积。

如图 5-65 所示，显示的光伏电板下地表形态为光伏阵列腹地区域长期风蚀和堆积作用的结果，且这样的形态特征在光伏电站腹地区域非常普遍，并非个例。可以看出，地表形态形成了以光伏电板下沿为轴线的风蚀沟槽，在光伏阵列与风向夹角为 0°和正值时，主要作用结果是下沿地表附近区域风蚀，板前至板间区域形成堆积。但是从图 5-65 中可以看出，电板下中部至板后区域的过渡区域也存在明显的堆积现象，已将光伏后基柱掩埋，这反映了夹角为负值时对微地貌形成的作用。结合以上分析可知，夹角为负值时，"狭管效应"作用下光伏电板下沿位置形成气流加速效应，导致地表风蚀，随着向背风侧板下和板后区域过渡的能量消散，风速下降导致挟沙能力不足，从而使地表形成堆积。

图 5-65　沙区光伏阵列腹地区域长期风蚀作用后板下地表形态

5.4.3 地表逐月蚀积强度变化特征

风沙颗粒的吹蚀、搬运和沉积是一种在自然界动态的连续性过程，并且与其周边环境中存在的沙物质有交换流通，光伏电板不同区域风沙物质的蚀积状况由沙物质的蚀积平衡决定。由图 5-66 可以发现，从 2018 年 3 月开始，上风向边缘处（断面 1）在 4 月、5 月、6 月板下堆积强度明显大于蚀积强度，其中 4 月的堆积强度最大为 8.10cm³·m⁻²，蚀积强度最大为 -4.62cm³·m⁻²；6 月的堆积强度相比前一个月的减弱最多（降低了 82.4%），5 月蚀积强度相比上一个月增加了 71.7%，3、4 月的蚀积强度大于堆积强度；进入 7、8 月，地表受到风力侵蚀的作用较小，蚀积强度发生不明显。从净蚀积强度逐月分析中可以看出，板下区域在主要风季的最大净蚀积强度达到 4.52cm³·m⁻²；板前沿周围逐月的蚀积强度明显大于堆积强度，其中在 4 月地表的蚀积强度最强，达到 -9.57cm³·m⁻²，是由于 4 月风力侵蚀最严重，期间光伏电板对气流的汇流加速作用使板前沿周围的气流达到不饱和状态，不断掏蚀地表造成。4 月相比上一个月的蚀积强度增加最大，相比增加了 54.7%，4 月堆积强度相比前一个月增加了 52.8%，在 7、8 月，堆积强度大于蚀积强度，这是由人为因素造成的，期间对光伏电板进行维护检查导致板前沿堆积强度增强；从净蚀积强度逐月分析中可以看出，其板前沿周围的净蚀积强度整体表现为掏蚀，其最大净蚀积量为 -4.45cm³·m⁻²，在光伏电板间区域，其整体变化趋势与板下相同，5 月堆积强度和蚀积强度最大（为 5.86cm³·m⁻²），蚀积强度为 -2.90cm³·m⁻²，4 月的板间堆积强度相比上一个月增加最大（为 68.9%），蚀积强度 5 月相比上一个月增加最大（为 10.4%），在净蚀积强度逐月分析中可以看出，板间周围的净蚀积强度表现为堆积，其中 4 月的净蚀积强度最大，为 2.69cm³·m⁻²。通过对光伏电板不同位置的蚀积强度进行对比发现，在 3～5 月地表的蚀积变化最为明显，板下、板间区域整体表现为堆积，其中板下的净蚀积强度要高于板间的，以净蚀积强度最大的 4、5 月作为对比，板下的净蚀积强度比板间的增加了 32.9%，板前沿位置整体表现为掏蚀。

断面 2 位于光伏电板阵列内部，通过图 5-67 可以发现，其主要发生蚀积的月份在 3～5 月，4 月的堆积强度最大为 3.13cm³·m⁻²，蚀积强度最大为 -1.34cm³·m⁻²，通过逐月分析可知，4～5 月板下的堆积强度变化最大（为 1.88cm³·m⁻²），8～9 月的蚀积强度变化最大（为 0.73cm³·m⁻²），进入 7、8 月，地表受到风力侵蚀的作用较小，蚀积强度发生不明显，在净蚀积强度逐月分析中可以看出，断面 2 板下的净蚀积强度总体表现为堆积，其中 4 月的净堆积强度最大（为 1.87cm³·m⁻²），6、7 月净蚀积强度出现负值是由于降水等自然因素，净蚀积强度受到雨水的冲刷造成蚀积强度大。

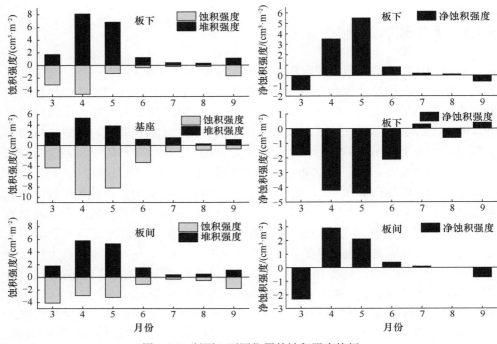

图 5-66　断面 1 不同位置的蚀积强度特征

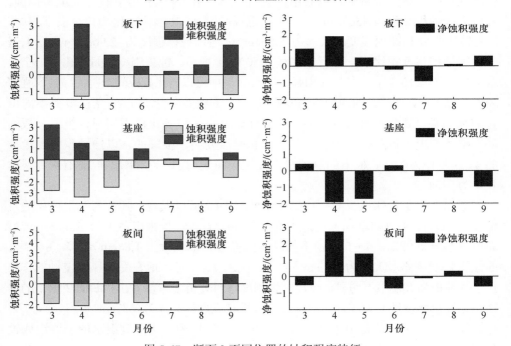

图 5-67　断面 2 不同位置的蚀积强度特征

通过对板前沿周围的蚀积强度分析可以发现，3 月的堆积强度最大（3.23cm³·m⁻²），4 月的蚀积强度最大（–3.40cm³·m⁻²），其中 3～4 月期间的堆积强度变化最大（1.76cm³·m⁻²），5～6 月期间的蚀积强度变化最大（1.83cm³·m⁻²），6 月出现了堆积强度大于蚀积强度是由于降水因素造成了沙粒位移，在净蚀积强度逐月分析中可以看出，断面 2 板前沿周围的净蚀积强度总体表现为掏蚀，其中 4 月的净蚀积强度最大，为–1.90cm³·m⁻²。通过对板间的蚀积强度分析可以发现，4 月的堆积强度和蚀积强度最大，分别为 4.88cm³·m⁻²、–2.13cm³·m⁻²，其中 3～4 月的堆积强度变化最大为 3.24cm³·m⁻²，6～7 月的蚀积强度变化最大为 1.60cm³·m⁻²。在净蚀积强度逐月分析中可以看出，断面 2 的净蚀积强度总体表现为堆积，其中 4 月的净蚀积强度最大（2.75cm³·m⁻²）。通过对光伏电板腹部的蚀积特征进行分析发现，在光伏电板的板下、板间区域整体蚀积特征为堆积，在板前沿位置的蚀积特征为掏蚀，其中板间的堆积程度高于板下区域，以 3～5 月蚀积特征最明显的月份作为比较，发现板间的整体堆积强度相比板下增加了 30.9%。

5.4.4 光伏电板阵列不同位置的蚀积态势分布特征

1）上风向边缘电板阵列不同位置的蚀积态势分布特征

通过对电板（板下、板前沿、板间）三处位置进行测钎的布设，根据其蚀积程度的不同来绘制光伏电板阵列区上风向边缘处和腹部蚀积空间分布图，研究风力侵蚀的作用下电板各位置的蚀积空间特征和蚀积体积。通过对光伏电板不同位置布设测钎进行逐月测量蚀积量，在 2018 年 3 月 10 日开始记录测钎蚀积量，等值线用于表示光伏电板下、板前沿、板间三处位置及周围的地形起伏变化，不同颜色用以反映电板不同位置的表面蚀、积空间强度及分布差异。图 5-68 中纵列 1～3 为光伏电板下的蚀积态势分布特征，纵列 4～6 为板前沿周围的蚀积态势分布特征，纵列 7～9 为板间的蚀积态势分布特征，横排 1～8 为测钎的位置，其中 2 号、7 号的测钎布设在基座位置。

通过图 5-68 分析可以看出，上风向边缘处（断面 1）的蚀积态势整体具有明显的蚀、积特征，空间分布规律明显，其中在板下、板间区域形成了堆积区，板间区域形成了掏蚀区。通过对板下区域进行分析得出，板下面积为 8.10m×3.45m，在电板下方，板后沿正下方区域会形成较大的堆积沙垄，最高堆积高度可达 11.4cm，堆积体积为 1.07×10⁻⁴ m³，其中在横排 2 号、7 号位置会形成较高的沙堆，这是由于 2 号、7 号位置在迎风侧前基座周围，对沙粒有一定的阻挡效应；在距后沿 1.5m 处电板正下方区域，会形成链式的堆积沙垄，最高的堆积高度为 9.8cm，由于受到光伏电板倾斜角度的影响，当气流达到起沙风速后，随着风速的增加，板下的风速会集流加速向下运动，沙粒跃移和撞击后跌落在板上，在板下方形成链式的

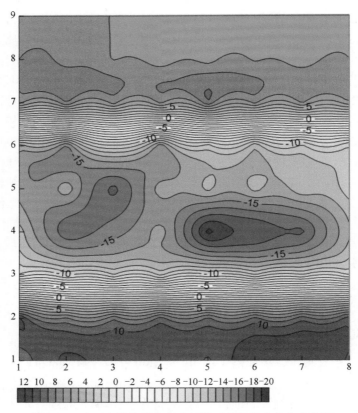

图 5-68　上风向边缘处光伏电板阵列的蚀积态势分布特征

沙垄地貌；在距板后沿 2.5m 处，板下出现了掏蚀，其掏蚀最大深度为 10.2cm，这是由于气流在板下加速通过板前沿，气流达到不饱和状态，使沙粒的运动状态发生改变，导致板下掏蚀现象。

2）电板阵列腹部不同位置的蚀积态势分布特征

通过图 5-69 分析可以看出，光伏电板腹部（断面 2）的蚀积态势整体具有明显的蚀、积特征，空间分布规律明显，其中在板下、板间区域形成了堆积区，板间区域形成了掏蚀区，与断面 1 的蚀积分布相同。通过对板下区域进行分析得出，在板下，板后沿正下方区域会形成链形堆积沙垄，最高的堆积高度为 2.4cm，相比断面 1 相同位置降低了 78.9%，堆积体积为 $3.0×10^{-5}m^3$；其中在横排 2 号、7 号位置会形成较高的沙堆，这是由于 2 号、7 号位置位于迎风测板前沿周边，对沙粒有一定的阻挡效应；在距后沿 1.5m 处电板正下方区域，会形成链式的堆积沙垄，在链式沙垄中会从西往东形成沙堆，这是由于光伏电板的层层削弱，降低了板后经过的挟沙气流，行道风的加持是形成沙堆的主要动力；在距板后沿 3m 处，板下出现了掏蚀,掏蚀最大深度为 8.6cm,相比断面 1 降低了 15.7%,但其掏蚀态势分布向板下移动,这是由于腹部光伏电板相比断面 1 缺少沙源,当挟沙气流经过时,对板下沙粒掏蚀程度较为严重。通过对板前沿位置的蚀积态势分布特征进行研究发现,板前沿周围全部为风蚀地貌,其中在板前沿周围形成链式的风蚀沟,在两个板前沿中间位置形成体积 $8.6×10^{-5}m^3$、深度最深达 9.5cm 的风蚀坑,相比断面 1 的相同位置下降了 51.0%,随着风速的增加,风蚀沟有向板下扩大的趋势;通过对断面 2 板间区的蚀积态分布特征分析,板间区域形成了最大堆积高度为 6.4cm、堆积体积为 $6.3×10^{-5}m^3$ 的堆积区。

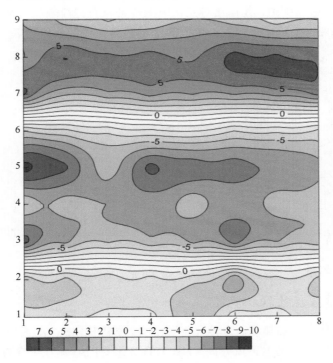

图 5-69 光伏电板阵列腹部的蚀积态势分布特征

5.4.5 纵向光伏电板基座的蚀积规律

5.4.5.1 前排基座的蚀积规律

基座是光伏电板的支撑结构,基座的稳定性关系到光伏电板的安全运营。光伏研究区位于亿利生态光伏电站,其中 1 块光伏电板由前后 4 个基座支撑,前基座固定裸露高度为 30cm,后基座固定裸露高度为 40cm,纵向电板共有 12 块组合电板,每块组合板的基座从西(W)往东(E),分别为 1 号、2 号、3 号和 4 号基座。通过对光伏电板前后 4 个基座裸露和掩埋高度的观测分析，得出基座的蚀积规律，为当地保护光伏电板的安全及防沙治沙提供数据支撑。

通过对光伏电板前排纵行基座（W-E）的裸露高度分析（图 5-70），可以发现，基座的裸露高度沿主害风方向（NW）有明显的变化趋势，整体的趋势为逐渐降低。因其位置 E 侧方向为无光伏区，受到风沙侵蚀程度高：其中 1 号基座的裸露程度最高，为 100cm；从第二块组合电板基座开始，裸露趋势为先增后减，同排的基座裸露趋势基本相同，其中最后一块组合电板的基座受到光伏电板阵列内道路的导流影响，最后一个基座的掏蚀程度高于前一个基座。在电板与电板相邻之间存在 1.9m 的通风廊道，其存在对光伏电板阵列具有分流效应，导致电板与电板之间的相邻基座（4 号基座和下一块板的 1 号基座）掏蚀程度较低。

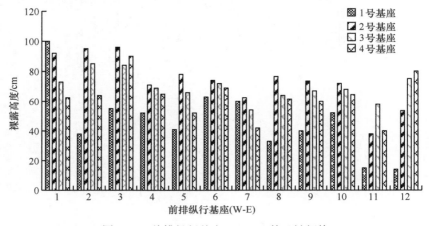

图 5-70　前排纵行基座（W-E）的风蚀规律

5.4.5.2　后排基座的蚀积规律

通过对光伏电板后排纵行基座（W-E）的沙埋高度分析（图 5-71），可以发现，后排基座的沙埋高度沿主害风方向（NW）的整体变化趋势为逐渐增加。其中第 1 块板 2 号基座的沙埋程度最低，为 9.6cm。每块组合电板中整体的沙埋程度是 1 号基座最低、4 号基座最高，在最后两个组合电板中，因为其位置 E 边有道路存在，具有导流效应，4 号基座的沙埋程度小于 3 号基座。

5.4.5.3　光伏电板掏蚀区的蚀积宽度

光伏电板阵列内存在典型的负地貌类型，其位置位于板前沿正下方及两侧，方向为 W-E 方向，一块光伏电板前沿下形成两处风蚀沟负地貌形态，如图 5-72 所示。风蚀沟位于前板前沿之间，风蚀沟的宽度会加速气流通过板下沿，掏蚀板下及板前沿位置的沙物质。通过对风蚀沟的研究，可以为当地保护和治理提供数据支撑。

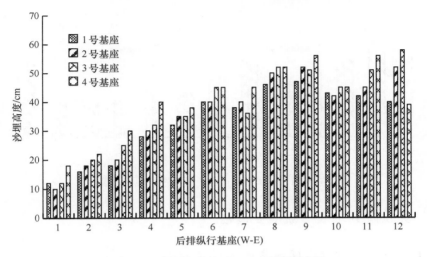

图 5-71   后排纵行基座（W-E）的沙埋规律

图 5-72   光伏电板风蚀状况

通过对板前沿的蚀积宽度进行研究，可以发现如图 5-73 所示，整体的蚀积宽度沿 W-E 方向逐渐降低，其中第一块电板风蚀沟的宽度最大，分别为 2.8m、3.3m，受到风力侵蚀最严重，同排电板的风力侵蚀程度逐渐降低，最后一块电板的风蚀沟宽度分别为 2.6m、2.1m，其风蚀沟的宽度受到阵列内道路的汇流作用，其风蚀程度相比前一块电板明显上升。

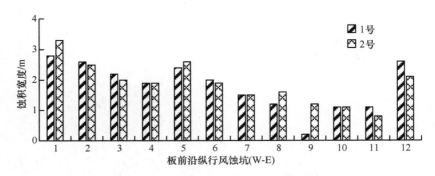

图 5-73　光伏电板前沿纵行风蚀坑蚀积宽度

5.4.6　光伏阵列地表形貌演变过程

5.4.6.1　光伏阵列边缘区地表形态演变过程

　　针对光伏阵列边缘区域，由于研究光伏电站坐北朝南，光伏电板设置方式为面向正南方，东西方向排布，呈 36°倾斜。因此，从理论层面分析可以得知，光伏阵列边缘区风蚀和堆积过程可以分为三种情况。对于光伏阵列东西两侧的边缘区域，当夹角为 0°、主风向为 W 或 E 时，近地表风蚀和堆积过程完全一致。过境气流遇到光伏设施阻碍，在"狭管效应"作用下有一定的加速作用，导致该区域主要表现出强烈的风蚀现象，长期作用下地表土壤流失，基柱出露（图 5-74）。对于光伏阵列北侧的边缘区域，当夹角为 90°、主风向为 N 时，已有研究表明边缘区光伏电板干扰下形成板下集流加速区、板前板后阻挡减速区、板面抬升加速区、板间消散恢复区。相应的板下和板前区域均发生强烈风蚀现象，长期作用下板下土壤流失严重，基柱出露（图 5-75）。而在板间形成堆积沙垄，不加以防治则严重威胁光伏电站的安全运营。与光伏阵列北侧边缘区不同，对于光伏阵列南侧的边缘区域，主要由于过境气流的"狭管效应"，光伏电板下沿附近区域形成加速区，地表发生风蚀现象，在背风侧的板后和板间区域形成堆积沙垄。以上是以来流方向垂直于光伏阵列边缘为例进行分析，当来流方向发生倾斜时，一般对迎风侧的两个边缘区都会产生切向和法向两个分量，进而可以用来流方向垂直于光伏阵列边缘的情况进行解释。

　　以本研究光伏电站为例，当主风向为 W 时，光伏阵列西侧边缘区域地表蚀积活动强烈；主风向为 NW 时，光伏阵列北侧和西侧边缘区域地表蚀积活动强烈。由于光伏阵列对过境气流的遮蔽效应，处于下风向边缘区域风沙活动较弱，地表形态变化较小。

图 5-74　沙区光伏阵列西侧区域建设期（左）和运营期（右）地表形态

图 5-75　沙区光伏阵列北侧边缘区域地表形态

5.4.6.2　光伏阵列腹地区地表形态演变过程

　　针对光伏阵列腹地区域，通过本章分析得出，引起地表风蚀和堆积的关键动力区间的夹角范围为−45°→45°，即主风向在 SW→NW 和 SE→NE 范围内，根据研究区域风况特征和野外实测数据限制，此处主要以 SW→NW 风向变化范围为例进行分析。夹角超出该区间后，光伏阵列将对过境气流产生较强的遮蔽效应，从而有效降低了近地表风沙输移强度，对于光伏阵列腹地区地表形态演变过程的贡献较小。

　　在引起光伏阵列内地表形变的关键夹角范围内，当夹角为 0°，即主风向为 W 时，光伏电板下沿地表两侧速度差引起气压差导致气流运动方向倾斜，在光伏电板斜向下的导流作用下使得该处地表受气流剪切力增大，进而引起地表强烈风蚀，并在板前附近区域形成堆积。夹角为正值，即主风向由 W→NW 变化时，随夹角增大，在光伏电板汇流加速作用下，光伏电板下沿附近同样发生风蚀，在板前和板间附近区域形成堆积。夹角为负值，即主风向由 W→SW 变化时，随夹角增大，光伏电板下沿处形成"狭管效应",风速增大使得该区域地表发生风蚀,在板下至板后附近区域形成堆积。因此,不论区域环境风向如何变化,最终导致光伏阵列腹地区域地表形态变化规律总是一致的,形成以光伏电板下沿位置纬向为轴线的扁"V"型风蚀沟槽(图 5-76),风蚀沟槽的宽度和深度取决于区域风能环境特征。风蚀沟槽板前一侧主要是夹角大于等于 0°的风况塑造,而板下一侧主要是夹角小于 0°的风况塑造,所有风况均使得电板下沿处地表土壤流失,即风蚀沟槽越来越深。

图 5-76　沙区光伏阵列腹地区域单场风(左)和长期风蚀后(右)地表形态

6 光伏电站对局地气候环境的影响

6.1 光伏电站对局地小气候的影响

6.1.1 研究方法

根据工程的实际特点，选择电站内外未受干扰、地势平坦、其他自然条件基本一致的区域作为研究对象，其中光伏电站内部表层土壤取样点布设如图 6-1 所示，沿自北向南方向，在光伏电站内等间距设置光伏阵列内部表层土壤取样电板行进行表层土壤样品采集，每行分别沿自西向东方向等间距设置 5 个表层土壤取样点，每个取样点分别对光伏电板前沿下方、电板正下方、电板后沿下方及电板阵列间行道处进行土壤样品采集；同时围绕光伏电站四周，在电站外经过同期平整后但未布设光伏阵列的平整裸沙地进行对照土壤样品采集，采集样点距离电场边缘垂直距离 50m，各样点间距为 100m，呈现 400m×200m 的矩形分布，总计12 个对照取样点。采用自制分层取样器采集表层 0~3cm 土样，每个采样点重复取样 3 次，均匀混合后带回实验室进行机械组成分析。

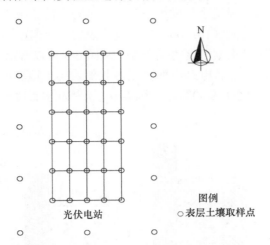

图 6-1　光伏电站内外表层土壤取样点示意图

6.1.2 光伏电站对表层土壤温度的影响

图 6-2 所示为光伏电站内不同区域与电站外旷野处表层土壤温度日动态变化

特征曲线。由图可以看出，表层土壤温度从记录时刻 8：00 起开始上升，至 16：00 达到最高值。在 8：00 时，旷野处与电站中心表层土壤温度分别为 22.69℃和 22.26℃，至 18：00 时两区域表层土壤温度分别上升 42.33%和 38.90%。表层土壤温度在电站区域低于电站外旷野、电站中心低于电站南北两区域，南北两区域间差异性不显著（$P<0.05$）。不同区域表层土壤日均温度高低表现为旷野（35.89℃）>电站南部（34.76℃）>电站北部（34.72℃）>电站中心（32.69℃）。

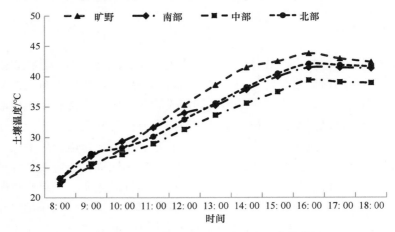

图 6-2　光伏电站内外表层土壤温度日变化特征

　　参考针对城市公园绿地小气候环境效应的试验方法，本文以土壤温度达到最高值时刻与观测结束时刻（16：00、18：00）表层土壤温度为例，阐述不同时刻光伏电站内外不同区域土壤温度的差异性。从图 6-3 可以看出，16：00 旷野表层土壤温度达到 43.70℃，而电站南部区域与北部表层土壤温度分别为 41.50℃和 41.90℃，均高于电站中心（39.30℃）。单因素方差分析和多重比较结果表明（图 6-3），

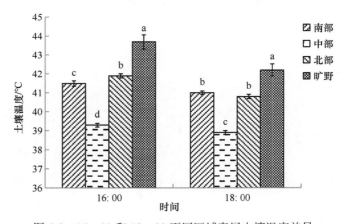

图 6-3　16：00 和 18：00 不同区域表层土壤温度差异

电站周边各个区域平均温度存在显著性差异（*P*<0.05），光伏电站内平均土壤温度显著低于旷野区域土壤温度。16：00 后表层土壤温度下降，18：00 电站南北部土壤温度差异性不显著，且在旷野处仍达到最高温（42.21℃）。

6.2 光伏电站对空气温湿度的影响

6.2.1 研究方法

采用 HOBO 小型气象站，分别在电站外旷野处（CK），以及电站南部区域、中心区域、北部区域的阵列电板行间设置 4 个观测点。2015 年 7 月，选择晴朗、无风、云量少的天气条件，同步观测距地表 1.0m 处大气温度与相对湿度。观测时间为每天 8：00 至 18：00，数据采集周期设置为 5min，重复观测 5d。选择每个整点前后各 10min 内数据的平均值作为该点的观测值，数据标准化方法采用 Z-score 法。

6.2.2 光伏电站对大气温度的影响

如图 6-4、图 6-5 所示，分别为光伏电站的南部区域、北部区域、中心区域，以及电站外旷野处 1.0m、2.5m 高度处的大气温度日变化特征。可以看出，大气温度日动态变化呈现单峰曲线，4 处位置大气温度均呈现先增后减的趋势。总的来说，不同位置 1.0m 高度处的日均大气温度变化表现为电站中心（31.58℃）>电站南部（30.29℃）>电站北部（30.12℃）>旷野（29.58℃）的趋势，2.5m 高度处日均大气温度变化表现为电站北部（30.67℃）>电站南部（30.52℃）>电站中部

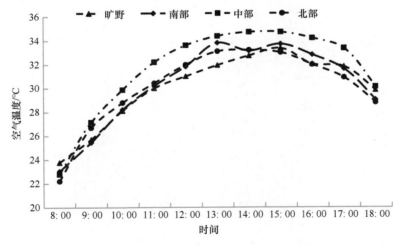

图 6-4　光伏电站内外 1.0m 高度处大气温度日动态变化特征曲线

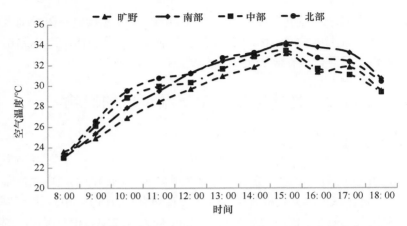

图 6-5　光伏电站内外 2.5m 高度处大气温度日动态变化特征曲线

（29.77℃）＞旷野（29.32℃）的趋势。大气温度在记录开始时刻差距不明显，自 10：00 开始，光伏电站区域内大气温度上升迅速且明显，电站中心区域 1.0m 高度处大气温度升高最快，电站内不同高度大气温度均高于旷野大气温度，至 15：00 大气温度达到最高。

　　参考晏海针对城市公园绿地小气候环境效应的试验方法，本文以大气温度达到最高值（15：00 时刻）与观测结束（18：00 时刻）时大气温度为例，阐述不同时刻光伏电站内外不同区域大气温度的差异性。如图 6-6、图 6-7 所示，15：00 时电站中心区域 1.0m 高度处大气温度明显高于其他区域（为 34.75℃），而旷野与南部、北部区域温度相接近（为 33.4℃），南部、北部大气温度分别为 33.7℃与

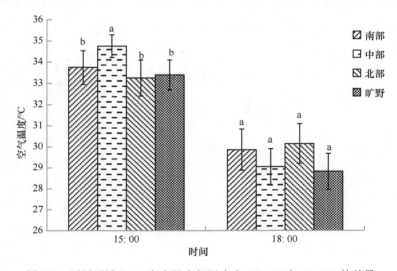

图 6-6　不同区域 1.0m 高度处大气温度在 15：00 和 18：00 的差异

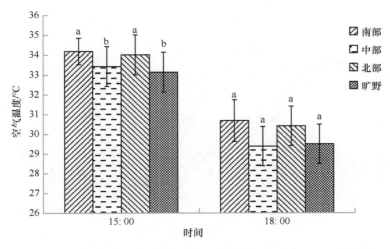

图 6-7 不同区域 2.5m 高度处大气温度在 15：00 和 18：00 的差异

33.3℃；此时旷野处 2.5m 高度处大气温度为 32.6℃，电站区域内南北两部区域 2.5m 高度处大气温度明显高于旷野，分别为 34.68℃、34.50℃。单因素方差和多重比较结果表明，在 15：00 时刻，电站中部 1.0m 高度处大气温度与电站南部、北部区域及电站外旷野差异显著（$P<0.05$），电站南部、北部大气温度与电站外旷野间差异不显著（$P>0.05$）；在 2.5m 高度处，电站中心区域与南部、北部区域大气温度存在显著性差异（$P<0.05$），电站南部、北部间差异不显著（$P>0.05$）。15：00 以后，各观测位置大气温度都开始逐渐下降，至观测结束（18：00 时刻），电站中部 1.0m 高度处大气温度为 30.15℃，仍略高于旷野对照处（29.85℃）；在 2.5m 高度处，电站南部、北部区域大气温度分别降低到 30.68℃、30.40℃，略高于电站外旷野大气温度（29.49℃），此时刻下光伏电站内外不同位置 1.0m、2.5m 高度处大气温度差异变得不显著（$P>0.05$）。

6.2.3 光伏电站对空气相对湿度的影响

如图 6-8、图 6-9 所示，空气相对湿度的日变化趋势同温度基本相反。4 处位置相对湿度都呈现了先降后升的趋势，日动态呈近"U"型变化。在 8：00 时刻空气相对湿度最高，光伏电站内外空气相对湿度差较小，随后，随温度升高相对湿度迅速下降，在 15：00 相对湿度达到最低，旷野处大气湿度表现为高于电站区域内空气相对湿度，随后随温度的降低，湿度逐渐上升，且上升较为缓慢。总的来说，在 1.0m 高度上，不同区域大气相对湿度变化呈现了旷野（39.32%）>电站南部（37.89%）>北部区域（37.60%）>电站中心（35.64%）的趋势；2.5m 高度处表现为旷野（39.71%）>电站中心（38.56%）>电站南部（38.03%）>电站北部（37.28%）的趋势。

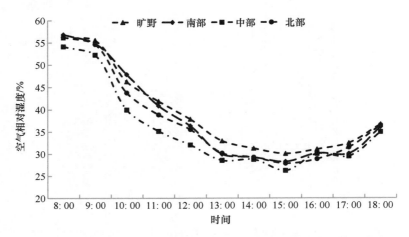

图 6-8　光伏电站内外 1.0m 高度处空气相对湿度日动态变化特征曲线

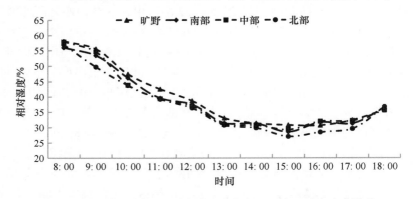

图 6-9　光伏电站内外 2.5m 高度处空气相对湿度日动态变化曲线

　　如图 6-10 所示，在 15：00 时刻，旷野 1.0m 高度处空气相对湿度为 30.1%，南部、北部区域空气相对湿度分别为 28.3%和 27.9%，均高于电站中心区域空气相对湿度（26.3%），此时旷野区域 1.0m 处空气相对湿度明显高于电站内大气湿度，单因素方差分析和多重比较结果表明（图 6-10），电站外旷野处 1.0m 高度处大气湿度与电站内南部、北部、中心区域 1.0m 高度处大气温度间均存在显著性差异（$P<0.05$）。如图 6-11 所示，在 2.5m 高度处，旷野空气相对湿度为 30.8%，略高于电站内区域空气相对湿度，单因素方差分析和多重比较结果表明，电站中心区域与南部、北部区域在 2.5m 高度处大气湿度存在显著性差异（$P<0.05$），南部、北部间大气湿度差异不显著（$P>0.05$）。15：00 后大气湿度开始逐渐增大，至 18：00 时刻，电站内外 1.0m、2.5m 高度处空气相对湿度差异不显著（$P>0.05$）。

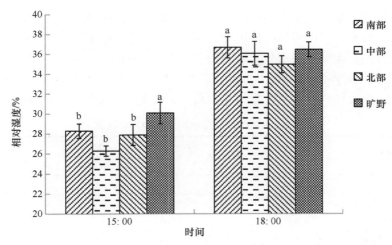

图 6-10　不同区域 1.0m 高度处空气相对湿度在 15：00 和 18：00 的差异

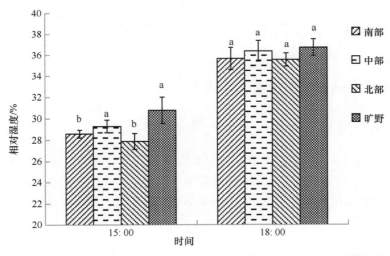

图 6-11　不同区域 2.5m 高度处空气相对湿度在 15：00 和 18：00 的差异

6.2.4　光伏电站内外环境因子相关性分析

为进一步了解光伏电站内不同环境因子间的关联性及其对微环境特征的影响，本文对电站内外区域的表层土壤温度、大气温度、大气相对湿度、太阳辐射照度等因子进行了相关性分析，如表 6-1 所示。在光伏电站内外区域，各环境因子间相关性关系为表层土壤温度与 1.0m 高度处大气温度、2.5m 高度处大气温度均呈极显著的正相关关系（$P<0.01$），其相关系数分别达到 0.906、0.977，相对 1.0m 高度处而言，2.5m 高度处大气温度与表层土壤温度相关性稍大；同时，在光伏电站内外区域，表层土壤温度与 1.0m 高度处大气相对湿度、2.5m 高度处大气相对湿

度呈极显著的负相关关系（*P*<0.01），其相关系数分别为–0.921、–0.940；对比大气温度与大气相对湿度的相关性可知，在 1.0m 高度处与 2.5m 高度处，大气温度与大气相对湿度均呈现了极显著的负相关关系（*P*<0.01），其相关系数为–0.973～0.983；太阳辐射照度与表层土壤温度、大气温度均呈现了不显著的正相关关系（*P*>0.05），与大气相对湿度呈负相关关系，相关关系不显著（*P*>0.05）。

表 6-1　光伏电站环境因子相关性分析表

指标		表层土壤温度	大气温度		大气湿度		太阳辐射照度
			1.0m	2.5m	1.0m	2.5m	
表层土壤温度		1.000					
大气温度	（1.0m）	0.906**	1.000				
	（2.5m）	0.977**	0.971**	1.000			
大气相对湿度	（1.0m）	–0.921**	–0.983**	–0.973**	1.000		
	（2.5m）	–0.940**	–0.980**	–0.982**	0.998**	1.000	
太阳辐射照度		0.083	0.415	0.259	–0.427	–0.394	1.000

注：显著性检测均为双侧。**表示极显著。

6.2.5　光伏电站对不同位置温湿度的影响

6.2.5.1　光伏电板下不同位置大气温度变化规律

图 6-12 为不同月份光伏电板下不同位置的大气温度变化情况，6～8 月光伏电板下不同位置的大气温度均表现为电板外的温度大于电板内的温度。电板下不同位置的大气温度在 6 月表现为 CK>A>B>C>D>F>E，最高温 27.19℃，最低温

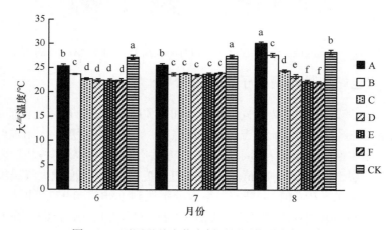

图 6-12　不同月份光伏电板下不同位置大气温度

22.35℃，电板内外温差 4.84℃。样线 A 的大气温度为 25.37℃。样线 A、B、CK 之间的大气温度均存在显著性差异（*P*<0.05）。样线 C、D、E、F 之间均无显著性差异（*P*>0.05）。在 7 月表现为 CK>A>F>C>E>B>D，最高温 27.43℃，最低温 23.48℃，电板内外温差 3.95℃。样线 A 的大气温度为 25.59℃，CK 处的大气温度与电板下其他位置的大气温度存在显著性差异（*P*<0.05），样线 A 显著高于电板内其他位置（*P*<0.05）。电板内所有位置大气温度均无显著性差异（*P*>0.05）。8 月大气温度从电板前沿至后沿逐渐下降，整体表现为 A>CK>B>C>D>E>F，最高温 30.13℃，最低温 22.00℃，电板内外温差 10.13℃，并在样线 A 处显著高于电板下和 CK 处。光伏电板外大气温度随测定时间的推移呈逐月上升趋势，电板内的大气温度在 8 月有小幅下降趋势。光伏电板的布设有效地降低了大气温度。

6.2.5.2 光伏电板下不同位置大气湿度变化规律

图 6-13 为不同月份光伏电板下各位置的大气湿度变化规律。不同位置下光伏电板在 6 月的大气湿度分布规律为 F>B>D>CK>A>E>C，最大达 56.96%，最小为 49.52%；大气湿度在样线 F 显著高于除样线 B 的其他样线（*P*<0.05）。样线 B、D 和 CK 之间的大气湿度无显著性差异（*P*>0.05）。板下得到降水补给的位置大气湿度有明显上升的趋势。不同位置下光伏电板在 7 月的大气湿度分布规律为 D>F>B>E>C>CK>A，最大达 89.58%，最小为 80.77%；光伏电板内的大气湿度整体高于电板外的大气湿度。大气湿度在样线 D 显著高于电板下其他位置（*P*<0.05）。样线 B、E、F 之间的大气湿度无显著性差异（*P*>0.05）。不同位置下光伏电板在 8 月的大气湿度分布规律为 D>B>F>C>E>A>CK。光伏电板内大气湿度整体高于电板外的大气湿度，其中最大大气湿度为 87.24%，最小大气湿度为 74.16%。样线 D 的

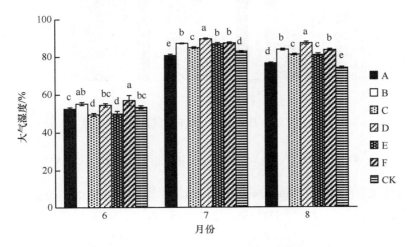

图 6-13　不同月份光伏电板下不同位置大气湿度

大气湿度显著高于电板下其他各位置大气湿度（*P*<0.05），样线 B 和样线 F 之间的大气湿度无显著性差异（*P*>0.05），CK 处大气湿度与电板下其他位置的大气湿度存在显著性差异（*P*<0.05）。6～8 月电板内的大气湿度对电板外大气湿度的优势逐渐明显，光伏电板对大气湿度的调控作用比较明显。

6.2.5.3 光伏电板下不同位置露点温度变化规律

图 6-14 为不同月份光伏电板下各位置露点温度。当空气中的温度降低到露点温度时，空气中的水蒸气就会凝结成露，当温度降低至露点温度以下时，湿空气中会有水滴析出。不同位置下光伏电板在 6 月的露点温度分布规律为 CK>B>A>C>D>E>F。露点温度最高为 16.38℃，最低为 9.47℃，并在 CK 处显著高于电板下其他位置（*P*<0.05），样线 F 与样线 E 之间差异性不显著（*P*>0.05），但相较于电板下其他位置显著降低（*P*<0.05）。不同位置的光伏电板在 7 月露点温度分布规律为 CK>A>C>F>B>E>D。露点温度最高为 22.78℃，最低为 19.5℃，并在 CK 处显著高于电板下其他位置（*P*<0.05）；样线 D 与电板下其他位置存在显著差异（*P*<0.05）。不同位置下光伏电板在 8 月的露点温度分布规律为 B>A>CK>C>E>F>D。露点温度最高为 26.43℃，最低为 17.46℃，露点温度在样线 B 显著高于电板下其他位置（*P*<0.05），在样线 D 与其他位置存在显著差异（*P*<0.05）。

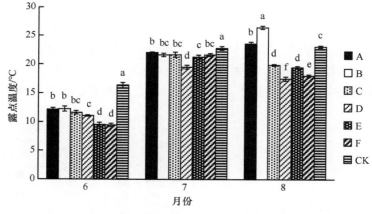

图 6-14　不同月份光伏电板下不同位置露点温度

6.3　光伏电站对太阳辐射照度的影响

采用测试范围为 0～2000W·m^{-2} 的 TBQ-DL 型太阳辐射电流表记录太阳辐射照度。观测时间为 8：00 至 18：00，连续观测 5d。每 5min 记录一次数据，选择每个整点前后记录数据进行标准化平均处理，剔除非规律值后，计算日均值。

图 6-15 为光伏电站内外不同部位受到的太阳辐射照度的日动态变化曲线，由

图可以看出，在光伏电站内外区域，太阳辐射照度的变化均呈现了单峰曲线，在
8：00 至 18：00 过程中，太阳辐射照度最强出现在 13：00 左右，18：00 左右辐
射照度达到最弱。光伏电站内外不同区域接收到的太阳辐射照度近乎一致，日均
辐射照度为 745W·m^{-2}，单因素方差分析与多重比较结果表明电站内外不同区域间
日均太阳辐射照度变化差异不显著（$P<0.05$）。

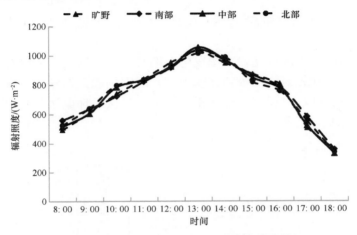

图 6-15 光伏电站内外太阳辐射照度日变化特征

在 8：00 时刻，太阳辐射照度为 522W·m^{-2}，随后随太阳辐射角变化，太阳辐
射照度逐渐增大，至 13：00 时，达到 1030W·m^{-2}，13：00 后，太阳辐射照度开
始逐渐下降，至 18：00 时降至最低，为 354W·m^{-2}。光伏电站内外不同区域受到的
太阳辐射照度日动态变化规律近似一致，单因素方差分析与多重比较可知（图 6-16），
电站内外不同区域受到的辐射照度差异不显著（$P<0.05$）。

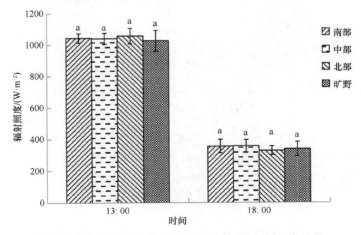

图 6-16 13：00 和 18：00 不同区域太阳辐射照度差异

7 特殊环境条件对光伏发电的影响

7.1 风沙流活动对光伏电板工作效率的影响

在借鉴国内外学者对光伏系统发电效率研究的基础上，采取对照光伏板与受风沙流吹蚀光伏板对比的模拟试验方法，对实测的数据进行分析，得到风沙流活动影响下光伏板透光率、光伏组件温度、光伏组件电流及光伏组件发电效率（图7-1，图7-2）。

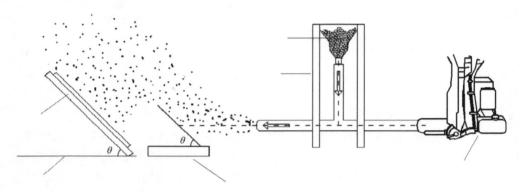

图 7-1 光伏玻璃表面降尘试验示意图

图 7-2 降尘对太阳能电板发电效率的影响

7.1.1　风沙流活动对光伏电板透光率的影响

由表 7-1 可知，降尘时间长度不同，则光伏电板表面积尘密度不同，时间越长，光伏电板表面积尘越多，密度越大。而光伏电板放置角度为 44°时，不同时间段内所对应的积尘密度比前两组相对较小，是由于光伏电板放置角度越大，灰尘越容易滑落，不易停留。

表 7-1　光伏电板表面积尘密度单位　　　　　　（单位：g·m⁻²）

时间	30°	37°	44°
5min	36.39	31.25	10.40
10min	111.30	88.19	16.13
15min	176.16	137.23	31.78

1）光伏电板 30°倾角放置下风沙流活动对光伏板透光率的影响

由表 7-2 数据得到图 7-3 曲线，表示光伏电板 30°倾角放置下，板面玻璃上的积尘在其密度为 36.39g·m⁻²、111.30g·m⁻²、176.16g·m⁻² 这三种梯度时所对应的透光率，并得到两者的变化曲线 $y=0.0011x^2-0.5721x+100.48$，拟合度 R^2 达到 0.9995。由图可见，以积尘密度为 0g·m⁻² 时透光率为 100%为起点，随着积尘密度的增加，

表 7-2　光伏电板 30°倾角放置下板面玻璃透光率计算表

积尘密度	时间	透过光/（W·m⁻²）	入射光/（W·m⁻²）	γ/%	γ 平均/%
36.39g·m⁻²	5min	162.82	198.93	81.85	81.95
		163.43	199.36	81.98	
		163.39	198.85	82.17	
		162.93	199.11	81.83	
		163.47	199.54	81.92	
111.30g·m⁻²	5min	100.63	205.08	49.07	49.27
		101.06	205.17	49.26	
		101.18	204.20	49.50	
		101.08	205.12	49.28	
		100.20	203.42	49.26	
176.16g·m⁻²	5min	53.49	167.86	31.87	32.72
		50.74	155.29	32.67	
		52.83	162.56	32.50	
		53.30	165.18	32.27	
		54.30	169.42	32.05	

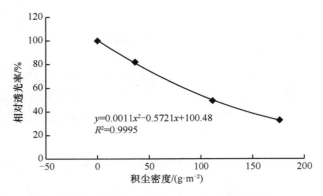

图 7-3　光伏电板 30°倾角放置下吹蚀积尘密度对透光率的影响

板面玻璃透光率逐渐下降，积尘密度为 36.39g·m^{-2} 时，透光率为 81.95%；积尘密度为 111.30g/m^2 时，透光率为 49.27%；积尘密度为 176.16g·m^{-2} 时，透光率为 32.72%。

2）光伏电板 37°倾角放置下风沙流活动对光伏板透光率的影响

由表 7-3 数据得到图 7-4 曲线，显示光伏电板 37°倾角放置下，板面玻璃上的积尘密度为 31.25g·m^{-2}、88.19g·m^{-2}、137.23g·m^{-2} 这三种梯度时所对应的透光率，并得到两者的变化曲线 $y=0.0005x^2-0.4975x+99.633$，拟合度 R^2 达到 0.9995。由图 7-4 可见，以积尘密度为 0g·m^{-2} 时透光率为 100%为起点，随着积尘密度的增加，

表 7-3　光伏电板 37°倾角放置下板面玻璃透光率计算表

积尘密度	时间	透过光/（W·m^{-2}）	入射光/（W·m^{-2}）	γ/%	γ 平均/%
		145.68	173.13	84.15	
		146.00	173.79	84.01	
31.25g·m^{-2}	5min	146.99	175.29	83.86	83.85
		146.35	174.87	83.69	
		147.14	176.11	83.55	
		107.31	178.60	60.08	
		107.47	178.37	60.25	
88.19g·m^{-2}	5min	107.14	177.56	60.34	60.31
		107.32	177.60	60.43	
		106.73	176.49	60.47	
		68.03	166.41	40.88	
		67.80	166.00	40.84	
137.23g·m^{-2}	5min	67.95	166.25	40.87	40.82
		67.83	166.41	40.76	
		67.68	166.07	40.75	

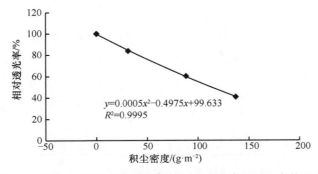

图 7-4   光伏电板 37°倾角放置下吹蚀积尘密度对透光率的影响

板面玻璃透光率逐渐下降，积尘密度为 31.25g·m^{-2} 时，透光率为 83.85%；积尘密度为 88.19g·m^{-2} 时，透光率为 60.31%；积尘密度为 137.23g·m^{-2} 时，透光率为 40.82%。

3）光伏电板 44°倾角放置下风沙流活动对光伏板透光率的影响

由表 7-4 数据得到图 7-5 曲线，表示光伏电板 44°倾角放置下，板面玻璃上的积尘在密度为 10.40g·m^{-2}、16.13g·m^{-2}、31.78g·m^{-2} 这三种梯度时所对应的透光率，并得到两者的变化曲线 $y=0.0116x^2-0.9508x+100.51$，拟合度 R^2 达到 0.9559。由图可见，以积尘密度为 0g·m^{-2} 时透光率为 100%为起点，随着积尘密度的增加，板面玻璃的透光率逐渐下降；积尘密度为 10.40g·m^{-2} 时，透光率为 93.99%；积尘密度为 16.13g·m^{-2} 时，透光率为 86.32%；积尘密度为 31.78g·m^{-2} 时，透光率为 82.25%。

表 7-4   光伏电板 44°倾角放置下板面玻璃透光率计算表

积尘密度	时间	透过光/（W·m^{-2}）	入射光/（W·m^{-2}）	γ/%	γ 平均/%
10.4g·m^{-2}	5min	183.89	194.97	94.32	93.99
		182.18	193.93	93.94	
		181.34	193.76	93.59	
		180.99	193.90	93.34	
		182.14	192.17	94.78	
16.13g·m^{-2}	5min	170.27	198.71	85.69	86.32
		171.24	198.71	86.17	
		172.18	198.59	86.70	
		171.57	198.25	86.54	
		171.55	198.32	86.50	
31.78g·m^{-2}	5min	156.44	189.89	82.38	82.25
		156.16	189.59	82.37	
		155.84	189.31	82.32	
		155.43	189.18	82.16	
		155.29	189.30	82.03	

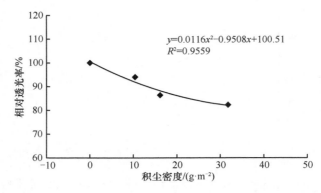

图 7-5 光伏电板 44°倾角放置下吹蚀积尘密度对透光率的影响

7.1.2 风沙流活动对光伏组件电流的影响

1）光伏电板 30°倾角放置下风沙流活动对光伏组件电流的影响

图 7-6 所示为光伏电板 30°倾角放置下 5min 吹蚀后光伏组件电流的变化规律，从图中可以看出，随着时间的推移，试验期内太阳辐射照度曲线整体呈波动上升趋势，清洁光伏电板电流与积尘光伏电板电流也均呈相同的递增状态。清洁光伏电板电流在 10:37 时为 0.315Å，比积尘光伏电板电流开始时的 0.257Å 高出 18.41%。经过 40min 的发电后，清洁光伏电板电流上升至 0.337Å，积尘光伏电板电流上升至 0.272Å，前者比后者高出 19.29%，从中可以看出光伏电板积尘后其组件工作电流变化幅度要小于相同条件下清洁的光伏电板。总体上看，光伏组件工作电流会受到太阳辐射照度变化的影响，且积尘对光伏组件发电电流有较显著影响。

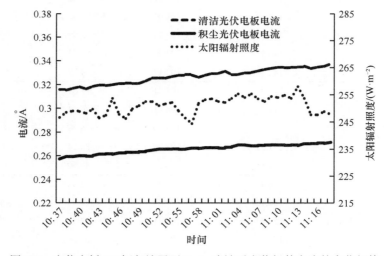

图 7-6 光伏电板 30°倾角放置下 5min 吹蚀后光伏组件电流的变化规律

图 7-7 所示为光伏电板 30°倾角放置下 10min 吹蚀后光伏组件电流的变化规律。从图可以看出，在前 33min 内，清洁光伏电板电流、积尘光伏电板电流与太阳辐射照度三条曲线无太大的波动，均处于平稳状态。在 12：04～12：06 时，太阳辐射照度由 243.56W·m^{-2} 降至 204.39W·m^{-2}，而清洁光伏电板电流与积尘光伏电板电流也随之骤降，清洁光伏电板电流下降 0.054Å，对照光伏电板电流下降 0.025Å，从 12：07 开始，两组光伏电板电流随着太阳辐射照度的回升开始上升；从 12：09 时，太阳辐射照度、清洁光伏电板电流与积尘光伏电板电流三条曲线同时下降，在 12：12 时，分别降到 166.74W·m^{-2}、0.241Å、0.120Å，下降率达到 30%。光伏电板电流受太阳辐射和积尘的直接影响。

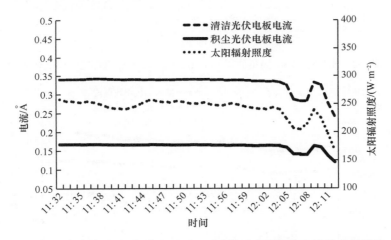

图 7-7　光伏电板 30°倾角放置下 10min 吹蚀后光伏组件电流的变化规律

图 7-8 所示为光伏电板 30°倾角放置下 15min 吹蚀后光伏组件电流的变化规律。整体上来看，两组对照光伏电板电流与太阳辐射照度走向趋于一致，且清洁光伏电板电流与太阳辐射照度的波动幅度相同，但是有积尘覆盖的光伏电板电流曲线波动幅度小于清洁光伏电板电流曲线，约为其 1/2。在 12：51～12：55 时，随着太阳辐射照度的降低，积尘光伏电板电流由 0.089Å 降至 0.052Å，下降率达到 41.27%，而清洁光伏电板电流由 0.283Å 降至 0.160Å，下降率为 43.46%，从图中还可以看出，当太阳辐射照度较高时，清洁光伏电板电流与积尘光伏电板电流的差值较大；反之较小。太阳辐射直接影响光伏电板电流，同时光伏电板上积累的积尘也会改变其电流。

2）光伏电板 37°倾角放置下风沙流活动对光伏组件电流的影响

图 7-9 所示为光伏电板 37°倾角放置下 5min 吹蚀后光伏组件电流的变化规律。由图可知，太阳辐射照度曲线虽然在试验过程中不断波动，但整体数值无太大改

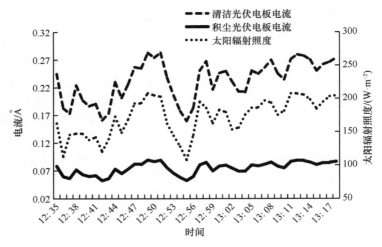

图7-8　光伏电板30°倾角放置下15min吹蚀后光伏组件电流的变化规律

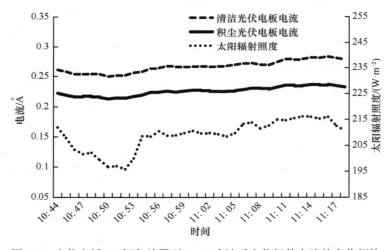

图7-9　光伏电板37°倾角放置下5min吹蚀后光伏组件电流的变化规律

变，仅降低1.35W·m⁻²。两条电流曲线从始至终波动一致，在开始的10：44时，清洁光伏电板电流为0.261Å，积尘光伏电板电流为0.222Å，前者高于后者0.039Å，在结束的11：18时，清洁光伏电板电流（0.279Å）较积尘光伏电板电流（0.222Å）高0.057Å，在10：50时，清洁光伏电板电流为0.250Å，积尘光伏电板电流为0.213Å，两组电流同时达到试验期内最低值，此时的太阳辐射照度也处于降低过程中，为196.67W·m⁻²。由此可见，积尘的存在导致积尘光伏电板电流始终低于清洁光伏电板电流。

　　图7-10所示为光伏电板37°倾角放置下10min吹蚀后光伏组件电流的变化规律。由图可知，太阳辐射照度曲线整体呈下降趋势。两条电流曲线受太阳辐射的

影响呈微降走向，在开始的 11：41 时，清洁光伏电板电流为 0.288Å，积尘光伏电板电流为 0.171Å，前者高于后者 0.117Å；在结束的 12：21 时，清洁光伏板电流（0.266Å）较积尘光伏电板电流（0.156Å）高 0.110Å，而此时的太阳辐射照度在试验期内是最低值。由此可见，积尘的存在导致积尘光伏电板电流与清洁光伏电板电流数值差距的出现。

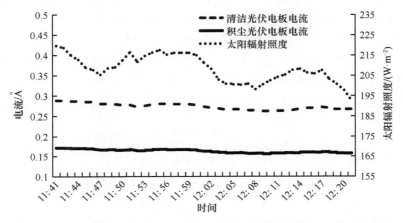

图 7-10　光伏电板 37°倾角放置下 10min 吹蚀后光伏组件电流的变化规律

图 7-11 所示为光伏电板 37°倾角放置下 15min 吹蚀后光伏组件电流的变化规律。由图可知，太阳辐射照度曲线波动下降。在太阳的持续照射下，两条电流曲线较平缓、波动幅度较小，但由于积尘光伏电板上的积尘密度较大，使得两者在开始时相差 0.147Å；在结束的 13：07 时，清洁光伏电板电流为 0.240Å，积尘光伏电板电流为 0.097Å，前者高于后者 0.143Å，两者之间的电流差持续存在。在

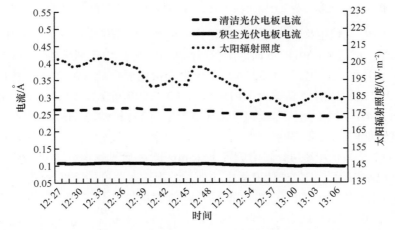

图 7-11　光伏电板 37°倾角放置下 15min 吹蚀后光伏组件电流的变化规律

12:33 时，太阳辐射照度达到最大值 208.09g·m^{-2}，此刻的两组电流也达到最大值（0.269Å、0.108Å）。总的来说，太阳辐射与积尘会影响光伏组件电流，且影响较大。

3）光伏电板 44°倾角放置下风沙流活动对光伏组件电流的影响

图 7-12 所示为光伏电板 44°倾角放置下 5min 吹蚀后光伏组件电流的变化规律。由图 7-12 可知，在试验期内太阳辐射曲线缓慢波动上升，由 243.73W·m^{-2} 升至 248.09W·m^{-2}，清洁光伏电板电流曲线与积尘光伏电板电流曲线整体呈上升趋势，走向保持一致。清洁光伏电板电流由起始时的 0.301Å 升至 0.327Å，上升 7.95%，积尘光伏电板由起始时的 0.288Å 升至 0.303Å，上升 4.95%，同时，两者均在 10:48 时太阳辐射照度降低时达到最低点，前者降至 0.299Å、后者降至 0.285Å。由此可见，在太阳辐射条件下，光伏电板上的积尘影响电流的变化。

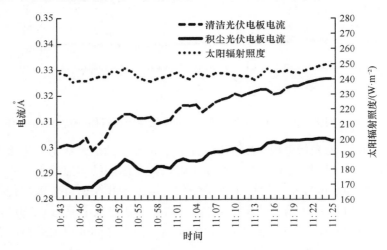

图 7-12　光伏电板 44°倾角放置下 5min 吹蚀后光伏组件电流的变化规律

图 7-13 是光伏电板 44°倾角放置下 10min 吹蚀后光伏组件电流的变化规律，三条曲线均呈下滑趋势，在 11:56 时太阳辐射照度在试验期内达到最高值 253.13W·m^{-2}，此时的清洁光伏电板电流（0.325Å）比积尘光伏电板电流（0.283Å）高 0.042Å；在 12:19 时太阳辐射降到试验期内最低值（227.59W·m^{-2}），此时的清洁光伏电板电流为 0.324Å，积尘光伏电板电流为 0.279Å，两者相差 0.045Å。由此可见，当积尘密度较低时，也会影响光伏电板电流，但影响程度较低。

图 7-14 是光伏电板 44°倾角放置下 15min 吹蚀后光伏组件电流的变化规律，清洁光伏电板电流与积尘光伏电板电流随着太阳辐射照度的降低平缓下降，清洁光伏电板电流由 12:39 时的 0.311Å 降到 13:13 时的 0.284Å，积尘光伏电板电流由 0.252Å 降到 0.228Å，两者均下降 9%左右，保持均衡状态。由此可见，积尘的积累是两组光伏电板电流产生差距的影响因素。

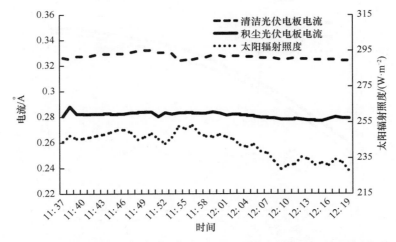

图 7-13　光伏电板 44°倾角放置下 10min 吹蚀后光伏组件电流的变化规律

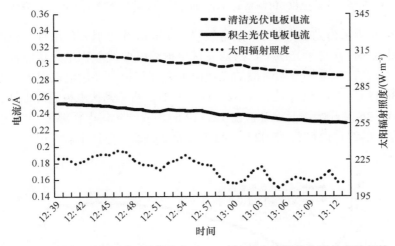

图 7-14　光伏电板 44°倾角放置下 15min 吹蚀后光伏组件电流的变化规律

7.1.3　风沙流活动对光伏组件温度的影响

1）光伏电板 30°倾角放置下风沙流活动对光伏组件温度的影响

图 7-15 所示为光伏电板 30°倾角放置下 5min 吹蚀后光伏组件温度的变化规律，在持续太阳辐射条件下，积尘光伏电板温度与其对照光伏电板温度逐渐上升，且变化值基本相同。清洁光伏电板温度由开始的 31.58℃上升到试验结束时的 37.34℃，积尘光伏电板温度从 31.11℃上升到 37.15℃，后者较前者低 0.19℃，但积尘光伏板温度始终低于清洁光伏电板温度，可见积尘会影响光伏组件温度。

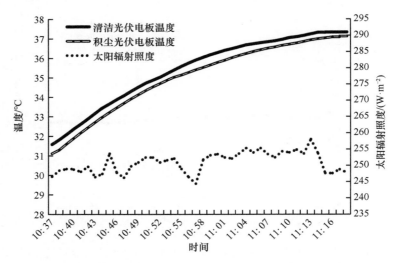

图 7-15　光伏电板 30°倾角放置下 5min 吹蚀后光伏组件温度的变化规律

图 7-16 所示为光伏电板 30°倾角放置下 10min 吹蚀后光伏组件温度的变化规律，由图可知，在持续光照下，清洁光伏电板温度曲线与积尘光伏电板温度曲线的走向一致，在试验期开始时清洁光伏电板温度与积尘光伏电板温度基本相同，分别为 36.12℃、35.54℃，在 11：32～11：36 时，两组光伏电板温度曲线为下降走向，从 11：36 时开始逐渐上升，在 12：12 时，清洁光伏电板温度为 37.03℃，积尘光伏电板的组件温度为 35.02℃，两者相差 2.01℃。总体上看，积尘对光伏电板温度影响较大。

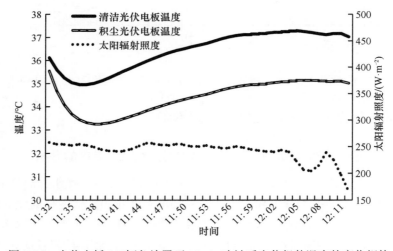

图 7-16　光伏电板 30°倾角放置下 10min 吹蚀后光伏组件温度的变化规律

图 7-17 所示为光伏电板 30°倾角放置下 15min 吹蚀后光伏组件温度的变化规律，太阳辐射照度曲线波动较大，而清洁光伏电板温度与积尘光伏板温度曲线随着太阳辐射照度的变化细微浮动。在开始时，清洁光伏电板温度与积尘光伏电板温度相差 1.79℃，分别为 32.90℃、31.11℃；在 12：55 时，太阳辐射照度降到最低，此时的清洁光伏电板温度为 32.90℃，积尘光伏电板温度为 30.53℃，两者相差 2.37℃；在试验结束的 13：18 时，清洁光伏电板温度达到 34.33℃，积尘光伏电板温度达到 31.46℃，前者高于后者 2.87℃，可见积尘的覆盖会对光伏电板温度造成影响。

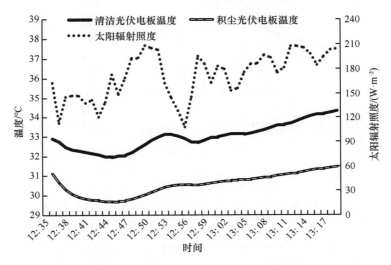

图 7-17   光伏电板 30°倾角放置下 15min 吹蚀后光伏组件温度的变化规律

2）光伏电板 37°倾角放置下风沙流活动对光伏组件温度的影响

图 7-18 所示为光伏电板 37°倾角放置下 5min 吹蚀后光伏组件温度的变化规律，太阳辐射先降低后升高，清洁光伏电板温度曲线与积尘光伏电板温度曲线也呈同样趋势，在开始的太阳辐射降低过程中，两条温度曲线在 10：46 时分别降到最低值，清洁光伏电板温度为 30.43℃，积尘光伏电板温度降到 30.62℃，两者温度差为 0.19℃；在太阳辐射上升过程中，温度曲线在结束的 11：18 时升到最高，清洁光伏电板温度为 33.82℃，积尘光伏电板温度为 33.92℃，温度差为 0.10℃。在此过程中，积尘光伏电板温度一直高于清洁光伏电板温度。

图 7-19 所示为光伏电板 37°倾角放置下 10min 吹蚀后光伏组件温度的变化规律，太阳辐射波动下降，由 219.69W·m⁻² 降到 192.46W·m⁻²，清洁光伏电板温度在试验期内基本无变化，开始时为 34.65℃，结束时为 34.52℃。同时也可以看出两组光伏组件起始温度不同，积尘光伏电板开始温度较清洁光伏电板温度低 2.46℃，随着太阳辐射的降低，积尘光伏电板温度也随之降低，在 11：46 时降到最低值

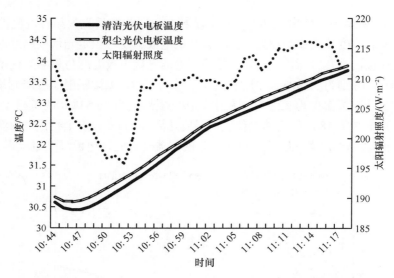

图 7-18 光伏电板 37°倾角放置下 5min 吹蚀后光伏组件温度的变化规律

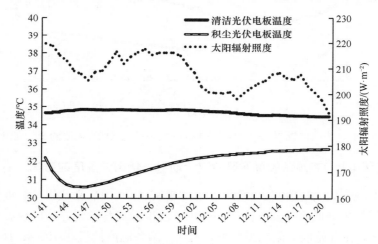

图 7-19 光伏电板 37°倾角放置下 10min 吹蚀后光伏组件温度的变化规律

（30.60℃），此时低于对照组温度 4.24℃，随后开始上升，在试验结束最后 1min 与对照组温度相差 1.81℃。由此可见，灰尘的积累使得两组光伏组件产生较明显的温度差。

图 7-20 所示为光伏电板 37°倾角放置下 15min 吹蚀后光伏组件温度的变化规律，太阳辐射波动下降，由 207.42W·m⁻² 降到 183.22W·m⁻²，降低 11.67%，清洁光伏电板温度曲线在试验期内呈微降趋势，下降 1.06℃。同时也可以看出两组光伏组件起始温度不同，积尘光伏电板开始温度较清洁光伏电板温度低 3.61℃，随着太阳辐射的降低，积尘光伏电板温度也随之降低，在 12：32 时降到最低值 29.65℃，

此时低于对照组温度 4.79℃，随后开始上升，在试验结束最后 1min 与对照组温度相差 2.30℃。总的来说，积尘对光伏电板组件产生了显著影响。

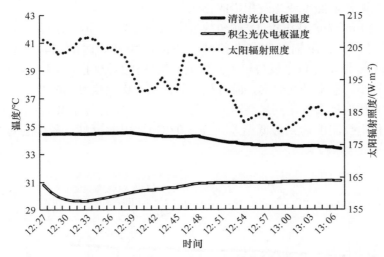

图 7-20 光伏电板 37°倾角放置下 15min 吹蚀后光伏组件温度的变化规律

3）光伏电板 44°倾角放置下风沙流活动对光伏组件温度的影响

图 7-21 所示为光伏电板 44°倾角放置下 5min 吹蚀后光伏组件温度的变化规律，由图可知，随着时间的推移，试验期内太阳辐射照度整体上呈波动上升趋势，清洁光伏电板温度与积尘光伏板温度也都逐渐上升。清洁光伏电板与积尘光伏电板温度开始时均为 31℃，经过 17min 的发电后，清洁光伏电板温度与积尘光伏电

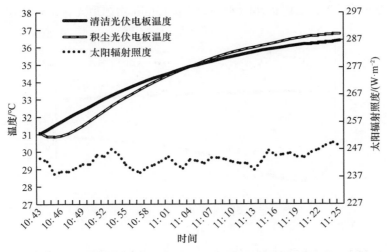

图 7-21 光伏电板 44°倾角放置下 5min 吹蚀后光伏组件温度的变化规律

板温度达到同一值（34.74℃），在此之前清洁光伏电板温度高于积尘光伏电板温度，在此之后积尘光伏电板温度超过清洁光伏电板温度。总体上看，光伏组件温度会受到太阳辐射照度变化及积尘的影响。

图 7-22 所示为光伏电板 44°倾角放置下 10min 吹蚀后光伏组件温度的变化规律，由图可知，太阳辐射照度曲线波动下降，由开始时的 244.07W·m^{-2} 降到 227.59W·m^{-2}；清洁光伏电板与积尘光伏电板温度初始值相同，清洁光伏电板温度曲线变化较小，仅上升 0.54℃，而有积尘的光伏电板温度开始时降低；在 11：44 时与清洁光伏电板温度达到最高温差（为 3.28℃），随后逐渐升高；在 12：18 时与清洁光伏电板温度达到最低温差（为 1.07℃）。由此可见，积尘会对光伏组件温度产生一定影响。

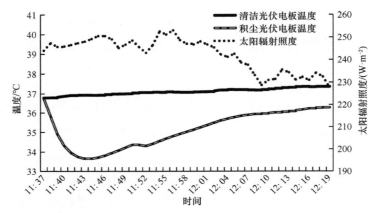

图 7-22　光伏电板 44°倾角放置下 10min 吹蚀后光伏组件温度的变化规律

图 7-23 所示为光伏电板 44°倾角放置下 15min 吹蚀后光伏组件温度的变化规

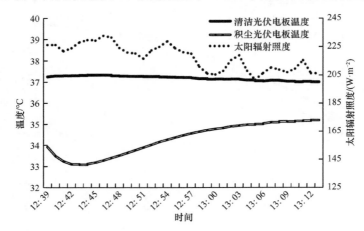

图 7-23　光伏电板 44°倾角放置下 15min 吹蚀后光伏组件温度的变化规律

律，由图可知，太阳辐射照度曲线波动下降，由开始时的 225.57W·m^{-2} 降到 206.08W·m^{-2}；清洁光伏电板温度曲线变化较小，下降 0.36℃，而有积尘的光伏电板温度开始时降低；在 12：43 时降到试验期内最低温度（33.08℃），与清洁光伏电板温度达到最高温差（4.24℃）；随后逐渐升高，在 13：13 时与清洁光伏电板温度达到最低温差（1.77℃）。总的来说，在太阳照射条件下，光伏组件温度受积尘影响。

7.1.4　风沙流活动对光伏组件发电效率的影响

1）光伏电板 30°倾角放置下风沙流活动对光伏组件发电效率的影响

图 7-24 所示为光伏电板 30°倾角放置下吹蚀对光伏组件发电效率的变化规律。随着积尘密度的增大，污染损失率 SLI 逐渐变大，而 SLI 与发电效率成反比，损失率越高发电效率降低。

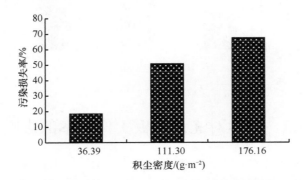

图 7-24　光伏电板 30°倾角放置下吹蚀对光伏组件发电效率的变化规律

2）光伏电板 37°倾角放置下风沙流活动对光伏组件发电效率的影响

图 7-25 所示为光伏电板 37°倾角放置下吹蚀对光伏组件发电效率的变化规律，积尘密度为 31.25g·m^{-2}时，污染损失率为 15.42%；积尘密度为 88.19g·m^{-2}时，污染损失率达到 39.64%，是前者的 2 倍；积尘密度为 137.23g·m^{-2}时，污染损失率上升到 59%以上。光伏组件发电效率受积尘严重影响。

3）光伏电板 44°倾角放置下风沙流活动对光伏组件发电效率的影响

图 7-26 所示为光伏电板 44°倾角放置下吹蚀对光伏组件发电效率的变化规律。从图中可以看出，三种密度梯度所对应的污染损失率分别为 5.91%、13.09%、18.52%。与其他六组对比发现：积尘密度越小，污染损失率越低，从而导致板面玻璃透光率越高，发电效率越大。

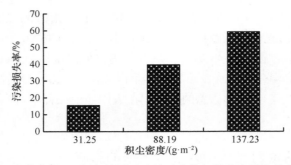

图 7-25　光伏电板 37°倾角放置下吹蚀对光伏组件发电效率的变化规律

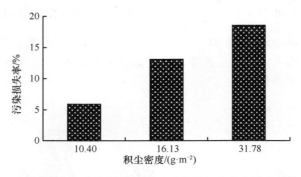

图 7-26　光伏电板 44°倾角放置下吹蚀对光伏组件发电效率的变化规律

7.2　积尘对光伏电板工作效率的影响

采用对比试验的方法，于野外光伏电场选择两块输出特性相同且处于同一光伏组串的光伏电板，将两组光伏电板进行清洗，保证其表面积尘状况一致。一块光伏电板在试验过程中保持自然积尘状态；另一块光伏电板设置为对照组，每日进行清洗。利用 DDS 积尘监测仪在试验期间对每日积尘与未积尘的两组光伏组件工作参数及周围环境指标进行实时监测，每分钟记录一次监测数据，主要监测数据为光伏组件工作电流、组件温度、发电功率（图 7-27）。

图 7-27　积尘对光伏电板工作效率的影响

由图 7-28 可以看出，太阳辐射照度在 15d 内的变化波动较大，其中 3 月 5 日太阳辐射照度最大（583.8W·m^{-2}），3 月 16 日太阳辐射照度最小（194.9W·m^{-2}），两者相差近 389W·m^{-2}。

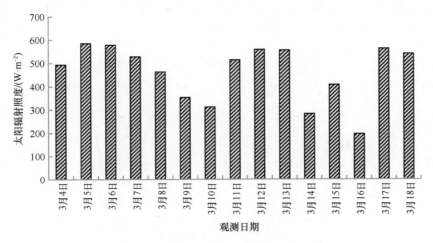

图 7-28　光伏组件工作环境太阳辐射照度的变化

图 7-29 所示为 15d 内光伏组件工作周围太阳辐射照度及组件功率的变化情况，从图中可以看出，光伏组件发电功率与组件周围太阳辐射照度的变化趋势基本一致，太阳辐射量增大，模组功率也随之增大；辐射量减小，组件功率也随之减小。

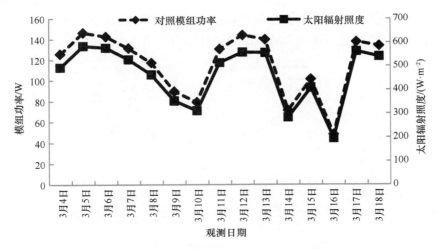

图 7-29　光伏组件工作环境太阳辐射照度及组件功率的变化

  图 7-30 所示为观测期内积尘组与对照组光伏组件工作电流的变化情况。由图可知，两组光伏电板工作电流的变化趋势基本一致，从图中可以看出，积尘后光伏组件的工作电流要低于对照组件的工作电流，积尘 15d 内，积尘组的工作电流平均值为 3.82Å，比对照的 3.90Å 下降了 2.1%，这表明积尘会对组件工作电流产生影响，并导致组件平均工作电流下降。

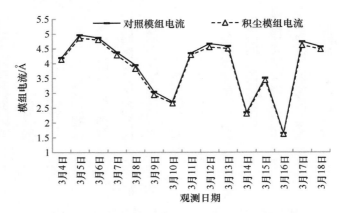

图 7-30 积尘组件与对照组件工作电流动态变化

  图 7-31 所示为观测期内积尘组和对照组光伏组件工作温度及周围环境温度变化情况，从图中可以看出，积尘 15d 内，积尘电板和对照电板的工作温度变化趋势与环境温度变化趋势基本一致。3 月 10 日到 3 月 14 日之间，两组电板的温度相差较大，积尘 15d 内，积尘组的平均温度为 15.4℃，比对照组的平均温度（14.2℃）高出 1.2℃。从总体上看，积尘会对光伏组件工作温度产生影响，但随积尘天数增加，两试验组间温度差异并未呈现出明显的递增规律。

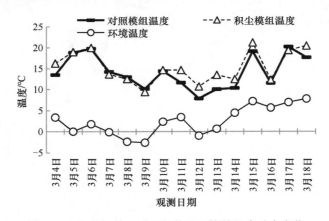

图 7-31 积尘组件、对照组件及环境的温度动态变化

7.3 高茎植物遮挡对光伏电板工作效率的影响

利用 HC-500 光伏发电系统进行实验测定，分别将温度探头贴在两块电板后面，仪器连接后将待测电板放置于高茎植物后方，另一块作为无遮挡的对照处理，两块光伏电板均朝向正北方向，分别获得有效辐射强度、工作电流及电板温度数据（图 7-32）。

图 7-32　植被遮挡对光伏电板工作效率的影响

图 7-33 所示为遮阴与对照组光伏电板有效辐射照度对比情况。由图 7-33 可知，在观测时段内，两组光伏电板有效辐射强度变化趋于一致，均随着时间的推移呈增大趋势。但同时可以看出，受遮阴的光伏电板组件有效辐射照度低于对照物，上午 9：00～12：00 期间，对照组电板有效辐射强度分别为遮光组的 2.03 倍、2.12 倍、2.07 倍和 2.05 倍。结果表明，植被的遮挡作用会对光伏组件的有效辐射强度产生影响，导致组件辐射强度降低。

图 7-34 所示为遮阴与对照组电板两组光伏组件电流的变化情况。从图 7-34 中可以看出，试验观测期间，遮阴与对照组光伏组件工作电流均呈缓慢上升趋势，这与太阳辐照度变化趋势相一致。上午 9：00～12：00，对照组电板有效辐射强度分别为遮阴电板的 2.46 倍、2.28 倍、2.01 倍和 1.95 倍。就遮阴电板的发电效率来看，其中午 12：00 工作电流为 0.61Å，上午 9：00 为 0.50Å，中午 12：00 较上午 9：00 增大了 22%，但对照组光伏组件中午 12：00 较上午 9：00 增大了 2.48%。

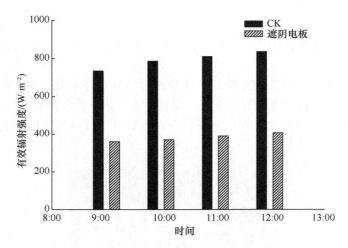

图 7-33　遮阴与对照组光伏电板有效辐射强度变化

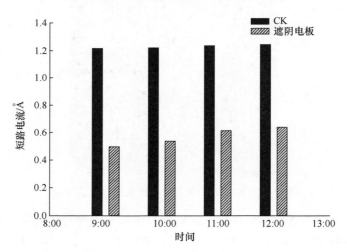

图 7-34　遮阴与对照组光伏电板工作电流变化

这说明虽然遮阴电板的工作电流低于对照组光伏组件，但其在不同时间的差异有所不同，这可能是由于随着时间的推移，太阳高度角发生变化，光伏电板受植被遮挡的影响程度减弱了。

图 7-35 所示为遮阴电板与对照组光伏组件温度的变化情况示意图。由图 7-35 可知，两组光伏组件的温度在太阳辐射的持续影响下均呈增加趋势，且增量主要在上午 11：00～12：00。遮阴电板温度由 18.59℃上升至 23.21℃，对照组电板温度由 21.82℃上升至 25.85℃，二者分别上升了 24.83%和 18.48%。但遮阴电板温度始终低于对照组光伏板温度。

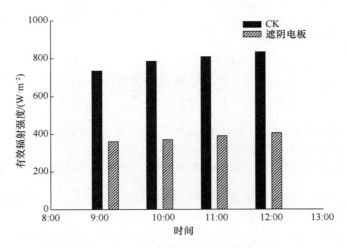

图 7-35　遮阴与对照组光伏电板温度变化

主要参考文献

柏延芳. 2008. 黄土高原第 I 副区不同植被条件下土壤有机质及氮素的分布与迁移行为研究[D]. 杨凌: 西北农林科技大学硕士学位论文.

鲍雅静, 李政海, 韩兴国, 等. 2006. 植物热值及其生物生态学属性[J]. 生态学杂志, 25(9): 1095-1103.

布仁吉日嘎拉. 2003. 内蒙古杭锦旗土地可持续利用研究[D]. 呼和浩特: 内蒙古师范大学硕士学位论文.

曹承栋. 2011. 浅谈国内外太阳能发电技术发展状况及展望[J]. 通信电源技术, 28(1): 35-37.

曹振. 2005. 科尔沁沙地不同土地类型表土粒度特征与 LUCC 研究[D]. 长春: 吉林大学硕士学位论文.

陈东兵, 李达新, 时剑, 等. 2011. 光伏组件表面积尘及立杆阴影对电站发电功率影响的测试分析[J]. 太阳能, (9): 39-41.

陈国祥, 董治宝, 崔徐甲, 等. 2018. 毛乌素沙地中部风成沙的组成与微形态特征[J]. 中国沙漠, 38(3): 473-483.

陈思礼. 2007. 光污染对环境与健康的影响[J]. 中国热带医学, (6): 1005-1009.

陈曦, 高永, 翟波, 等. 2019. 沙区光伏电场的风沙流输移特征[J]. 干旱区研究, 36(3): 684-690.

陈雅琳, 常学礼, 崔步礼, 等. 2008. 库布齐沙漠典型地区沙漠化动态分析[J]. 中国沙漠, 28(1): 27-34.

程建军, 智凌岩, 薛春晓, 等. 2017. 铁路沿线下导风板对风沙流场的控制规律[J]. 中国铁道科学, 38(6): 16-23.

崔琰. 2010. 库布齐沙漠土地荒漠化动态变化与旅游开发研究[D]. 咸阳: 中国科学院研究生院教育部水土保持与生态环境研究中心博士学位论文.

崔永琴, 冯起, 孙家欢, 等. 2017. 西北地区光伏电站植被恢复模式研究综述[J]. 水土保持通报, 37(3): 200-203.

党梦娇. 2019. 光伏电站干扰下甘草产量及药材品质影响研究[D]. 呼和浩特: 内蒙古农业大学硕士学位论文.

党梦娇, 蒙仲举, 斯庆毕力格, 等. 2019. 库布齐沙漠南缘光伏电站内表层沉积物粒度特征[J]. 土壤通报, 50(2): 260-266.

丁晓花, 杨国华, 卫宁波, 等. 2015. 宁夏地区光伏发电环境效益分析及建模[J]. 电力科技与环保, 31(4): 9-12.

董玉祥, Hesp P A, Namikas S L, 等. 2008. 海岸横向沙脊表面风沙流结构的野外观测研究[J]. 地理科学, 28(4): 507-512.

董治宝, 钱广强. 2007. 关于土壤水分对风蚀起动风速影响研究的现状与问题[J]. 土壤学报, 44(5): 934-942.

董智. 2004. 乌兰布和沙漠绿洲农田沙害及其控制机理研究[D]. 北京: 北京林业大学博士学位论文.

杜宇. 2013. 独贵塔拉工业园区发展战略研究[D]. 呼和浩特: 内蒙古大学硕士学位论文.

方军武. 2017. 放牧对典型草原群落生力、养分含量及其化学计量学特征的影响[D]. 呼和浩特: 内蒙古大学硕士学位论文.

付静. 2013. 我国光伏产业国际竞争力现状及提升路径[J]. 河北大学学报(哲学社会科学版), 38(2): 53-57.

高晓清, 杨丽薇, 吕芳, 等. 2016. 光伏电站对格尔木荒漠地区空气温湿度影响的观测研究[J]. 太阳能学报, 37(11): 2909-2915.

管超, 刘丹, 周炎广, 等. 2017. 库布齐沙漠水沙景观的历史演变[J]. 干旱区研究, 34(2): 395-402.

郭彩赟, 韩致文, 李爱敏, 等. 2017. 库布齐沙漠生态治理与开发利用的典型模式[J]. 西北师范大学学报(自然科学版), 53(1): 112-118.

郭彩赟, 韩致文, 李爱敏, 等. 2018. 库布齐沙漠 110MW 光伏基地次生风沙危害的动力学机制[J]. 中国沙漠, 38(2): 225-232.

郭春荣. 2010. 土默特平原土地整理项目实施效益评价研究[D]. 呼和浩特: 内蒙古师范大学硕士学位论文.

国家能源局. 2016. 2015 年光伏发电相关统计数据[J]. 电器与能效管理技术, (3): 79.

哈斯. 2004. 腾格里沙漠东南缘沙丘表面风沙流结构变异的初步研究[J]. 科学通报, 49(11): 1099-1104.

韩永光. 2012. 乌兰布和沙漠绿洲沙产业可持续发展研究[D]. 呼和浩特: 内蒙古农业大学博士学位论文.

郝玉光. 2007. 乌兰布和沙漠东北部绿洲化过程生态效应研究[D]. 北京: 北京林业大学博士学位论文.

何维明, 董鸣. 2003. 毛乌素沙地旱柳生长和生理特征对遮荫的反应[J]. 应用生态学报, 14(2): 175-178.

何炎红. 2006. 乌兰布和沙漠植被与水资源相互影响的研究[D]. 呼和浩特: 内蒙古农业大学博士学位论文.

胡文康. 1992. 20 世纪塔克拉玛干沙漠环境及其变迁[J]. 干旱区研究, 9(4): 1-9.

胡艳宇, 乌云娜, 霍光伟, 等. 2018. 不同放牧强度下羊草草原群落斑块植被-土壤特征[J]. 生态学杂志, 37(1): 9-16.

胡永锋, 王雪芹, 郭洪旭, 等. 2011. 古尔班通古特沙漠半固定沙垄表面风的脉动特征[J]. 中国沙漠, 31(2): 393-399.

贾俊青. 2011. 土默特左旗土地利用空间规划研究[D]. 呼和浩特: 内蒙古师范大学硕士学位论文.

贾文峰. 2009. 乌兰布和沙漠东缘人工绿洲土壤质量演变研究[D]. 呼和浩特: 内蒙古农业大学硕士学位论文.

姜春义. 2016. 内蒙古库布齐沙漠地区植物多样性及其保护研究[D]. 呼和浩特: 内蒙古师范大学硕士学位论文.

冷天玖, 韩雷涛, 马煜. 2008. 非常规能源的开发及利用前景[J]. 农业工程技术(新能源产业), (6): 18-21.

李朝生. 2005. 鄂尔多斯高原北部沙区植被——环境关系与生态建设对策[D]. 北京: 中国林业科学研究院博士学位论文.

李合生. 2012. 现代植物生理学[J]. 生命世界, 11: 2.

李少华, 高琪, 王学全, 等. 2016. 光伏电厂干扰下高寒荒漠草原区植被和土壤变化特征[J]. 水土保持学报, 30(6): 325-329.

李王成, 王为, 冯绍元, 等. 2007. 不同类型微型蒸发器测定土壤蒸发的田间试验研究[J]. 农业工程学报, 23(10): 6-13.

李永强, 李治国, 董智, 等. 2016. 内蒙古荒漠草原放牧强度对风沙通量和沉积物粒径的影响[J]. 植物生态学报, 40(10): 1003-1014.

李占宏. 2007. 内蒙古沙化土地表土粒度特征及其可蚀性颗粒研究[D]. 呼和浩特: 内蒙古师范大学硕士学位论文.

林斐. 2017. 典型草原不同放牧强度及放牧方式下牛羊食性选择研究[D]. 呼和浩特: 内蒙古大学硕士学位论文.

林智钦. 2013. 中国能源环境中长期发展战略[J]. 中国软科学, (12): 45-57.

刘芳, 郝玉光, 辛智鸣, 等. 2014. 乌兰布和沙漠东北缘地表风沙流结构特征[J]. 中国沙漠, 34(5): 1200-1207.

刘建兵. 2008. 马尾松苗木渗透调节物质与耐旱性关系研究[D]. 南京: 南京林业大学硕士学位论文.

刘俊霞. 2008. 乌兰布和沙漠东北边缘花棒种群空间分布格局及群落特征的研究[D]. 呼和浩特: 内蒙古农业大学硕士学位论文.

刘磊, 李福昌, 杨鹏程, 等. 2018. 饲料粗纤维、中性洗涤纤维和酸性洗涤纤维残渣中各成分的研究[J]. 动物营养学报, 30(3): 1044-1051.

刘世增, 常兆丰, 朱淑娟, 等. 2016. 沙漠戈壁光伏电厂的生态学意义[J]. 生态经济, 32(2): 177-181.

刘柿良, 马明东, 潘远智, 等. 2012. 不同光强对两种桤木幼苗光合特性和抗氧化系统的影响[J]. 植物生态学报, 36(10): 1062-1074.

刘贤万, 凌裕泉, 贺大良, 等. 1982. 下导风工程的风洞实验研究——[1]平面上的实验[J]. 中国沙漠, 2(4): 18-25.

刘贤万, 凌裕泉, 贺大良, 等. 1983. 下导风工程的风洞实验研究——[2]地形条件下的实验[J]. 中国沙漠, 3(3): 29-38.

刘晓明, 赵明华, 苏永华. 2006. 沉积岩土粒度分布分形模型改进及应用[J]. 岩石力学与工程学报, 25(8): 1691-1697.

刘宗奇. 2017. 土壤复配对紫花苜蓿光合生理及产量的影响[D]. 呼和浩特: 内蒙古农业大学硕士学位论文.

卢霞. 2013. 荒漠戈壁区光伏电站建设的环境效应分析[D]. 兰州: 兰州大学硕士学位论文.

陆利忠, 周章贵. 2013. 分布式光伏发电示范项目政策分析与合同法律问题探究[J]. 上海节能, (1): 24-28.

罗进选, 柴媛媛. 2018. 河西走廊风电场建设对土壤养分的影响研究[J]. 中国水土保持, (11): 15-19+38.

吕仁猛. 2014. 乌兰布和沙漠绿洲农田防护林结构配置及其防风效果研究[D]. 北京: 北京林业大学硕士学位论文.

马克平. 1994. 生物群落多样性的测度方法 Ⅰ α 多样性的测度方法(上)[J]. 生物多样性, 2(3): 162-168.

马利强. 2009. 乌兰布和沙漠东北部农林复合系统持续经营研究[D]. 呼和浩特: 内蒙古农业大

学博士学位论文.

马嫒, 丁树文, 邓羽松, 等. 2016. 五华县崩岗洪积扇土壤分形特征及空间变异性研究[J]. 水土保持学报, 30(5): 279-285.

孟祥利, 陈世苹, 魏龙, 等. 2009. 库布齐沙漠油蒿灌丛土壤呼吸速率时空变异特征研究[J]. 环境科学, 30(4): 1152-1158.

农业农村部饲料质量监督检验测试中心. 2007. NY/T 1459—2007 饲料中中酸性洗涤纤维的测定[S]. 北京: 中国标准出版社.

彭建, 贾靖雷, 胡熠娜, 等. 2018. 基于地表湿润指数的农牧交错带地区生态安全格局构建——以内蒙古自治区杭锦旗为例[J]. 应用生态学报, 29(6): 1990-1998.

闫德仁. 2004. 库布齐沙漠文化与土地沙漠化的演变探讨[J]. 内蒙古林业科技, (2): 19-25.

邵玉琴, 赵吉, 包青海. 2001. 库布齐固定沙丘土壤微生物生物量的垂直分布研究[J]. 中国沙漠, (1): 88-92.

沈飞. 2014. 光伏治沙在新疆沙漠地区的推广应用[J]. 北京农业, (30): 298.

史激光. 2011. 典型草原区 3 种牧草生育规律及物候期气象指标[J]. 草业科学, 28(10): 1855-1858.

史树德, 孙亚卿, 魏磊, 等. 2016. 植物生理学实验指导[M]. 北京: 中国林业出版社.

宋彦君. 2017. 浙东森林群落木本植物的形态和功能型谱[D]. 上海: 华东师范大学硕士学位论文.

苏明. 2007. 支持清洁能源发展的财政税收政策建议[J]. 中国能源, 29(3): 12-17.

苏日娜. 2013. 土默特左旗土地利用总体规划实施评估研究[D]. 呼和浩特: 内蒙古师范大学硕士学位论文.

孙海燕, 万书波, 李林, 等. 2015. 放牧对荒漠草原土壤养分及微生物量的影响[J]. 水土保持通报, 35(2): 82-88+93.

孙利鹏. 2011. 乌兰布和沙漠天然梭梭种群特征分析[D]. 兰州: 甘肃农业大学硕士学位论文.

塔娜. 2018. 光伏行业现状及前景分析[J]. 企业改革与管理, (22): 204-205.

唐宽燕. 2017. 库布齐沙漠东缘植被动态与环境的关系[D]. 北京: 中国农业科学院硕士学位论文.

铁龙. 2015. 库布齐沙漠野生植物资源的初步调查[D]. 呼和浩特: 内蒙古师范大学硕士学位论文.

汪红, 魏亮亮, 李通, 等. 2018. 杜马斯燃烧法快速测定粮油中粗蛋白质含量研究[J]. 粮油食品科技, 26(2): 49-53.

汪季. 2004. 乌兰布和沙漠东北缘植被抑制沙尘机理的研究[D]. 北京: 北京林业大学博士学位论文.

王北辰. 1991. 库布齐沙漠历史地理研究[J]. 中国沙漠, 11(4): 37-45.

王翠, 李生宇, 雷加强, 等. 2014. 近地表风沙流结构对过渡带不同下垫面的响应[J]. 水土保持学报, 28(3): 52-56+71.

王辉, 贺康宁, 胡兴波, 等. 2012. 高寒区不同树种配置对林下植被物种多样性的影响[J]. 水土保持研究, 19(3): 147-150.

王君厚, 周士威, 任培政. 1996. 乌兰布和沙漠东北边缘植物群落物种多样性及其生态环境[J]. 中国沙漠, 16(3): 51-58.

王丽波, 孙洪罡, 刘璐, 等. 2006. 约束选择指数的通径分析及决策分析[J]. 西北农林科技大学学报(自然科学版), 34(3): 33-36.

王梅, 徐正茹, 张建旗, 等. 2017. 遮阴对 10 种野生观赏植物生长及生理特性的影响[J]. 草业科学, 34(5): 1008-1016.

王全在. 2010. 围封禁牧对草地生物量和家畜饲养的影响[D]. 咸阳: 西北农林科技大学硕士学

位论文.

王睿, 周立华, 陈勇, 等. 2017. 库布齐沙漠机械防沙措施的防护效益[J]. 干旱区研究, 34(2): 330-336.

王松涛. 2017. 乌海市城市水资源利用管理研究[D]. 咸阳: 西北农林科技大学硕士学位论文.

王涛. 2015. 光伏电站建设对靖边县土壤、植被的影响研究[D]. 咸阳: 西北农林科技大学硕士学位论文.

王涛, 王得祥, 郭廷栋, 等. 2016. 光伏电站建设对土壤和植被的影响[J]. 水土保持研究, 23(3): 90-94.

王旭东, 李忠, 包伟民, 等. 2010. 乌海气候生产力对气候暖干化的响应[J]. 干旱区资源与环境, 24(12): 100-105.

王亚军. 2004. 光污染及其防治[J]. 安全与环境学报, 4(1): 56-58.

王玉庆, 贺润喜. 2004. 固沙植物甘草与土地荒漠化探析[J]. 中国生态农业学报, 12(3): 199-200.

王再岚, 李政海, 马中. 2009. 鄂尔多斯东胜地区不同生态功能区的土壤侵蚀敏感性[J]. 生态学报, 29(1): 484-491.

王长庭, 龙瑞军, 王根绪, 等. 2010. 高寒草甸群落地表植被特征与土壤理化性状、土壤微生物之间的相关性研究[J]. 草业学报, 19(6): 25-34.

魏红, 钟红舰, 汪红. 2004. 粗脂肪含量测定方法的改进[J]. 黑龙江畜牧兽医, (2): 44-45.

魏丽萍, 黄菁, 周会平, 等. 2019. 遮荫对不同种源菠萝蜜幼苗雨季与旱季生长及生理生化特性的影响[J]. 西南大学学报(自然科学版), 41(2): 1-8.

温建军, 李安桂. 2009. 浅谈我国能源现状和水电资源利用的飞速发展[J]. 制冷空调与电力机械, 30(6): 94-97+24.

温云耀. 2009. 库布齐沙漠地区恩格贝沙生植物园规划研究[D]. 杨凌: 西北农林科技大学硕士学位论文.

文小航, 尚可政, 王式功, 等. 2008. 1961—2000 年中国太阳辐射区域特征的初步研究 [J]. 中国沙漠, 28(3): 554-561.

乌琼. 2016. 内蒙古十大孔兑区域水文地质条件评价及引洪淤地补充地下水可行性研究[D]. 呼和浩特: 内蒙古农业大学硕士学位论文.

吴晓旭, 邹学勇, 王仁德, 等. 2011. 毛乌素沙地不同下垫面的风沙运动特征[J]. 中国沙漠, 31(4): 828-835.

吴泽群. 2017. 内蒙古河套地区晚第四纪库布齐沙漠的形成和演化[D]. 北京: 中国地质大学硕士学位论文.

吴正, 刘贤万. 1981. 风沙运动的多相流研究现状及展望[J]. 力学与实践, (1): 8-11+27.

肖斌, 范小苗, 郑岚. 2011. 陕西省太阳能资源的开发利用[J]. 西北水电, (5): 89-93+98.

解小莉, 袁志发. 2013. 决策系数的检验及在育种分析中的应用[J]. 西北农林科技大学学报(自然科学版), 41(3): 111-114.

邢媛. 2017. 库布齐沙漠东缘主要人工林群落结构及植物多样性研究[D]. 呼和浩特: 内蒙古农业大学硕士学位论文.

徐小涛, 张国荣, 赵全仁. 2001. 甘草产业化开发前景不可估量[J]. 宁夏科技, 13(4): 29.

薛靓杰. 2020. 试论新时期发展清洁能源促进低碳经济的途径[J]. 中国集体经济, (30): 13-14.

闫德仁. 2008. 库布齐沙漠生物结皮层的肥岛特征研究[D]. 呼和浩特: 内蒙古农业大学博士学位论文.

闫玉春, 唐海萍, 辛晓平, 等. 2009. 围封对草地的影响研究进展[J]. 生态学报, 29(9): 5039-5046.

阎欣, 安慧. 2017. 宁夏荒漠草原沙漠化过程中土壤粒径分形特征[J]. 应用生态学报, 28(10): 3243-3250.

晏海. 2014. 城市公园绿地小气候环境效应及其影响因子研究[D]. 北京: 北京林业大学博士学位论文.

杨俊平. 2006. 库布齐地区土地沙漠化及其防治研究[D]. 北京: 北京林业大学博士学位论文.

杨世荣. 2019. 库布齐沙漠光伏电站风沙运动及蚀积特征研究[D]. 呼和浩特: 内蒙古农业大学硕士学位论文.

杨小平, 梁鹏, 张德国, 等. 2019. 中国东部沙漠/沙地全新世地层序列及其古环境[J]. 中国科学 (地球科学), 49(8): 1293-1307.

杨兴国, 马鹏里, 王润元, 等. 2005. 陇中黄土高原夏季地表辐射特征分析[J]. 中国沙漠, 25(1): 55-62.

杨娅敏, 赵桂萍, 李良. 2016. 杭锦旗地区地层水特征研究及其油气地质意义[J]. 中国科学院大学学报, 33(4): 519-527.

杨延哲. 2016. 人工培育生物结皮在毛乌素沙地光伏电站施工迹地的风蚀防治研究[D]. 咸阳: 中国科学院研究生院教育部水土保持与生态环境研究中心硕士学位论文.

姚淑霞, 张铜会, 赵传成, 等. 2012. 科尔沁地区不同类型沙地土壤水分的时空异质性[J]. 水土保持学报, 26(1): 251-254+258.

叶丽娜, 吕涛, 张立欣, 等. 2020. 不同年龄甘草的生长特征及土壤理化性质分析[J]. 安徽农业科学, 48(11): 93-96+99.

移小勇, 赵哈林, 李玉强. 2007. 土壤风蚀控制研究进展[J]. 应用生态学报, 18(4): 905-911.

殷代英, 马鹿, 屈建军, 等. 2017. 大型光伏电站对共和盆地荒漠区微气候的影响[J]. 水土保持通报, 37(3): 15-21.

于云江, 史培军, 鲁春霞, 等. 2003. 不同风沙条件对几种植物生态生理特征的影响[J]. 植物生态学报, 27(1): 53-58.

袁方. 2016. 西北风沙区光伏电站施工迹地工程措施的风蚀防治效益及其机理研究[D]. 咸阳: 西北农林科技大学硕士学位论文.

袁方, 张振师, 卜崇峰, 等. 2016. 毛乌素沙地光伏电站项目区风速流场及风蚀防治措施[J]. 中国沙漠, 36(2): 287-294.

袁文龙. 2017. 某光伏发电项目水土流失特点及防治措施[J]. 黑龙江水利科技, 45(5): 79-81.

袁志发, 周静芋, 郭满才, 等. 2001. 决策系数——通径分析中的决策指标[J]. 西北农林科技大学学报(自然科学版), 29(5): 131-133.

苑森朋. 2016. 毛乌素沙地光伏项目施工迹地风蚀防治的植物措施配置与效益分析[D]. 咸阳: 西北农林科技大学硕士学位论文.

苑森朋, 张振师, 党廷辉, 等. 2018. 毛乌素沙地光伏电站3种植物措施生长发育状况及其生态功能比较[J]. 水土保持研究, 25(2): 235-239.

云凌强, 唐力. 2009. 库布齐沙漠自然地带分异规律分析[J]. 内蒙古农业大学学报(自然科学版), 30(3): 99-106.

翟波, 高永, 党晓宏, 等. 2018. 光伏电板对羊草群落特征及多样性的影响[J]. 生态学杂志, 37(8): 2237-2243.

张风, 白建波, 郝玉哲, 等. 2012. 光伏组件表面积灰对其发电性能的影响[J]. 电网与清洁能源,

28(10): 82-86.

张海龙. 2014. 中国新能源发展研究[D]. 长春: 吉林大学博士学位论文.

张克存, 屈建军, 俎瑞平, 等. 2006. 典型下垫面风沙流中风速脉动特征研究[J]. 中国科学: 地球科学, 36(12): 1163-1169.

张立欣, 段玉玺, 王博, 等. 2017. 库布齐沙漠不同人工固沙灌木林土壤微生物量与土壤养分特征[J]. 应用生态学报, 28(12): 3871-3880.

张琳琳, 赵晓英, 原慧. 2013. 风对植物的作用及植物适应对策研究进展[J]. 地球科学进展, 28(12): 1349-1353.

张瑞国, 王克勤, 陈奇伯, 等. 2009. 昆明市松华坝水源区不同利用类型坡地氮素输移规律研究[J]. 水土保持研究, 16(1): 47-50.

张星杰, 刘景辉, 李立军, 等. 2009. 保护性耕作方式下土壤养分、微生物及酶活性研究[J]. 土壤通报, 40(3): 542-546.

张轶. 2010. 电源布局调整对电网节能和安全可靠性的影响研究[D]. 上海: 上海交通大学硕士学位论文.

张裕凤. 2004. 内蒙古土默特左旗农用地分等研究[J]. 内蒙古师范大学学报(哲学社会科学版), 33(5): 88-92.

张正偲, 董治宝. 2013. 腾格里沙漠东南部野外风沙流观测[J]. 中国沙漠, 33(4): 973-980.

赵名彦, 李芳然, 崔利强, 等. 2015. 生态脆弱地区光伏电站建设的环境效应分析[J]. 科技创新与应用, (26): 22-23.

赵鹏宇, 高永, 陈曦, 等. 2016. 沙漠光伏电站对空气温湿度影响研究[J]. 西部资源, (3): 125-128.

赵鹏宇, 高永, 党晓宏, 等. 2016. 乌兰布和沙漠东北缘光伏电站表层土壤颗粒空间异质特征[J]. 内蒙古林业科技, 42(2): 11-14+25.

赵勇. 2016. 土地沙漠化的成因分析与治理对策探究[J]. 农业开发与装备, 22(12): 118-119.

郑艳婷, 徐利刚. 2012. 发达国家推动绿色能源发展的历程及启示[J]. 资源科学, 34(10): 1855-1863.

周凌云. 2001. 世界能源危机与我国的能源安全[J]. 中国能源, (1): 12-13.

朱志诚. 1993. 陕北黄土高原植被基本特征及其对土壤性质的影响[J]. 植物生态学与地植物学学报, 39(3): 90-96.

Adinoyi M J, Said S A. 2013. Effect of dust accumulation on the power outputs of solar photovoltaic modules[J]. Renewable Energy, 60: 633-636.

Araki K, Akisawa A, Kumagai I, et al. 2010. Analysis of shadow by HCPV panels for agriculture applications[C]//2010 35th IEEE Photovoltaic Specialists Conference. IEEE, 002994-002997.

Araki K, Nagai H, Lee K H, et al. 2017. Analysis of impact to optical environment of the land by flat-plate and array of tracking PV panels[J]. Solar Energy, 144: 278-285.

Bagnold R A. 1931. Journeys in the Libyan Desert 1929 and 1930[J]. The Geographical Journal, 78(1): 13-33.

Bagnold R A. 1933. A further journey through the Libyan Desert[J]. The Geographical Journal, 82(2): 103-126.

Bagnold R A. 1937. The size-grading of sand by wind[J]. Proceedings of the Royal Society of London. Series A-Mathematical Physical Sciences, 163(913): 250-264.

Bagnold R A. 1937. The transport of sand by wind[J]. The Geographical Journal, 89(5): 409-438.

Bagnold R A. 1941. The Physics of Blown Sand and Desert Dunes[M]. Berlin: Springer Netherlands.

Bagnold R. 1935. The movement of desert sand[J]. The Geographical Journal, 85(4): 342-365.

Bagnold R A. 1936. The Movement of Desert Sand[J]. Proceedings of the Royal Society A Mathematical Physical & Engineering Sciences, 157(892): 594-620.

Barron-Gafford G A, Minor R L, Allen N A, et al. 2016. The Photovoltaic Heat Island Effect: Larger solar power plants increase local temperatures[J]. Scientific Reports, 6(1): 1-7.

Chepil W S. 1945. Dynamics of wind erosion: I. Nature of movement of soil by wind[J]. Soil Science, 60(4): 305-320.

Dietze E, Wünnemann B, Hartmann K, et al. 2013. Early to mid-Holocene lake high-stand sediments at Lake Donggi Cona, northeastern Tibetan Plateau, China[J]. Quater-nary Research, 79(3): 325-336.

Dong Z, Liu X, Wang H, et al. 2002. The flux profile of a blowing sand cloud: a wind tunnel investigation[J]. Geomorphology, 49: 219-230.

Dong Z, Lu J, Man D, et al. 2011. Equations for the near-surface mass flux density profile of wind-blown sediments[J]. Earth Surface Processes and Landforms, 36(10): 1292-1299.

Dong Z, Man D, Luo W, et al. 2010. Horizontal aeolian sediment flux in the Minqin area, a major source of Chinese dust storms[J]. Geomorphology, 116(1-2): 58-66.

Ellis J T, Li B, Farrell E J, et al. 2009. Protocols for characterizing aeolian mass-flux profiles[J]. Aeolian Research, 1(1-2): 19-26.

Etyemezian V, Nikolich G, Gillies J A. 2017. Mean flow through utility scale solar facilities and preliminary insights on dust impacts[J]. Journal of Wind Engineering and Industrial Aerodynamics, 162: 45-56.

Fthenakis V, Yu Y. 2013. Analysis of the potential for a heat island effect in large solar farms[C]//2013 IEEE 39th Photovoltaic Specialists Conference (PVSC). IEEE, 3362-3366.

Garg H P. 1974. Effect of dirt on transparent covers in flat-plate solar energy collectors[J]. Solar Energy, 15(4): 299-302.

Han Y, Gao Y, Meng Z, et al. 2017. Effects of wind guide plates on wind velocity acceleration and dune leveling: a case study in Ulan Buh Desert, China[J]. Journal of Arid Land, 9(5): 743-752.

Hassan A, Rahoma U A, Elminir H K, et al. 2005. Effect of airborne dust concentration on the performance of PV modules[J]. Journal of the Astronomical Society of Egypt, 13(1): 24-38.

Hottel H C, Woertz B B. 1942. Performance of flat-plate solar heat collectors[J]. Transactions on ASME, 64: 91-104.

Ibrahim A. 2011. Effect of shadow and dust on the performance of silicon solar cell[J]. Journal of Basic Applied Scientific Research, 1(3): 222-230.

Ibrahim M, Zinsser B, El-Sherif H, et al. 2009. Advanced Photovoltaic Test Park in Egypt for Investigating the Performance of Different Module and Cell Technologies[C]//24 Symposium Photovoltaische Solarenergie.

Jiang H, Lu L, Sun K. 2011. Experimental investigation of the impact of airborne dust deposition on the performance of solar photovoltaic (PV) modules[J]. Atmospheric Environment, 45(25): 4299-4304.

Kaldellis J K, Kapsali M, Kavadias K A. 2014. Temperature and wind speed impact on the efficiency of PV installations: Experience obtained from outdoor measurements in Greece[J]. Renewable Energy, 66: 612-624.

Kalogirou S A, Agathokleous R, Panayiotou G. 2013. On-site PV characterization and the effect of soiling on their performance[J]. Energy, 51(3): 439-446.

Kimber A. 2007. The effect of soiling on photovoltaic systems located in arid climates[C]//Proceedings 22nd European Photovoltaic Solar Energy Conference.

Mendez M J, Funk R, Buschiazzo D E. 2011. Field wind erosion measurements with Big Spring

Number Eight (BSNE) and Modified Wilson and Cook (MWAC) samplers[J]. Geomorphology, 129(1-2): 0-48.

Mertia R, Santra P, Kandpal B, et al. 2010. Mass-height profile and total mass transport of wind eroded aeolian sediments from rangelands of the Indian Thar Desert[J]. Aeolian Research, 2(2-3): 135-142.

Muhammad A H, Abdullah Z M, Anser B M, et al. 2017. Effect of dust deposition on the performance of photovoltaic modules in Taxila, Pakistan[J]. Thermal Science, 2015: 46.

Nahar N M, Gupta J P. 1990. Effect of dust on transmittance of glazing materials for solar collectors under arid zone conditions of India[J]. Solar & Wind Technology, 7(2-3): 237-243.

Namikas S L. 2003. Field measurement and numerical modelling of aeolian mass flux distributions on a sandy beach[J]. Sedimentology, 50(2): 303-326.

Panebianco J E, Buschiazzo D E, Zobeck T M. 2010. Comparison of different mass transport calculation methods for wind erosion quantification purposes[J]. Earth Surface Processes Landforms, 35(13): 1548-1555.

Pavan A M, Mellit A, De Pieri D. 2011. The effect of soiling on energy production for large-scale photovoltaic plants[J]. Solar Energy, 85(5): 1128-1136.

Rohweder D A, Barnes R F, Joruensen N. 1978. Proposed hay grading standards based on laboratory analyses for evaluating quality[J]. Journal of Animal Science, 47(3): 747-759.

Said S A M. 1990. Effects of dust accumulation on performances of thermal and photovoltaic flat-plate collectors[J]. Applied Energy, 37(1): 73-84.

Salim A, Huraib F, Eugenio N. 1988. PV power-study of system options and optimization[C]//EC Photovoltaic Solar Conference, 8: 688-692.

Sayigh A. 1978. Effect of dust on flat plate collectors[J]. Sun: Mankind's Future Source of Energy, 2: 960-964.

Taha H. 2013. The potential for air-temperature impact from large-scale deployment of solar photovoltaic arrays in urban areas[J]. Solar Energy, 91(3): 358-367.

Wu Z Y, Hou A P, Chang C, et al. 2014. Environmental impacts of large-scale CSP plants in northwestern China[J]. Environmental Science: Processes & Impacts, 16(10): 2432-2441.

Zorrilla‐Casanova J, Piliougine M, Carretero J, et al. 2013. Losses produced by soiling in the incoming radiation to photovoltaic modules[J]. Progress in Photovoltaics Research & Applications, 21(4): 790-796.